DIGITAL LOGIC CIRCUIT DESIGN

디지털 논리회로

박천관 · 김희도 지음

HS 도서출판 한산

서 문

최근 4차 산업혁명이 대두되면서 모든 분야에 있어서 큰 파장으로 불러일으키고 있다. 4차 산업혁명은 3차 산업혁명의 연장선으로 디지털, 바이오산업, 그리고 물리학 등 3개 분야의 융합된 기술들이 사회 경제 분야에 급격한 변화를 유발하는 기술혁명으로 정의된다. 이와 같은 4차 산업혁명은 '초연결성(Hyper-Connected)', '초지능화(Hyper-Intelligent)라는 특징을 기반으로 IoT(사물인터넷), 클라우드와 같은 정보통신기술(ICT)을 통해 인간과 인간, 사물과 사물, 인간과 사물이 상호 연결되고, 인공지능과 빅데이터와 결합되면서 사회가 보다 지능화될 것으로 전망된다.

이와 같은 4차 산업 혁명도 기저에는 디지털 논리회로를 기반으로 하고 있다. 디지털 논리회로는 모든 산업 분야에 널리 사용되고 있는 기술로 전기, 전자, 통신, 컴퓨터, 자동차, 항공, 자동제어 등의 광범위한 분야의 종사자들과, 대학에서 컴퓨터 구조, 마이크로 프로세서, 임베디드 시스템, PLC, 모터 제어, 그리고 모든 디지털기기와 인간간의 인터페이스 등을 학습하기 위한 기본 과목으로 대학에서 학생들이 반드시 배워야 할 필수 과목입니다. 디지털 논리회로 과목은 전자, 전기, 통신 분야에 기반을 이루는 학문으로 초기와 별다른 차이가 없이 기반을 이루고 있는 중요한 요소 기술을 다룬다. 따라서 본 교재는 학생들에게 디지털 논리회로에 필요한 이론을 손쉽게 접할 수 있도록 예제와 그림을 사용하여 설명하였고, 연습문제를 통하여 배운 이론을 점 더 확실히 이해할 수 있도록 구성하였다.

교재 구성은 디지털 회로를 구성하는 조합회로(Combinational Circuit)와 순차 회로(Sequential Circuit)로 나누어 구성하였다. 1장에서는 디지털 신호와 아날로그 신호, 주파수와 위상 개념, 그리고 디지털 시스템의 가장 기본적인 컴퓨터 시스템의 구조 등을 기술하였습니다. 2장에서는 수 체계와 연산을 기술하였습니다. 3장에서는 각종 코드화 시스템에 대하여 기술하였습니다. 4장에서는 논리 연산과 논리 게이트에 대하여 기술하였습니다. 5장에서는 부울 함수와 간소화에 대하여 기술하였습니다. 6장에서는 조합회로 응용에 대하여 기술하였습니다. 이장에서는 가산기, 감산기, 비교기, 패리티 비트 생성기 및 검사기. 인코더와 디코더, 다중화기와 역 다중화기, 그리고 7 세그먼트 등에 관하여 기술하였습니다. 그리고 7장부터는 순차회로에 대하여 기술하였습니다. 7장은 플립플롭 동작과 순차회로 설계 방법에 대하여 기술하였습니다. 8장에서는 레지스터에 대하여 기술하였습니다. 9장에서는 플립플롭을 기반으로 한 카운터 회로 설계에 대하여 기술하였습니다.

본 교재는 회로 구성과 그에 따른 타이밍도 분석을 철저히 하여 디지털 회로에 대한 이해를 높이고자 하였다. 이를 통하여 디지털 논리회로를 처음으로 접하는 학생뿐만 아니라 전자·통신 분야 산업계에 근무하는 사람에게 유익하도록 구성하였다. 따라서 이 책을 통하여 디지털 논리회로를 처음 접하는 학생에게는 디지털 논리회로의 개념을 쉽게 이해하는데 도움이 되길 바라며, 실무자에게도 디지털 시스템을 설계하는데 유용하게 이용되길 기대합니다.

끝으로 본 교재가 출판될 수 있도록 아낌없는 후원해 주신 도서출판 한산 김기영 사장님과 원고 편집을 헌신적으로 해주신 장보순 편집자에게 감사의 말씀을 드리는 바입니다.

2018년 12월

저자 박천관, 김희도

차 례

제1장 디지털 논리회로 개요 / 11

1.1 아날로그 신호와 디지털 신호 ··· 12
1.2 주파수 및 위상 ··· 14
1.3 디지털 시스템에서 펄스 및 신호 레벨 ··· 15
1.4 디지털 컴퓨터 시스템 ··· 16
1.5 디지털 컴퓨터 시스템에서 정보 단위 ··· 24

제2장 수 체계 및 연산 / 29

2.1 수의 일반적 표현 ··· 30
2.2 주요 진법 및 연산 ··· 32
2.2.1 10진수 및 표현 ··· 32
2.2.2 2진수 및 표현 ··· 33
2.2.3 8진수 및 표현 ··· 34
2.2.4 16진수 및 표현 ··· 35
2.3 진수 변환 방법 ··· 36
2.3.1 10진수에서 2진수로 변환 ··· 36
2.3.2 10진수에서 8진수로 변환 ··· 40
2.3.3 10진수에서 16진수로 변환 ··· 44
2.3.4 2진수-8진수-16진수 상호 변환 ··· 48
2.4 보수 연산(Complementary Operation) ··· 51
2.4.1 10진 보수 연산 ··· 54

2.4.2 2진 보수 연산 ······58

제3장 코드화 시스템 / 67

3.1 BCD 코드 (8421 코드) ······68
3.1.1 BCD 코드 형식 ······68
3.1.2 BCD 코드 덧셈 연산 ······70
3.2 3 초과 코드 (3-exceed 코드) ······73
3.2.1 3초과 코드 형식 ······73
3.2.2 3초과 코드 덧셈 연산 ······74
3.3 그레이 코드 (Gray 코드) ······79
3.3.1 그레이 코드 형식 ······79
3.3.2 그레이 코드 변환 ······79
3.4 기타 코드 ······85
3.4.1 4비트 BCD 코드 ······85
3.4.2 5비트 BCD 코드 ······86
3.5 패리티 (Parity) ······87
3.5.1 패리티 비트 ······88
3.5.2 패리티 워드 ······90
3.5.3 해밍 코드 (Hamming Code) ······93
3.6 알파 뉴메릭 코드 (Alphanumeric Code) ······102
3.6.1 ASCII 코드 ······102
3.6.2 EBCDIC 코드 ······105

제4장 논리 연산 및 논리 게이트 / 111

4.1 부울 연산 (Boolean Operation) 및 기호 ······112
4.1.1 부울 연산 (Boolean Operation) ······112
4.1.2 연산 심볼 (Boolean Symbol) ······112
4.1.3 부울 대수의 AND와 OR 연산 ······113

4.2 부울 연산 및 게이트 114
4.2.1 반전 연산 (Invert Operation) 및 게이트 114
4.2.2 OR 연산 (OR Operation) 및 게이트 115
4.2.3 AND 연산 (AND Operation) 및 게이트 116
4.2.4 NOR 연산 (NOR Operation) 및 게이트 117
4.2.5 NAND 연산 (NAND Operation) 및 게이트 118
4.2.6 XOR 연산 (Exclusive OR Operation) 및 게이트 119
4.2.7 NXOR 연산 (Not Exclusive OR Operation) 및 게이트 120
4.3 NOR게이트/NAND 게이트(만능 게이트) 활용 122
4.3.1 NOR 게이트 122
4.3.2 NAND 게이트 126
4.4 드모르강(De Morgan) 정리 129
4.4.1 이중성 원리 130
4.4.2 정리 130
4.4.3 논리식의 쌍대성 132
4.5 게이트의 전기적 특성 134
4.5.1 전압 및 전류 표시 134
4.5.2 팬 아웃 (Fan Out) 136
4.5.3 지연시간 (Propagation Time) 139
4.5.4 잡음 여유도 (Niose Margine) 140
4.5.5 TTL IC와 CMOS IC간 인터페이스 142

제5장 부울 함수 표현 및 간소화 / 151

5.1 부울 대수의 법칙 153
5.1.1 교환 법칙 (Commutative Law) 153
5.1.2 결합 법칙 (Associative Law) 153
5.1.3 분배 법칙 (Associative Law) 154
5.2 부울 대수의 정리 155
5.3 부울 함수 표현 159

5.3.1 부울 식과 논리회로 159
5.3.2 부울 식의 정규형 표현 160
5.3.3 부울 식의 표준형 표현 163
5.4 부울 함수의 간소화 166
5.4.1 부울 대수 기본법칙과 간략화 166
5.5 카르노 맵(Karnaugh's map)을 이용한 부울 함수 간소화 170
5.5.1 불 식의 카르노 맵 표기 173
5.5.2 셀 그룹화 173
5.5.3 비트수에 따른 카르노 맵 175
5.5.4 무의항(Don' t Care)을 적용한 카르노 맵 187
5.5.5 카르노 맵에서 부울 함수 최적화 190
5.5.6 표준형 카르노 맵에 표시하기 192
5.6 Quine-McClusky 방법 194

제6장 조합논리 회로 응용 / 205

6.1 가산기 (Adder) 207
6.1.1 반가산기(Half Adder) 208
6.1.2 전가산기(Full Adder) 209
6.2 감산기(Subtracter) 211
6.2.1 반감산기(Half Subtracter) 212
6.2.2 전감산기(Full Subtracter) 213
6.3 병렬 가산기(Parallel Adder) 216
6.4 크기 비교기(Magnitude Comparator) 222
6.4.1 1비트 크기 비교기 222
6.4.2 3비트 크기 비교기 223
6.5 코드 변환기 (Code Converter) 225
6.5.1 BCD-to-3 초과 코드 변환기 225
6.5.2 이진-to-Gray 코드 변환기 228
6.5.3 Gray-to-이진 코드 변환기 231

6.6 패리티 비트 발생기/검사기 ······234
6.6.1 홀수 3비트 패리티 비트 발생기 ······234
6.6.2 홀수 4비트 패리티 비트 검사기 ······235
6.7 인코더(Encoder) ······238
6.7.1 4x2 인코더 ······239
6.7.2 10진-BCD 인코더 ······241
6.7.3 우선순위 (Priority) 인코더 ······242
6.8 디코더 ······244
6.8.1 3x8 디코더 ······245
6.8.2 BCD-to-Decimal 디코더 ······246
6.8.3 Enable 신호를 가진 디코더 ······249
6.9 멀티플렉서/디멀티플렉서 ······250
6.9.1 멀티플렉서 ······251
6.9.2 디멀티플렉서 ······261
6.10 BCD-to-7 Segment 디코더 ······265

제7장 순서논리회로 / 273

7.1 래치(Latch) ······277
7.1.1 SR 래치 ······277
7.1.2 제어입력을 가지는 SR 래치 ······282
7.1.3 제어입력을 가지는 래치 ······285
7.2 플립플롭(Flip Flop)의 트리거 방식 ······287
7.3 플립플롭 (Flip Flop) ······289
7.4 플립플롭 (Flip Flop) ······293
7.5 플립플롭 (Flip Flop) ······296
7.6 플립플롭 (Flip Flop) ······302
7.7 비동기 입력(Preset, Clear)을 가진 플립플롭 ······306
7.8 마스터-슬레이브 플립플롭 ······309
7.9 순서 논리 회로 설계 ······313

7.9.1 순서 논리회로 동작 표현 방법 ········ 314
7.9.2 플립프롭의 상태 여기표 (Excitation Table) ········ 316
7.9.3 순서 논리회로 설계 ········ 320

제8장 레지스터 / 337

8.1 개요 ········ 338
8.2 시프트 레지스터 ········ 340
8.2.1 좌향 시프트 레지스터 ········ 342
8.2.2 우향 시프트 레지스터 ········ 343
8.2.3 양방향 시프트 레지스터 ········ 344
8.3 직렬 입력 직렬 출력 (SISO, Serial Input Serial Output) ········ 347
8.4 직렬 입력 병렬 출력 (SIPO, Serial Input Parallel Output) ········ 350
8.5 병렬 입력 직렬 출력 (PISO, Parallel Input Serial Output) ········ 353
8.6 병렬 입력 병렬 출력 (PIPO, Parallel Input Parallel Output) ········ 356

제9장 카운터 회로(Counter Circuit) / 369

9.1 비동기식 카운터 (Asynchronous Counter) ········ 370
9.2 동기식 카운터 (Synchronous Counter) ········ 376
9.2.1 2비트 동기식 up 카운터 설계 ········ 377
9.2.2 3비트 동기식 down 카운터 설계 ········ 379
9.3 링 카운터 (Ring Counter) ········ 387
9.4 존슨 카운터 (Jonson Counter) ········ 390
9.4.1 4비트 존슨 카운터 ········ 390
9.4.2 5비트 존슨 카운터 ········ 393
9.5 동기식 modulo-N 카운터 ········ 397

찾아보기 ········ 407

제1장

디지털 논리회로 개요

스마트폰을 포함한 각종 디지털 기기는 인간의 편의성과 생산성 향상 등을 위해 꾸준히 발달되어 왔으면 앞으로 어느 정도까지 진화되리라 예측하기가 어려울 정도이다. 이런 디지털 기기들의 기반 기술은 모두 디지털 논리회로에 있다 하여도 무리가 없을 것이다. 이와 같은 디지털 논리회로는 컴퓨터 시스템, 자동차, 항공기, 통신장비, 게임기, 가전제품, 군용장비 등 다양한 분야에 응용되고 있다. 따라서 디지털 논리회로는 전기, 전자, 그리고 통신 분야에서 디지털 회로를 이해하고, 설계할 수 있는 능력을 갖추기 위한 기초 학문이다. 본 장에서는 디지털 논리회로에서 기본적인 요소, 아날로그와 디지털 신호 개념, 주파수와 위상과의 관계, 디지털 시스템의 신호레벨, 그리고 컴퓨터 시스템 구성 등에 대하여 개략적으로 언급한다.

1.1 아날로그 신호와 디지털 신호

아날로그는 무수히 존재하는 값의 연속적인(Continuous) 동작을 말하고, 디지털은 동작 상태는 단지 2가지 밖에 없는 이산(Discrete) 동작을 말한다. 이들 동작을 전기적인 형태로 나타내면 아날로그 신호(Analog Signal)와 디지털 신호(Digital Signal)가 된다. 그리고 아날로그 정보는 주어진 범위 내에서 연속적인 값으로 구성되며, 디지털 정보는 0 또는 1, on 또는 off, High 또는 Low, 그리고 참(True) 또는 거짓(False) 등과 같이 두 가지 가능한 값 중 하나를 나타낸다.

아날로그 신호는 전압, 전류, 속도, 길이, 온도, 습도, 압력, 그리고 소리 세기 등과 같이 시간 축 상에서 연속적으로 변화하는 물리량을 말하며, 일반적으로 자연계에서 발생하는 물리적인 양은 변환기(Converter)를 통해서 전기적 신호인 아날로그 신호로 변환된다. 아날로그 신호를 시간영역(Time Domain)으로 표현하면 그림

1-1과 같다. 이는 $\lim_{t \to a^+} s(t) = \lim_{t \to a^-} s(t) = s(a),\ \text{for}\, all\ a$로 표현된다. 시간 t가 + 방향에서 무한히 a로 접근하는 경우와 시간 t가 - 방향에서 무한히 a로 접근하는 경우가 같을 때 연속적인 특성을 갖는다.

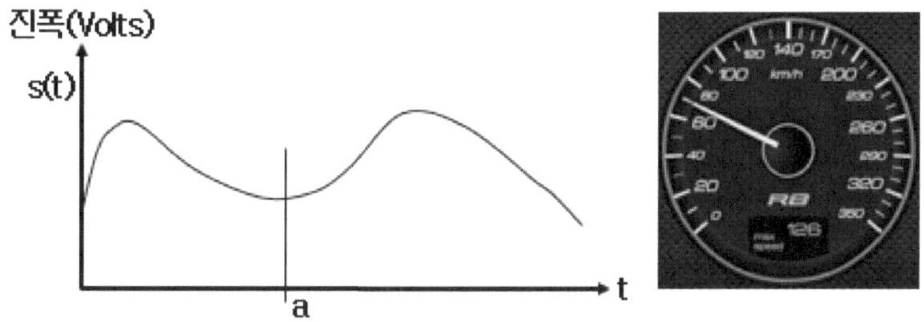

그림 1-1 아날로그 신호

디지털 신호는 이산적인 정수 체계로 표현되며 시간적으로 불연속적인 전기 신호를 말한다. 디지털이란 본래 수를 헤아린다는 의미로 0 또는 1을 사용한다. 디지털 신호를 시간영역으로 표현하면 그림 1-2와 같으며, 이를 그림 1-1에서와 같이 표현해보면 $\lim_{t \to a^+} s(t) \neq \lim_{t \to a^-} s(t),\ \text{for}\, all\ a$와 같다. 시간 t가 + 방향에서 무한히 a로 접근하는 경우와 시간 t가 - 방향에서 무한히 a로 접근하는 경우가 같지 않을 때 불연속적인 특성을 갖는다. 그림 1-2는 이산적인 특성을 갖는 디지털 신호를 나타낸다.

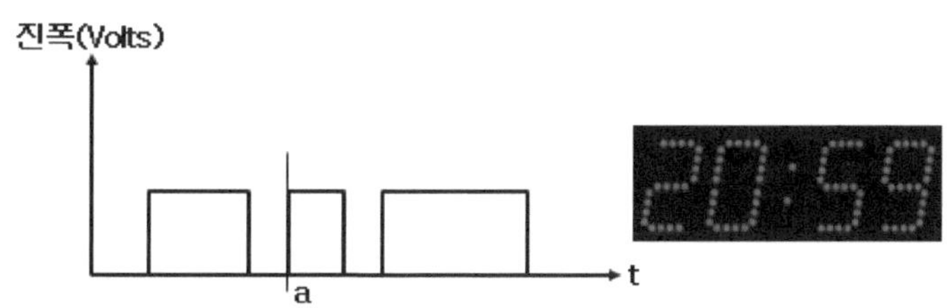

그림 1-2 디지털 신호

1.2 주파수 및 위상

주파수(Frequency)는 일정한 패턴이 반복되는 주기신호에서 일정한 패턴이 1초에 몇 번 반복되는가를 나타내는 말이다. 그림 1-3은 주기신호를 나타낸다. T는 주기신호에서 한주기가 걸리는 시간을 나타내고, L은 파장(Wave Length)을 나타낸다. 주파수를 구해보면 다음과 같다.

T초 : $1 = 1$초 : f 에서 왼쪽 항은 T초에 한 주기가 생성되고, 오른쪽 항은 1초에 주기신호가 몇 번(f) 생성되는 가를 비례식으로 나타낸 것이다. 따라서 $Tf = 1$로서 $f = \frac{1}{T}$이다.

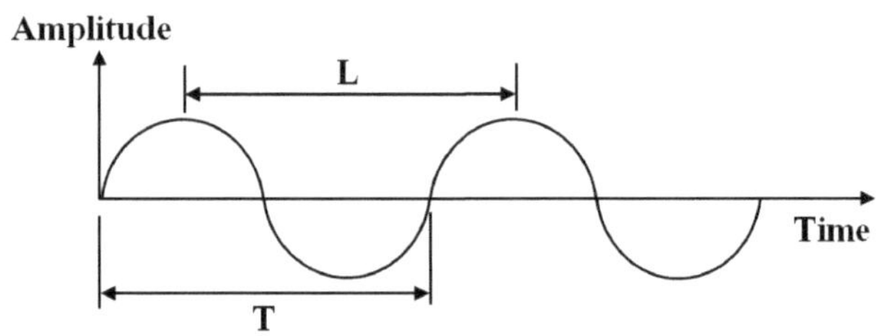

그림 1-3 주기 신호

그림 1-4는 주파수와 위상과(Phase)의 관계를 나타낸다. 오른쪽은 주기신호를 나타내며, 왼쪽은 주기 신호의 한주기를 원으로 나타낸 것이다. 주기신호의 한 주기 ($360^{\circ}(2\pi)$)가 진행되면서 위상이 $90^{\circ}(\pi/2)$, $180^{\circ}(\pi)$, $270^{\circ}(3\pi/2)$, 그리고 $360^{\circ}(2\pi)$로 변화하는 것을 왼쪽 원에 표시하였다. 이 그림에서 주기신호의 주기가 짧아지면 질수록 왼쪽에 있는 각 θ도 빠르게 변화한 다는 것을 알 수 있다.

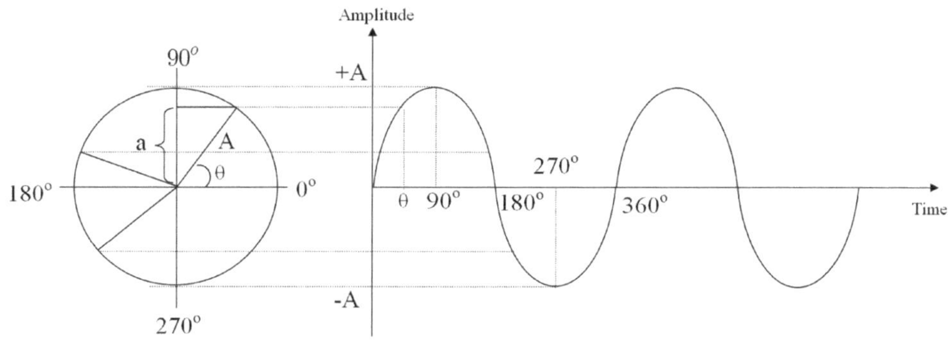

그림 1-4 주파수와 위상과의 관계

1.3 디지털 시스템에서 펄스 및 신호 레벨

디지털 시스템에서는 2진수를 사용하는데, 이를 나타내기 위하여 2개의 전압 레벨을 사용한다. 전압 레벨이 높은 값(High Level)을 논리 '1'로 하고, 낮은 값(Low Level)을 논리 '0'으로 한다. 이러한 규칙을 사용하는 시스템을 정 논리(Positive Logic) 시스템이라 한다. 그리고 전압 레벨이 높은 값(High Level)을 논리 '0'으로 하고, 낮은 값(Low Level)을 논리 '1'로 한다. 이러한 규칙을 사용하는 시스템을 부 논리(Negative Logic) 시스템이라 한다. 이를 표 1-1에서 정리하였다.

표 1-1 디지털 시스템에서 전압 레벨

구분	High	Low
정 논리 시스템	논리 '1' 또는 True 또는 ON	논리 '0' 또는 False 또는 OFF
부 논리 시스템	논리 '0' 또는 False 또는 OFF	논리 '1' 또는 True 또는 ON

그림 1-5는 디지털 시스템에서는 2개의 전압 레벨에 따른 펄스를 나타낸 것이다. (a)는 정 펄스를 나타낸 것으로 Low에서 High로 변화하는 것(Rising)과 High에서

Low로 변화하는 것(Falling)을 보여주고 있다. (b)는 부 펄스를 나타낸 것으로 High에서 Low로 변화하는 것(Falling)과 Low에서 High로 변화하는 것(Rising)을 보여주고 있다.

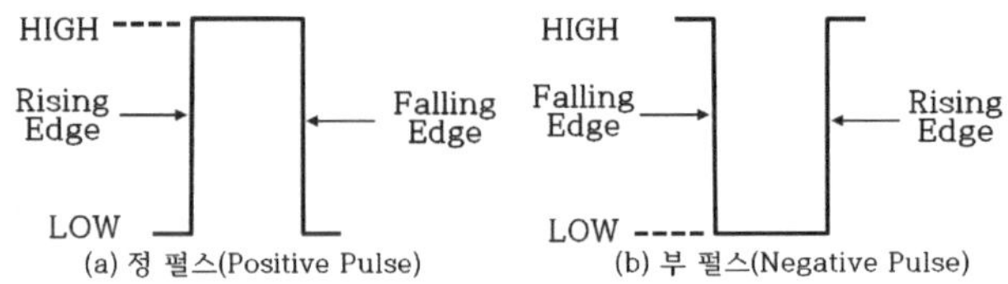

그림 1-5 디지털 시스템에서 펄스

1.4 디지털 컴퓨터 시스템

오늘날 컴퓨터 시스템은 거의 모든 영역에서 다양하게 사용되고 있다. 컴퓨터 시스템은 크게 하드웨어(Hardware)와 소프트웨어(Software)로 구성된다. 그림 1-6은 컴퓨터 시스템 구성을 나타낸다.

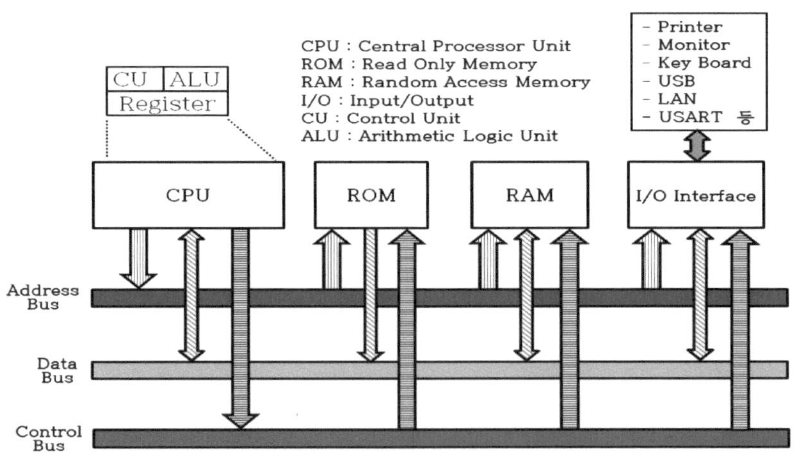

그림 1-6 컴퓨터 시스템 구성

하드웨어는 물리적인 기계장치와 전자회로로 구성되며 데이터 처리를 주목적으로 하며 CPU, 메모리, 입출력장치, 그리고 버스 등으로 구성된다. 소프트웨어는 컴퓨터 시스템의 하드웨어를 활용할 수 있는 명령어로 이루어진 프로그램을 말하며 운영체제(Operating System), 어플리케이션 프로그램 등이 있다.

1) CPU(Central Processor Unit, 중앙처리장치)는 컴퓨터를 구성하고 있는 요소들을(메모리, 입력장치, 출력 장치 등) 제어하는 장치이며, 대표적인 입력 장치인 키보드로부터 입력된 데이터를 처리한 후 처리된 내용을 저장할 메모리 또는 처리된 데이터를 화면에 나타내 주는 모니터와 같은 출력 장치로 전송하는 역할을 수행한다. CPU는 그림 1-7과 같이 구성되며, 시스템의 구성요소들을 제어하는 제어장치(Control Unit), 산술연산과 논리연산을 담당하는 산술 논리 연산장치(Arithmetic/Logic Unit), 그리고 CPU 내부에 있는 기억장치로 레지스터가 있다.

<table>
<tr><td>CU
(Control Unit)</td><td>ALU (Arithmetic/
Logic Unit)
(산술/논리 연산장치)</td></tr>
<tr><td colspan="2">Register</td></tr>
</table>

그림 1-7. CPU 구성 요소

제어장치는 CPU 내에서 모든 작업을 관리하고 제어하는 것으로, 적당한 순서로 명령어를 인출하여 해석한 후 결과에 따라 컴퓨터 시스템의 해당 분야로 제어신호를 전송하는 역할을 수행한다. 산술논리 연산장치는 사칙 연산(덧셈, 뺄셈, 나눗셈, 그리고 곱셈)을 수행하는 산술연산과 참과 거짓을 결정하는 연산(AND, OR, NOT)을 수행하는 논리연산으로 구성된다. 기억장치인 레지스터는 CPU가 연산 수행 시 빨리 읽고 써야하기 때문에 CPU 내부에 있는 것이 바람직하다. CPU는 프로그램을 실행(프로세스라 함) 하기 위해 프로세스를 메인 메모리에 적재하고, 이 프로세스에 있는 데이터와 명령어들을 저장할 공간으로 레지스터가 필요하다. 그림 1-8은 컴퓨터 시스템에 사용되고 있는 CPU를 보여준다.

그림 1-8. 중앙처리장치

2) 메모리(Memory)는 컴퓨터 시스템에서 주로 프로그램 자체와 프로그램을 수행할 때 필요한 데이터나 명령을 저장하는 역할을 수행한다. 컴퓨터 시스템에는 용도에 따라 다양한 메모리가 존재한다. 메모리는 크게 내부 메모리와 외부 메모리로 분류된다, 내부 메모리는 CPU내에 존재하는 레지스터와 캐쉬 메모리, 그리고 프로그램 등이 적재되는 메인 메모리(Main Memory) 가 있으며, 외부 메모리는 하드디스크와 같은 보조 메모리가 해당된다. CPU내의 캐쉬 메모리는 메인 메모리에서 자주 사용되는 위치에 있는 데이터를 저장하고 있어,

CPU가 그 데이터를 다시 읽어 오기 위해 메인 메모리에 접근하지 않고 바로 캐쉬 메모리에서 읽어 올 수 있어 시간을 줄여줄 수 있다. 메인 메모리는 수행되어야 할 프로그램과 수행할 때 필요한 데이터가 적재되는 공간으로, CPU가 읽고 쓰는 시간 (Access Time 이라 함)이 빠르며 많은 양의 데이터를 저장할 수 있다. 그림 1-9는 컴퓨터내의 기억장치 계층적 구조이다.

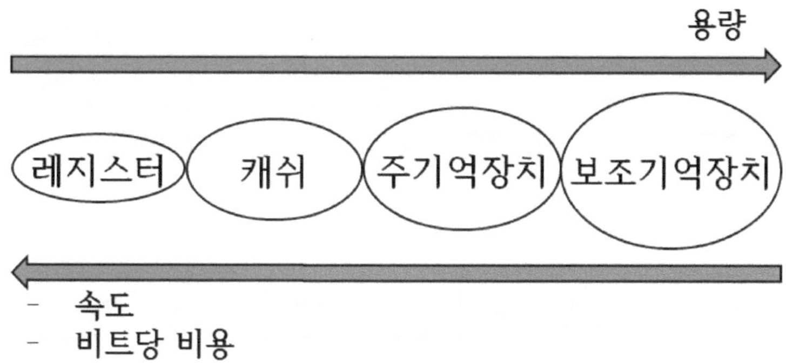

그림 1-9 기억장치 계층적 구조

메인 메모리는 RAM(Random Access Memory)이 사용되며, 전원이 인가되었을 때 데이터를 저장하고 있지만 전원이 차단되면 데이터가 없어지는 특징을 가지고 있다. 외부 메모리는 보조기억장치라 하며 거의 영구적으로 데이터를 저장하고 보존할 수 있다. 외부 메모리는 메인 메모리와 달리 전원이 차단되어도 데이터가 보존되는 특성을 가지고 있다. CPU가 외부 메모리를 직접 액세스할 수 없기 때문에 필요한 데이터나 프로그램을 메인 메모리에 적재한 후 처리된다. 메인 메모리에 비해 저장 용량이 크고 가격도 저렴하지만 처리 속도가 느려 CPU가 직접 액세스할 수 없다. 표 1-2는 컴퓨터 시스템의 메모리 종류를 나타낸다.

표 1-2 메모리 종류

종류	세부 종류	특징
ROM	Mask ROM	공장에서 제작되어 다시 기록하는 것이 불가능한 ROM
	PROM	프로그램 될 수 있는 메모리로 프로그램 되면 더 이상 내용을 바꿀 수 없는 ROM
	EPROM	다시 프로그램이 가능한 ROM
	EEPROM	EPROM의 단점을 개선하여 전기적으로 지울 수도 있고 저장할 수도 있는 메모리로서, 10만회 정도 재기록이 가능
	Flash ROM	자유롭게 읽기와 쓰기가 가능한 ROM
RAM	SRAM	전원이 유지되는 한 기록된 데이터가 지워지지 않으며 속도가 매우 빠른 특징을 가지고 있음
	DRAM	전원이 유지되고 있는 동안에도 일정 주기마다 다시 기록해주지 않으면 사라지는 특징이 있으며, 따라서 전력소모가 많지만 Flash ROM 비해 속도가 매우 빠르고 SRAM에 비해 대용량에 유리한 특징을 가지고 있다. PC의 메인 메모리로 사용됨.
	SDRAM	컴퓨터의 시스템 클럭과 동기화 되어 동작하기 때문에 고속 처리가 가능하다. 2000년 초반까지 PC의 메인 메모리로 이용되었던 메모리이다.
	DDR DRAM	SDRAM의 구조와 인터페이스를 유지하면서 하나의 클럭으로 2개의 데이터를 처리할 수 있어 SDRAM의 성능을 두 배 향상 시킬 수 있음.

3) 입력장치(Input Unit)와 출력장치(Output Unit)는 컴퓨터 시스템에서 컴퓨터가 처리할 데이터나 명령을 입력하거나, 입력장치를 통하여 입력된 데이터나 명령을 처리한 후 결과를 메모리에 저장하던지 또는 모니터 등으로 출력한다. 전자는 입력장치로 키보드, 마우스, 터치스크린, 조이스틱, 스캐너 등이 있다.

그림 1-10 입력장치

후자는 출력장치로 CPU에서 처리된 결과를 출력되는 장치로 사람들이 보거나 들을 수 있는 형태로 나타난다. 출력장치로는 모니터, 프린터, 스피커가 있다.

그림 1-11 출력장치

4) CPU의 write 및 read 동작은 CPU가 주변에 있는 메모리와 I/O 장치와 데이터를 주고받기 위하여 write 와 read 동작을 수행하는 것이다. 이때 CPU는 어드레스 신호, write와 read할 데이터, 그리고 제어 신호가 필요하다. write 동작인 경우, CPU는 write할 상대(RAM, I/O 장치 등)를 지정하기 위하여 어드레스 버스를 통하여 어드레스 신호를 전송한다. write할 상대가 지정되면 CPU는 write할 데이터를 데이터 버스에 올려놓는다. 다음으로 CPU는 write 신호를 제어신호를 통하여 전송함으로써 write 동작이 완료된다. read 동작인 경우, CPU는 데이터를 read할 상대(ROM, RAM, I/O 장치 등)를 지

정하기 어드레스 버스를 통하여 어드레스 신호를 위하여 전송한다. read할 상대가 지정되면 CPU는 read 신호를 제어신호를 통하여 전송함으로써 read 동작이 완료된다.

4) 버스(Bus)는 컴퓨터 시스템 내에서 CPU, 기억장치, I/O 인터페이스 등 각 장치 간 서로 연결하여 데이터를 송수신할 수 있게 해 주는 통로 역할을 한다. 그림 1-12은 버스 개념을 보여주고 있다. 순환 버스는 계속해서 순환하고 각 정류장은 컴퓨터 시스템을 구성하고 있는 각 장치에 해당한다. 각 정류장에서 순환버스를 타는 사람(데이터), 또는 내리는 사람이 있다. 순환버스가 정류장에 도착하면 순환버스를 원하는 정류장이면 타던지 또는 내리면 된다. 이와 같이 컴퓨터 시스템을 구성하고 있는 장치들이 공통의 경로를 통하여 데이터를 송수신할 수 있다.

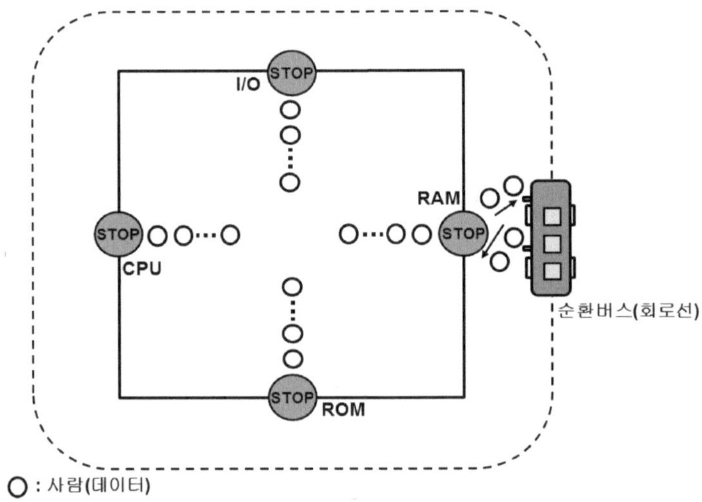

그림 1-12 버스(Bus) 개념

그림 1-13은 이와 같은 버스 개념이 실제 버스(회로에서 데이터 송수신용 선로)상에서 어떻게 이루어지고 있는 지 보여주고 있다. 이 버스는 n개의 선로로 구성되어 있으며 한 순간에 n비트씩 전송되는 것을 보여주고 있다.

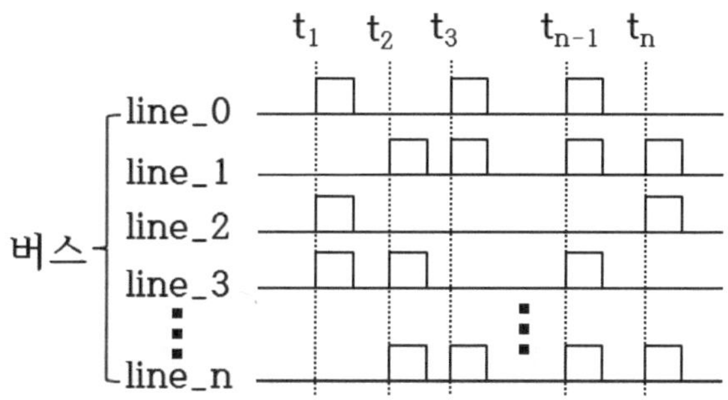

그림 1-13 버스 상에서 데이터 전송

버스는 사용 용도에 따라 어드레스버스, 데이터버스, 그리고 제어버스가 있다. 어드레스버스는 한 장치(예를 들면 프로세서)에서 데이터를 송수신하는 상대를 찾기 위한 주소 정보를 전송하기 위해서 사용한다. 어드레스버스를 구성하고 있는 선(line) 수는 최대 사용 가능한 메모리 용량 또는 입출력 장치 수를 결정한다. 그리고 어드레스버스는 단 방향 버스이다. 데이터버스는 컴퓨터 시스템내의 장치들 간 데이터, 명령어 등의 정보를 송수신해 주는 통로이다. 프로세서의 경우 메모리 또는 입출력장치와 데이터 송수신을 위해 사용하기 때문에 양방향 버스이다. 그리고 메모리 버스를 구성하는 선의 수는 한 순간에 보낼 수 있는 데이터양을 결정해 주기 때문에 프로세서의 경우 메모리 버스의 선의 수가 성능을 나타내 준다. 제어버스는 프로세서가 메모리 또는 입출력 장치에게 수행하여야 할 작업 종류(예를 들어, read 또는 write 등) 또는 상태를 나타내 주는 단 방향 버스이다.

1.5 디지털 컴퓨터 시스템에서 정보 단위

디지털 시스템은 2진수를 사용하여 데이터를 나타낸다. 비트(Bit)는 컴퓨터에서 사용되는 최소 단위이며, 비트 1개는 "on"과 "off", 또는 "있다"와 "없다", 또는 "참"과 "거짓" 과 같이 두 가지 정보를 나타낼 수 있으며, 컴퓨터에서 사용되는 최소 정보 처리단위 이다. 바이트(Byte)는 8비트로 구성되며, 컴퓨터가 처리하는 정보의 기본 단위이다. 1개의 비트로 표현할 수 있는 정보의 양이 2개 밖에 되지 않지만, 바이트 (8비트)는 256가지의 경우의 수를 가질 수 있어 256개의 정보를 표현할 수 있다. 따라서 1개의 바이트는 문자를 표현하는 최소 단위로 256개의 구성할 수 있는 정보를 통하여 영문자, 숫자, 특수기호 등을 표현할 수 있다. 표 1-3은 비트수에 따른 가능한 2진수 조합을 나타낸다.

표 1-3 비트 수에 따른 사용가능한 2진수 조합

비트 수	2진수 조합	비트 수	2진수 조합
1	$2^1=2$	6	$2^6=64$
2	$2^2=4$	7	$2^7=128$
3	$2^3=8$	8	$2^8=256$
4	$2^4=16$	9	$2^9=512$
5	$2^5=32$	10	$2^{10}=1,024$

그리고 디지털 시스템에서 저장장치의 용량을 표시할 때 바이트를 기준으로 하여

표시한다. 그림 1-14는 디지털 시스템의 데이터 흐름상 정보 단위를 나타낸 것이고, 표 1-4는 디지털 시스템에서 사용되는 정보 단위의 관계를 나타낸 것이다.

바이트는 작은 단위로 큰 용량의 파일이나 저장장치 용량을 나타내기에는 부적절하다. 비트수가 늘어날수록 표현되는 경우의 수가 증가하기 때문에 처리하여야 할 정보의 양도 증가하며, 또 그만큼 저장하여야 할 데이터양도 증가하게 된다.

그림 1-14 디지털 시스템에서 정보 단위

표 1-4 디지털 시스템에서 정보의 단위의 관계

항목	비트수	정보량	
bit	1	$2^1 = 2$	
nibble	4bits	$2^4 = 16$	
byte	2nibbles=8bits	$2^8 = 256$	
word	2bytes=4nibbles=16bits	$2^{16} = 65,536$	16비트 CPU

따라서 큰 단위 수를 간결하게 표현하기 위한 수단이 필요하다. 예를 들어 거리를 표현할 때, 1,000m을 1km로 표현 하듯이 컴퓨터에서도 큰 단위의 수를 보다 간결하게 표현하고 있다. 컴퓨터 역시 큰 단위는 1,000(10^3)배가 기준이 되며, 이진수이기 때문에 $2^{10} = 1,024 = 1k$배로 나타낸다. 표 1-5는 컴퓨터 시스템의 저장 장치에서 사용하는 용량의 단위를 나타낸다.

표 1-5 디지털 시스템에서 정보 저장 단위

이름	기호	2진 기준	값(bytes)
kilo byte	KB	2^{10}	1,024
mega byte	MB	2^{20}	1,048,576
giga byte	GB	2^{30}	1,073,741,824
tera byte	TB	2^{40}	1,099,511,627,776
peta byte	PB	2^{50}	1,125,899,906,842,624

연습 문제

1. 아날로그 신호와 디지털 신호의 장단점을 논하시오.

2. 컴퓨터를 구성하고 있는 하드웨어와 소프트웨어를 열거하고 간단히 설명하시오.

3. 컴퓨터 구성 요소중 CPU의 발전 과정을 논하시오.

4. 컴퓨터 시스템에서 사용되는 메모리 종류에 대하여 간단히 서술하시오

5. 다음 정보 단위에 대하여 간단히 설명하시오.

   (1) 비트(Bit)

   (2) 니블(Nibble)

   (3) 바이트(Byte)

   (4) 워드(Word)

   (5) 1 Kilo Bytes

6. 다음 용어를 간단히 설명하시오.

   (1) Active Low 신호

   (2) Active High 신호

7. bps(bit per second)와 보 레이트(Baud Rate)을 비교 설명하시오.

제2장

수 체계 및 연산

인간은 0에서 9까지 표현하는 수 체계를 오래 동안 사용하고 있으며, 디지털 시스템은 0에서 1까지 표현하는 2진수를 사용하고 있다. 디지털 시스템은 전기적 신호를 통해서 표현한다. 이를 통하여 전기적 펄스의 유무에 따라 0 (0[v] 또는 5[v])과 1 (5[v] 또는 0[v])을 사용한다. 그리고 디지털 시스템에서는 2진수의 다른 표현인 8진수와 16진수가 있다. 이와 같이 인간과 디지털 시스템은 서로 다른 수 체계를 사용하기 때문에 사람이 디지털 시스템을 사용할 때 인간이 사용하는 10진수로는 디지털 시스템이 인식하지 못하기 때문에 10진수를 2진수로 변환하는 기능이 필요하다. 그리고 디지털 시스템은 변환되어 입력된 2진수로 된 명령을 처리한 후 다시 인간이 알아 볼 수 있는 10진수로 변환해 주어야 한다. 이를 통하여 사람은 디지털 시스템을 편리하게 사용할 수 있는 것이다.

따라서 본장에서는 각종 수 체계에 대한 일반적인 표현 방법을 언급하고 이들 수 체계간 변환 방법에 대해서도 언급한다. 10진수와 2진수 간 변환, 10진수와 8진수 간 변환, 10진수와 16진수 간 변환, 그리고 디지털 시스템내의 2진수, 8진수, 그리고 16진수 간 변환을 언급한다.

2.1 수의 일반적 표현

인간은 오랫동안 0~9를 나타내는 10진수를 사용하고 있으며, 컴퓨터를 포함한 디지털 시스템들은 0과 1을 나타내는 2진수를 사용하고 있다. 또한 디지털 시스템에서는 2진수 이외에 8진수 16진수를 사용하고 있다. 어떤 수 체계에서 사용하는 기호의 개수(10진수는 0~9, 16진수는 0~F, 8진수는 0~7, 2진수는 0~1)를 그 체계의 기수(base 또는 radix)라 부른다. 이와 같은 수 체계 모두는 일반적인 자릿수를 갖는 수 체계로 식(1)과 같이 표현될 수 있다. 표 2-1은 식(1)에 따라 각 수 체계를 나타낸 것이다.

$$N = d_n \times b^n + d_{n-1} \times b^{n-1} + ... + d_1 \times b^1 + d_0 \times b^0 + d_{-1} \times b^{-1} .... \quad (1)$$

식(1)에서 d는 각 진수에서 사용되는 수의 개수를 나타낸다. 10진수는 0~9의 10개, 2진수는 0~1의 2개, 8진수는 0~7의 8개, 그리고 16진수는 0~9, A~F의 16개를 나타낸다. b는 진수의 기수 (Base 또는 Radix)를 나타낸다. 10진수는 10, 2진수는 2, 8진수는 8, 그리고 16진수는 16을 나타낸다. 이 식에서 각 진수는 위치에 따라 가중치를 부가하여 표현된다. 10진수를 예를 들면, $10^0 = 1$(일자리), $10^1 = 10$(10자리), $10^2 = 100$(100자리)와 같이 위치에 따라 가중치를 부가하여 표현하며, 2진수, 8진수, 그리고 16진수도 같은 형태로 표현된다.

표 2-1 각 진수별 표현 방법

진수	d	b(Base, Radix)	사용 예
10진수	0~9	10	$59.85=5x10^1+9x10^0+8x10^{-1}+5x10^{-2}$
2진수	0~1	2	$1011.11=1x2^3+0x2^2+1x2^1+1x2^0+1x2^{-1}+1x2^{-2}$
8진수	0~7	8	$765.47=7x8^2+6x8^1+5x8^0+4x8^{-1}+7x8^{-2}$
16진수	0~F	16	$E7.D6=14x16^1+7x16^0+13x16^{-1}+6x16^{-2}$

2.2 주요 진법 및 연산

2.2.1 10진수 및 표현

10진수는 인간이 사용하는 진수로 0~9를 나타내는 10개의 수로 표현된다. 그리고 각 위치에서 9 다음에 자리올림이 발생한다. 예를 들면 9 다음은 자리올림을 통하여 10이 되고, 99 다음도 자리 올림을 통하여 100이 된다. 10진수를 표현할 때 $(1787)_{10}$과 같이 표현하며 식(1)을 이용하여 표현해 보면 다음과 같다.

$$\begin{aligned}(1787)_{10} &= 1\times10^3+7\times10^2+8\times10^1+7\times10^0\\ &= 1\times1000+7\times100+8\times10+7\times1\\ &= 1000+700+80+7\end{aligned}$$

1의 자리 수(10^0)에서는 0~9범위 중 7이 사용되고, 10의 자리 수(10^1)에서는 0~9범위 중 8이 사용되고, 100의 자리 수(10^2)에서는 0~9범위 중 7이 사용되고, 1000의 자리 수(10^3)에서는 0~9범위 중 1이 사용된다.

예제 2-1

다음 10진수를 식(1)을 이용하여 표현하시오.

$(1957.365)_{10}$

해답

$$\begin{aligned}&(1957.36)_{10}\\ &= 1\times10^3+9\times10^2+5\times10^1+7\times10^0+3\times10^{-1}+6\times10^{-2}\\ &= 1\times1000+9\times100+5\times10+7\times1+3\times0.1+6\times0.01\\ &= 1000+900+50+7+0.3+0.06\end{aligned}$$

2.2.2 2진수 및 표현

2진수는 디지털 시스템에서 사용되는 진수로 0~1을 나타내는 2개의 수로 표현된다. 그리고 각 위치에서 1 다음에 자리올림이 발생한다. 예를 들면 1 다음은 자리올림을 통하여 10이 되고, 11 다음도 자리 올림을 통하여 100이 된다. 2진수를 표현할 때 $(10110)_2$과 같이 표현하며 식(1)을 이용하여 표현해 보면 다음과 같다.

$$\begin{aligned}(10110)_2 &= 1\times2^4+0\times2^3+1\times2^2+1\times2^1+0\times2^0\\ &= 1\times16+0\times8+1\times4+1\times2+0\times1\\ &= 16+0+4+2+0=(22)_{10}\end{aligned}$$

1의 자리 수(2^0)에서는 0~1범위 중 0이 사용되고, 2의 자리 수(2^1)에서는 0~1범위 중 1이 사용되고, 4의 자리 수(2^2)에서는 0~1범위 중 1이 사용되고, 8의 자리 수(2^3)에서는 0~1범위 중 0이 사용되고, 16의 자리 수(2^4)에서는 0~1범위 중 1이 사용된다. 그리고 이 표현을 통하여 2진수가 10진수로 변환된다.

예제 2-2

다음 2진수를 식(1)을 이용하여 표현하시오.

$(1010.11)_2$

해답

$$\begin{aligned}&(1010.11)_2\\ &= 1\times2^3+0\times2^2+1\times2^1+0\times2^0+1\times2^{-1}+1\times2^{-2}\\ &= 1\times8+0\times4+1\times2+0\times1+1\times0.5+1\times0.25\\ &= 8+0+2+0+0.5+0.25=(10.75)_{10}\end{aligned}$$

2.2.3 8진수 및 표현

8진수는 디지털 시스템에서 사용되는 또 다른 진수로 0~7을 나타내는 8개의 수로 표현된다. 그리고 각 위치에서 7 다음에 자리올림이 발생한다. 예를 들면 7 다음은 자리올림을 통하여 10이 되고, 77 다음도 자리 올림을 통하여 100이 된다. 8진수를 표현할 때 $(7536)_8$과 같이 표현하며 식(1)을 이용하여 표현해 보면 다음과 같다.

$$\begin{aligned}(7536)_8 &= 7\times 8^3 + 5\times 8^2 + 3\times 8^1 + 6\times 8^0 \\ &= 7\times 512 + 5\times 16 + 3\times 8 + 6\times 1 \\ &= 3584 + 80 + 24 + 6 = (3694)_{10}\end{aligned}$$

1의 자리 수(8^0)에서는 0~7범위 중 6이 사용되고, 8의 자리 수(8^1)에서는 0~7범위 중 3이 사용되고, 16의 자리 수(8^2)에서는 0~7범위 중 5가 사용되고, 512의 자리 수(8^3)에서는 0~7범위 중 7이 사용된다. 그리고 이 표현을 통하여 8진수가 10진수로 변환된다.

예제 2-3

다음 8진수를 식(1)을 이용하여 표현하시오.

$(674.36)_8$

해답

$$\begin{aligned}&(674.36)_8 \\ &= 6\times 8^2 + 7\times 8^1 + 4\times 8^0 + 3\times 8^{-1} + 6\times 8^{-2} \\ &= 6\times 64 + 7\times 8 + 4\times 1 + 3\times 0.125 + 6\times 0.015625 \\ &= 384 + 56 + 4 + 0.375 + 0.09375 = (444.46875)_{10}\end{aligned}$$

2.2.4 16진수 및 표현

16진수는 디지털 시스템에서 사용되는 또 다른 진수로 0~9, A, B, C, D, E, F와 같이 16개의 수로 표현된다. 그리고 각 위치에서 F 다음에 자리올림이 발생한다. 예를 들면 F 다음은 자리올림을 통하여 10이 되고, FF 다음도 자리 올림을 통하여 100이 된다. 16진수를 표현할 때 $(D9E6)_{16}$과 같이 표현하며 식(1)을 이용하여 표현해 보면 다음과 같다.

$$\begin{aligned}(D9E6)_{16} &= D\times 16^3 + 9\times 16^2 + E\times 16^1 + 6\times 16^0 \\ &= 13\times 4096 + 9\times 256 + 14\times 16 + 6\times 1 \\ &= 53248 + 2304 + 224 + 6 = (55782)_{10}\end{aligned}$$

1의 자리 수(16^0)에서는 0~9, A(10), B(11), C(12), D(13), E(14), F(15) 범위 중 D가 사용되고, 16의 자리 수(16^1)에서는 0~9, A(10), B(11), C(12), D(13), E(14), F(15) 범위 중 9가 사용되고, 256의 자리 수(16^2)에서는 0~9, A(10), B(11), C(12), D(13), E(14), F(15) 범위 중 9가 사용되고, 4096의 자리 수(16^3)에서는 0~9, A(10), B(11), C(12), D(13), E(14), F(15) 범위 중 D가 사용된다. 그리고 이 표현을 통하여 16진수가 10진수로 변환된다.

예제 2-4

다음 16진수를 식(1)을 이용하여 표현하시오.

$(A7C.6D)_{16}$

해답

$$
\begin{aligned}
&(A7C.6D)_{16} \\
&= 10 \times 16^2 + 7 \times 16^1 + 12 \times 16^0 + 6 \times 16^{-1} + 13 \times 16^{-2} \\
&= 10 \times 256 + 7 \times 16 + 12 \times 1 + 6 \times 0.0625 + 13 \times 0.00390625 \\
&= 2560 + 112 + 12 + 0.375 + 0.05078125 = (2684.42578125)_{10}
\end{aligned}
$$

2.3 진수 변환 방법

각 진수의 10진수 변환은 식(1)에 의하여 이루어지는 것을 진수에서 살펴보았다. 진수 변환에서는 10진수를 2진수, 8진수, 16진수로의 변환과, 그리고 2진수, 8진수, 16진수간의 변환 관계를 알아본다.

2.3.1 10진수에서 2진수로 변환

10진수는 인간이 사용하는 수 체계이고, 2진수는 디지털 시스템에서 사용하는 수 체계이다. 따라서 인간이 디지털 시스템과 소통하기 위하여 10진수를 2진수로 변환하여야 한다. 일반적으로 10진수를 2진수로 나타낼 때 식(2)와 같이 표현한다.

$$(D)_{10} = (b_n \times 2^n + b_{n-1} \times 2^{n-1} + ... + b_1 \times 2^1 + b_0 \times 2^0 + b_{-1} \times 2^{-1} ...) \quad ---- \ (2)$$

이 식을 통하여 10진수를 2진수로 변환하는 과정을 정수 부분만 고려하여 수행해 보면, 일단 식(2)에서 정수 부분만 고려하면,

$$(D)_{10} = (b_n \times 2^n + b_{n-1} \times 2^{n-1} + ... + b_1 \times 2^1 + b_0 \times 2^0) \text{ ---------- } (3)$$

식(3)의 양변을 2로 나누면 다음과 같이 된다.

$$\begin{aligned}(\frac{D}{2})_{10} &= (b_n \times \frac{2^n}{2} + b_{n-1} \times \frac{2^{n-1}}{2} + ... + b_1 \times \frac{2^1}{2} + b_0 \times \frac{2^0}{2}) \\ &= (b_n \times 2^{n-1} + b_{n-1} \times 2^{n-2} + ... + b_1 \times 2^0 + b_0 \times \frac{2^0}{2})\end{aligned}$$

이 결과에서 $(\frac{D}{2})_{10}$의 몫은 $(b_n \times 2^{n-1} + ... + b_1 \times 2^0)$이 되고, $b_0 \times \frac{2^0}{2}$은 나머지가 되는데, 홀수인 경우 1, 짝수인 경우 0이 되며, 2진수의 최하위 비트(LSB : Least Significant Bit)가 된다. 10진수 $(45)_{10}$을 예를 들어 보면,

$(45)_{10} = (1 \times 2^5 + 0 \times 2^4 + 1 \times 2^3 + 1 \times 2^2 + 0 \times 2^1 + 1 \times 2^0)_2$ 로 표현된다. 이 식을 2로 나누면, $(\frac{45}{2})_{10} = (1 \times 2^4 + 0 \times 2^3 + 1 \times 2^2 + 1 \times 2^1 + 0 \times 2^0 + 1 \times \frac{2^0}{2})_2$이 된다. $(\frac{45}{2})_{10}$의 몫은 $(1 \times 2^4 + 0 \times 2^3 + 1 \times 2^2 + 1 \times 2^1 + 0 \times 2^0)_2 = (22)_{10}$이 되고, 나머지는 $(1 \times \frac{2^0}{2})_2$이 된다. 나머지는 피제수(45)가 홀수인 경우 1이 되고, 짝수인 경우 0이 된다. 따라서 2진수의 최하위 비트가 구해진다. 다음 비트는 몫 22를 다시 2로 나누면, $(\frac{22}{2})_{10} = (1 \times 2^3 + 0 \times 2^2 + 1 \times 2^1 + 1 \times 2^0 + 0 \times \frac{2^0}{2})_2$가 된다. 여기서 다시 $(\frac{22}{2})_{10}$의 몫은 $(1 \times 2^3 + 0 \times 2^2 + 1 \times 2^1 + 1 \times 2^0) = (11)_{10}$이 되고, 나머지

$(0 \times \frac{2^0}{2})_2$ 피제수가 2로 나누어지기 때문에 0이다. 따라서 두 번째 비트는 1이다. 이것을 도식적으로 표현해 보면 다음과 같다.

2	45	--- 1	LSB
2	22	--- 0	
2	11	--- 1	
2	5	--- 1	
2	2	--- 0	
	1	--- 1	MSB

따라서 $(45)_{10} = (101101)_2$가 된다.

식(2)에서 소수 부분만 고려하면,

$$(D)_{10} = (b_{-1} \times 2^{-1} + b_{-2} \times 2^{-2} + \ldots)_2 \quad \text{-------------------------} \quad (4)$$

정수는 2로 나누어서 지수를 상쇄시켜 나가고, 소수는 곱해서 지수를 상쇄시켜 나간다. 식(4)의 양변에 2를 곱하면, $(2 \times D)_{10} = (b_{-1} \times 2^0 + b_{-2} \times 2^{-1} + \ldots\ldots)_2$ 와 같이 된다. 여기서 $b_{-1} \times 2^{-1}$은 2진수에서 소수점 이하의 첫 번째 비트이다. 이와 같이 계속 2를 곱해나가면 소수점이하의 2진수를 구할 수 있다. 예를 들어 $(0.21875)_2$을 고려하면,

$(0.21875)_{10} = (0 \times 2^{-1} + 0 \times 2^{-2} + 1 \times 2^{-3} + 1 \times 2^{-4} + 1 \times 2^{-5})_2$ 와 같이 표현된다. 위 식 양변에 2를 곱하면,

$(2 \times 0.21875)_2 = (0 + 0 \times 2^{-1} + 1 \times 2^{-2} + 1 \times 2^{-3} + 1 \times 2^{-4})_2$와 같이 된다. 여

기서 오른쪽 변의 첫 번째 항인 0이 소수점 이하의 첫 번째 비트가 된다. 이와 같이 계속 2를 곱해 나가면 소수점 이하의 비트를 모두 구할 수 있다. 이것을 도식적으로 표현해 보면 다음과 같다. 따라서 $(0.21875)_{10} = (0.00111)_2$ 이다.

```
            0.21875
          x       2
          ---------
0 ----      0.43759
          x       2
          ---------
0 ----      0.87500
          x       2
          ---------
1 ----      1.75000
          x       2
          ---------
1 ----      1.50000
          x       2
          ---------
1 ----      1.00000
```

예제 2-5

다음 10진수를 2진수로 변환 하시오.

$$(325.625)_{10} = (\qquad\qquad\qquad)_2$$

해답

우선 정수 부분만 고려하면,

2	325	---- 1	LSB
2	162	---- 0	
2	81	---- 1	
2	40	---- 0	
2	20	---- 0	
2	10	---- 0	
2	5	---- 1	
2	2	---- 0	
	1	---- 1	MSB

따라서 $(325)_{10} = (101000101)_2$

다음은 소수 부분만 고려하면,

$$
\begin{array}{rr}
 & 0.625 \\
 & \times \quad 2 \\
\hline
1 \text{ ----} & 1.250 \\
 & \times \quad 2 \\
\hline
0 \text{ ----} & 0.500 \\
 & \times \quad 2 \\
\hline
1 \text{ ----} & 1.000
\end{array}
$$

따라서 $(0.625)_{10} = (101)_2$

$\therefore \quad (325.625)_{10} = (101000101.101)_2$

2.3.2 10진수에서 8진수로 변환

디지털 시스템은 기본적으로 2진수를 사용하며, 8진수는 2진수의 다른 표현이다. 10진수에서 2진수로 변환하는 방법과 동일하게 수행하면 된다. 10진수를 8진수로

표현해 보면,

$$(D)_{10} = (b_n \times 8^n + b_{n-1} \times 8^{n-1} + \ldots + b_0 \times 8^0 + b_{-1} \times 8^{-1} + b_{-2} \times 8^{-2} \ldots) \text{ --- } (5)$$

이 식을 통하여 10진수를 8진수로 변환하는 과정을 정수 부분만 고려하여 수행해 보면, 일단 식(5)에서 정수 부분만 고려하면,

$$(D)_{10} = (b_n \times 8^n + b_{n-1} \times 8^{n-1} + \ldots + b_1 \times 8^1 + b_0 \times 8^0) \text{ -------------- } (6)$$

식(6)의 양변을 8로 나누면 다음과 같이 된다.

$$\begin{aligned}(\frac{D}{8})_{10} &= (b_n \times \frac{8^n}{8} + b_{n-1} \times \frac{8^{n-1}}{8} + \ldots\ldots + b_1 \times \frac{8^1}{8} + b_0 \times \frac{8^0}{8}) \\ &= (b_n \times 8^{n-1} + b_{n-1} \times 8^{n-2} + \ldots\ldots + b_1 \times 8^0 + b_0 \times \frac{8^0}{8})\end{aligned}$$

이 결과에서 $(\frac{D}{8})_{10}$의 몫은 $(b_n \times 8^{n-1} + \ldots + b_1 \times 8^0)$이 되고, $b_0 \times \frac{8^0}{8}$은 나머지가 되는데, 0~7 사이의 값을 가지며, 최하위 8진수가 된다. 이와 같은 방법으로 계속 8로 나누어 가면 8진수를 구할 수 있다.

예를 들어 10진수 $(938)_{10}$을 8진수로 변환하면, 일단 10진수 $(938)_{10}$을 8진수로 표현 하면, $(938)_{10} = (1 \times 8^3 + 6 \times 8^2 + 5 \times 8^1 + 2 \times 8^0)_8$ 이 되며, 양변을 8로 나누면, $(\frac{938}{8})_{10} = (1 \times 8^2 + 6 \times 8^1 + 5 \times 8^0 + 2 \times \frac{8^0}{8})_8$ 이 되며, $(\frac{938}{8})_{10}$의 몫은

$(1\times8^2+6\times8^1+5\times8^0)_8=(117)_8$이고, 나머지는 $(2\times\frac{8^0}{8})_8=(2)_8$이 되며, 최하위 8진수가 된다.

다시 이를 8로 나누면, $(\frac{117}{8})_{10}=(1\times8^1+6\times8^0+5\times\frac{8^0}{8})_8$이 된다. $(\frac{117}{8})_{10}$의 몫은 $(1\times8^1+6\times8^0)_8=(14)_8$이 되고, 나머지는 $(5\times\frac{8^0}{8})_8=(5)_8$이 된다.

이를 도식적으로 표현해서 8진수를 구해보면,

```
8 | 938   ---- 2   LSB   ↑
8 | 117   ---- 5         ↑
8 | 14    ---- 6         ↑
    1     ---- 1   MSB   ↑
```

따라서 $(938)_{10}=(1652)_8$가 된다. 소수로 된 10진수 $(0.1875)_{10}$을 8진수로 변환하며, 식(5)에서 소수 부분만 고려하면,

$$(D)_{10}=(b_{-1}\times8^{-1}+b_{-2}\times8^{-2}+.......)_8 \quad ---------------------- (7)$$

정수는 8로 나누어서 지수를 상쇄시켜 나가고, 소수는 곱해서 지수를 상쇄시켜 나간다. 식(7)의 양변에 8을 곱하면, $(8\times D)_{10}=(b_{-1}\times8^0+b_{-2}\times8^{-1}+.......)_8$ 와 같이 된다. 여기서 $b_{-1}\times8^{-0}$은 8진수에서 소수점 이하의 첫 번째 8진수이다. 이와 같이 계속 8을 곱해나가면 소수점이하의 8진수를 구할 수 있다.

예를 들어, 소수로만 구성된 10진수 $(0.1875)_{10}$을 8진수로 변환해 보면,

$(0.1875)_{10} = (1 \times 8^{-1} + 4 \times 8^{-2})_8$와 같이 표현된다.

이 식 양변에 8을 곱하면, $(8 \times 0.1875)_{10} = (1 + 4 \times 8^{-1})_8$이 된다. 여기서 오른쪽 변의 첫 번째 항인 1이 소수점 이하의 첫 번째 8진수가 된다. 이와 같이 계속 8을 곱한 후 같은 방법으로 처리하면 소수점 이하의 8진수를 모두 구할 수 있다. 이것을 도식적으로 표현해 보면 다음과 같다.

```
             0.1875
             x    8
  1 ----     ------
             1.5000
             x    8
  4 ----     ------
 ↓           4.0000
```

따라서 $(0.1875)_{10} = (0.14)_8$가 된다.

예제 2-6

다음 10진수를 8진수로 변환 하시오.

$$(734.1875)_{10} = (\qquad\qquad)_8$$

해답

우선 정수 부분만 고려하면,

```
8 | 734   ---- 6   LSB   ↑
8 |  91   ---- 3         |
8 |  11   ---- 3         |
     1    ---- 1   MSB   |
```

따라서 $(734)_{10} = (1336)_8$

다음은 소수 부분만 고려하면,

```
            0.1875
          x      8
 1 ----   ---------
            0.5000
          x      8
 4 ----   ---------
            4.0000
```

따라서 $(0.1875)_{10} = (0.14)_8$

$\therefore \quad (734.1875)_{10} = (1336.14)_8$

2.3.3 10진수에서 16진수로 변환

디지털 시스템은 기본적으로 2진수를 사용하며, 16진수는 2진수의 또 다른 표현이다. 10진수에서 2진수로 변환하는 방법과 동일하게 수행하면 된다. 10진수를 16진수로 표현해 보면,

$$(D)_{10} = (b_n \times 16^n + b_{n-1} \times 16^{n-1} + \ldots + b_0 \times 16^0 + b_{-1} \times 16^{-1} + \ldots) \text{ ------- } (8)$$

이 식을 통하여 10진수를 16진수로 변환하는 과정을 정수 부분만 고려하여 수행해 보면, 일단 식(8)에서 정수 부분만 고려하면,

$$(D)_{10} = (b_n \times 16^n + b_{n-1} \times 16^{n-1} + \ldots + b_0 \times 16^0) \text{ ------------------ } (9)$$

식(8)의 양변을 16으로 나누면 다음과 같이 된다.

$$(\frac{D}{16})_{10} = (b_n \times \frac{16^n}{16} + b_{n-1} \times \frac{16^{n-1}}{16} + ... + b_1 \times \frac{16^1}{16} + b_0 \times \frac{16^0}{16})$$
$$= (b_n \times 16^{n-1} + b_{n-1} \times 16^{n-2} + ... + b_1 \times 16^0 + b_0 \times \frac{16^0}{16})$$

이 결과에서 $(\frac{D}{16})_{10}$의 몫은 $(b_n \times 16^{n-1} + ... + b_1 \times 16^0)$이 되고, $b_0 \times \frac{16^0}{16}$은 나머지가 되는데, 0~9, A~F 사이의 값을 가지며, 최하위 16진수가 된다. 이와 같은 방법으로 계속 16로 나누어 가면 16진수를 구할 수 있다.

예를 들어 10진수 $(1949)_{10}$을 16진수로 변환하면, 일단 10진수 $(1949)_{10}$을 16진수로 표현 하면, $(1949)_{10} = (7 \times 16^2 + 9 \times 16^1 + D \times 16^0)_{16}$이 되며, 양변을 16으로 나누면, $(\frac{1949}{16})_{10} = (7 \times 16^1 + 9 \times 16^0 + D \times \frac{16^0}{16})_{16}$이 되며, $(\frac{1949}{16})_{10}$의 몫은 $(7 \times 16^1 + 9 \times 16^0)_{16} = (121)_{10}$이고, 나머지는 $(D \times \frac{16^0}{16})_{16} = (D)_{16} = (13)_{10}$이며 최하위 16진수가 된다. 다시 이를 16으로 나누면, $(\frac{121}{16})_{10} = (7 \times 16^0 + 9 \times \frac{16^0}{16})_{16}$이 된다. $(\frac{121}{16})_{10}$의 몫은 $(7 \times 16^0)_{16} = (7)_{16}$이 되며, 나머지는 $(9 \times \frac{16^0}{16})_{16} = (9)_{16}$이 되며 다음 위치의 16진수가 된다. 이를 도식적으로 표현해서 16진수를 구해보면,

```
16| 1949   ---- D   ▲
16| 121    ---- 9   |
     7     ---- 7   |
```

따라서 $(1949)_{10} = (79D)_{16}$ **이다.**

식(8)에서 소수 부분만 고려하면,

$$(D)_{10} = (b_{-1} \times 16^{-1} + b_{-2} \times 16^{-2} + \ldots)_{16} \text{ ---------------------- } (10)$$

정수는 16으로 나누어서 지수를 상쇄시켜 나가고, 소수는 곱해서 지수를 상쇄시켜 나간다. 식(10)의 양변에 16을 곱하면,

$(16 \times D)_{10} = (b_{-1} \times 16^{0} + b_{-2} \times 16^{-1} + \ldots\ldots)_{16}$과 같이 된다. 여기서 $b_{-1} \times 16^{-1}$은 16진수에서 소수점 이하의 첫 번째 16진수이다. 이와 같이 계속 16을 곱해나가면 소수점이하의 16진수를 구할 수 있다.

예를 들어, 소수로만 구성된 10진수 $(0.9140625)_{10}$을 16진수로 변환해 보면, $(0.9140625)_{10} = (E \times 16^{-1} + A \times 16^{-2})_{16}$와 같이 표현된다. 이 식 양변에 16을 곱하면, $(16 \times 0.9140625)_{10} = (E + A \times 16^{-1})_{16}$이 된다. 여기서 오른쪽 변의 첫 번째 항인 E가 소수점 이하의 첫 번째 16진수가 된다. 이와 같이 계속 16을 곱한 후 같은 방법으로 처리하면 소수점 이하의 16진수를 모두 구할 수 있다. 이것을 도식적으로 표현해 보면 다음과 같다.

```
↓              0.9140625
               x        16
       14 ----  0.625000
               x        16
       10 ----  0.000000
```

따라서 $(0.9140625)_{10} = (0.EA)_{16}$가 된다.

예제 2-7

다음 10진수를 16진수로 변환 하시오.

$$(12734.203125)_{10} = (\qquad\qquad)_{16}$$

해답

우선 정수 부분만 고려하면,

16	12734	---- E
16	795	---- B
16	49	---- 1
	3	---- 3

↑

$$(12734)_{10} = (31BE)_{16}$$

다음은 소수 부분만 고려하면,

	0.203125
	x 16
3 ----	0.250000
	x 16
4 ----	0.000000

↓

$$(0.1875)_{10} = (0.34)_{16}$$

$$\therefore \quad (12734.203125)_{10} = (31BE.34)_{16}$$

2.3.4 2진수-8진수-16진수 상호 변환

디지털 시스템에서는 기본적으로 2진수를 사용한다. 2진수로 표현되면 모니터에 디스플레이 되는 경우 많은 자리수를 차지한다. 이를 보완하기 위하여 8진수 또는 16진수로 변환하여 표현하면 자리수가 줄어 많은 표현을 할 수 있다. 그러나 디지털 시스템은 기본적으로 2진수를 이용하여 연산을 수행한다. 2진수의 1비트는 "1" 또는 "0", "on" 또는 "off", "참" 또는 "거짓"과 같이 2가지 상태를 표현한다. 두 가지 상태란 2개의 정보를 표현할 수 있다는 것이다. 따라서 좀 더 많은 상태 또는 정보를 표현하기 위하여 좀 더 많은 비트가 필요하다. 즉 2비트는 4개의 상태, 3비트는 8개의 상태, 4비트는 16개 상태 등과 같다. 여기서 3비트는 8개의 상태를 나타내기 때문에 8진수 0~7과 같이 8개의 숫자를 나타낼 수 있으며, 4비트는 16개의 상태를 나타내기 때문에 16진수 0~9, A~F와 같이 16개의 숫자를 나타낼 수 있다. 표 2-2는 10진수, 2진수, 16진수의 관계를 나타낸다.

표 2-2 10진수, 2진수, 16진수 관계

10진수	2진수(2진화 16진수)	16진수
0	0000	0
1	0001	1
2	0010	2
3	0011	3
4	0100	4
5	0101	5
6	0110	6
7	0111	7
8	1000	8
9	1001	9
10	1010	A
11	1011	B
12	1100	C
13	1101	D
14	1110	E
15	1111	F

디지털 시스템에서는 2진수를 사용하는데 "왜 8진수와 16진수를 사용하는 가" 하고 생각하게 된다. 예를 들어 2진수 $(101101010011)_2$을 기술자들끼리 주고받던지 모니터에 표시하는 경우 101101010011과 같이 불러주던지 또는 표시해 주어야 한다. 그러나 이 2진수를 8진수로 간단히 $(5523)_8$라 하던지 또는 16진수로 $(3AB)_{16}$라 하면 이해도 쉽고 자리수도 적게 차지하게 된다.

디지털 시스템에서 2진수를 8진수와 16진수로의 변환과 그 반대는 항상 2진수를 매개로 하여 이루어진다. $(1011101001.1011011)_2$인 경우, 8진수로 표현해 보면 소수점을 중심으로 정수는 소수점에서 3자리씩 왼쪽으로, 소수는 소수점을 중심으로 3자리씩 오른쪽으로 변환하면 된다. 따라서 $(1\ 011\ 101\ 001.101\ 101\ 1)_2 = (1\ 3\ 5\ 1\ .\ 5\ 5\ 4)_8$로 된다. 여기서 정수부분의 맨 왼쪽의 한 비트 1은 001로 간주하고, 소수부분의 맨 오른쪽에 있는 한 비트 1은 100으로 간주하여 변환한다, 16진수로 표현해 보면 소수점을 중심으로 정수는 소수점에서 4자리씩 왼쪽으로, 소수는 소수점을 중심으로 4자리씩 오른쪽으로 변환하면 된다. 따라서 $(10\ 1110\ 1001.1011\ 011)_2=(2\ E\ 9\ .\ B\ 6)_{16}$로 된다. 여기서 정수부분의 맨 왼쪽의 두 비트 10은 0010로 간주하고, 소수부분의 맨 오른쪽에 있는 3 비트 011은 0110으로 간주하여 변환한다, 표 2-3은 2진수, 8진수, 16진수와의 관계를 나타낸다.

표 2-3 2진수, 8진수, 16진수와의 관계

<table>
<tr><td>8진</td><td colspan="2">2</td><td colspan="3">6</td><td colspan="3">2</td><td colspan="3">7</td><td colspan="3">1</td><td></td><td colspan="3">5</td><td colspan="3">2</td><td colspan="3">5</td></tr>
<tr><td>2진</td><td>1</td><td>0</td><td>1</td><td>1</td><td>0</td><td>0</td><td>1</td><td>0</td><td>1</td><td>1</td><td>1</td><td>0</td><td>0</td><td>1</td><td>.</td><td>1</td><td>0</td><td>1</td><td>0</td><td>1</td><td>0</td><td>1</td><td>0</td><td>1</td></tr>
<tr><td>16진</td><td colspan="2">2</td><td colspan="4">C</td><td colspan="4">B</td><td colspan="4">9</td><td></td><td colspan="4">A</td><td colspan="4">A</td><td>8</td></tr>
</table>

이제까지 2진수를 8진수 또는 16진수로 변환하는 방법을 알아보았고, 8진수를 16진수로, 또 반대로의 변환은 2진수를 매기로 하여 이루어질 수 있다, 예를 들어 8진수 $(7564)_8$을 16진수로 변환해 보면, $(7564)_8=(111\ 101\ 110\ 100)_2$로 변환되고, 이 2진수를 16진수로 변환하기 위하여 4자리씩 고려하면 $(1111\ 0111\ 0100)_2$가 되어 $(F\ 7\ 4)_{16}$로 변환된다. 이때 2진수는 8진수를 16진수로 변환하는데 매개 역할을 수행한다. 또 16진수 $(DA74)_{16}$을 8진수로 변환해 보면 $(DA74)_{16}=(1101\ 1010\ 0111$

$0100)_2$로 변환되고, 이 2진수를 8진수로 변환하기 위하여 3자리씩 고려하면 $(1\ 101\ 101\ 001\ 110\ 100)_2$가 되어 $(1\ 5\ 5\ 1\ 6\ 4)_8$로 변환된다.

예제 2-8

2진수 $(1001101001.11110101)_2$를 8진수와 16진수로 변환 하시오.

해답

① 8진수

: $(1001101001.11110101)_2=(1\ 001\ 101\ 001.111\ 101\ 01)_2=(1\ 1\ 5\ 1\ .\ 7\ 5\ 2)_8$

② 16진수

: $(1001101001.11110101)_2=(10\ 0110\ 1001.1111\ 0101)_2 = (2\ 6\ 9\ .\ F\ 5)_{16}$

2.4 보수 연산(Complementary Operation)

디지털 시스템에서도 사칙연산 (+, −, ×, ÷) 를 수행하여야 한다. 인간 세계에서는 수를 0, 1, 2와 같이 10진수로 표현하고, 디지털 세계에서는 0000, 0001, 0010과 같이 2진수로 표현한다. 디지털 세계에서 이와 같은 식으로 양의 정수를 표현하는데, 음의 정수도 표현할 수 있어야 한다. 그러나 기존의 2진수 표현은 단지 양의 정수만 표현 가능하기 때문에 음수를 표현할 수 있는 방법이 필요하다. 따라서 뺄셈을 수행할 때 피 감수의 음의 표현을 다른 방법으로 하여 연산을 수행한다. 이와 같은 연산을 보수 연산이라 한다. 2진수와 10진수의 진수별 덧셈 연산은 다음과 같다.

2진수 덧셈

0	0	1	1
+ 0	+ 1	+ 0	+ 1
0	1	1	10 (자리올림발생)

	10진수	2진수	8진수	16진수
Carry (자리올림)	1 1	1 1 1 0 0	1 1	0 1
	5 8	1 0 1 1 0	6 7	7 D
	+ 9 6	+ 1 1 1 0 1	+ 7 5	+ 7 4
	1 5 4	1 1 0 0 1 1	1 6 4	F 1

보수(Complementary)란 사전적 의미에서 “상호보완적인”이란 뜻을 가지고 있으며, 디지털 공학에서는 보완 또는 보충해 주는 수이다. 예를 들어 10진수에서 7에 대한 10의 보수는 3이고, 8진수에서 3에 대한 8의 보수는 5이다. 보수는 디지털 논리회로에서 뺄셈 연산을 효율적으로 수행하고 논리적으로 쉽게 조작할 수 있게 해준다.

따라서 보수연산은 컴퓨터에서 뺄셈 연산을 수행하는데 사용된다. 모든 진수에 보수가 있다. 2진수, 8진수, 10진수, 16진수 등을 나타내는 기수(Base 또는 Radix)는 각각 2, 8, 10, 16이다. 이를 R이라 하면, R 진수에 대하여 R의 보수와 (R-1)의 보수가 존재한다.

R의 보수는,

n 자리를 가진 수 N에 대한 R의 보수 : $R^n - N$ $(N \neq 0)$

N=0이면, N의 R의 보수는 0이다.

(R-1)의 보수

n 자리를 가진 수 N에 대한 (R-1)의 보수 : $(R^n-1)-N$

그리고 R의 보수는 (R-1)의 보수+1의 관계를 갖는다.

위에서 나타낸 방법보다 r의 보수와 r-1의 보수를 쉽게 구할 수 있는 방법이 있다. r 진수에서 r-1의 보수는 각각의 자리마다 r-1 숫자에서 각각의 자리의 수를 빼는 것이다. 또 r의 보수는 위에서 설명한 대로 r-1 보수를 구한 후 1을 더하면 쉽게 구할 수 있다.

예를 들어 10진수에서,

7의 10의 보수는 3이며, 9의 보수는 2이다. 그런데, 9의 보수 2에다 1을 더하면 7의 10의 보수 값이 된다.

또 다른 예로 10진수 254.53에 대하여 알아보면,

9의 보수	10의 보수	10의 보수 다른 방법
999.99 - 254.53 745.46	1000.00 - 254.53 745.47	9의 보수 + 1(소수점과 상관없이 마지막 자리수) =745.46+1=745.47

2진수에서는,

0101의 2의 보수는 "1011"이며, 1의 보수는 "1010"이다. 그런데, 1의 보수 "1010"에 1을 더하면 "0101"에 대한 1의 보수 값이 된다.

또 다른 예로 2진수 "1011.101"에 대하여 알아보면,

1의 보수	2의 보수	2의 보수 다른 방법
1111.111 - 1011.101 0100.010	10000.000 - 1011.101 0100.011	1의 보수 + 1 =0100.010+1=0100.011

인간은 일상생활에서 뺄셈 연산을 수행할 때, 두 수중 큰 수의 부호를 선택하고, 큰 수에서 작은 수를 뺀다. 그 후 부호와 뺀 값을 결합한다. 그러나 컴퓨터 시스템에서는 뺄셈 연산을 덧셈 연산으로 수행하기 위하여, 감산자(빼는 수)의 보수를 구하고, 피 감산자와 보수를 더한다. 자리 올림수 발생 여부와, 사용된 보수 (r 보수 또는 (r-1) 보수)에 따라 처리한다.

2.4.1 10진 보수 연산

10진수의 두 수에 대하여 뺄셈 연산을 수행할 때, 감산자의 보수(10의 보수 또는 9의 보수)를 구한 다음 피 감산자와 감산자의 보수를 더하여 뺄셈 연산을 수행한다. 이때 다음과 같은 규칙이 있다.

① 자리 올림이 있는 경우 양수이며 10의 보수인 경우 올림수를 없애고, 9의 보수인 경우 자리올림 수를 결과에 더한다.

② 자리 올림이 없는 경우 음수이며 결과를 다시 사용된 보수(10의 보수 또는 9의 보수)를 취한다.

(1) 10의 보수

10진수 543-321의 값을 10의 보수를 이용하여 구해보면, 우선 321의 10의 보수는 1000-321=679 이고 다음과 같이 구하여 진다.

보수 이용하지 않음		10의 보수 이용		
	543		543	
-	321	+	679	321의 10의 보수
	222		1 222	자리올림 발생, 없앤다.
		∴	222	

10진수 321-543의 값을 구해보면, 543의 10의 보수는 1000-543=457 이다.

보수 이용하지 않음		10의 보수 이용		
	321		321	
-	543	+	457	543의 10의 보수
-	222		778	(자리올림 없음, 10의 보수 취하고 -부호 붙임)
		∴	-222	(778의 10의 보수)

예제 2-9

10진수 653-325을 10의 보수를 이용하여 구하여라.

해답

이 경우는 피감수가 감수보다 큰 경우로 결과는 +값이 예상된다.

보수 이용하지 않음	10의 보수 이용	
653	653	
- 325	+ 675	325의 10의 보수
328	1 328	(자리올림 발생, 없앤다.)
	∴ 328	

예제 2-10

10진수 325-653을 10의 보수를 이용하여 구하여라.

해답

이 경우는 피감수가 감수보다 작은 경우로 결과는 -값이 예상된다.

보수 이용하지 않음	10의 보수 이용	
325	325	
- 653	+ 347	653의 10의 보수
- 328	672	(자리올림 없음, 10의 보수 취하고 -부호 붙임)
	∴- 328	672의 10의 보수

(2) 9의 보수

10진수 543-321의 값을 9의 보수를 이용하여 구해보면, 우선 321의 9의 보수는 999-321=678 이다.

보수 이용하지 않음	9의 보수 이용	
543	543	
- 321	+ 678	321의 9의 보수
222	1 221	(자리올림 발생, 자리올림을 결과에 더한다.)
	+ → 1	
	∴ 222	

10진수 321-543의 값을 9의 보수를 이용하여 구해보면, 우선 543의 9의 보수는 999-543=456 이다.

보수 이용하지 않음	9의 보수 이용	
321	321	
- 543	+ 456	543의 9의 보수
- 222	777	(자리올림 없음, 9의 보수 취하고 -부호 붙임)
	∴ -222	(777의 9의 보수)

예제 2-11

10진수 653-325을 9의 보수를 이용하여 구하여라.

해답

이 경우는 피감수가 감수보다 큰 경우로 결과는 +값이 예상된다.

보수 이용하지 않음	9의 보수 이용	
653	653	
- 325	+ 674	325의 9의 보수
328	1 327	(자리올림 발생, 자리올림을 결과에 더한다.)
	+ └─▶1	
	∴ 328	

예제 2-12

10진수 325-653을 9의 보수를 이용하여 구하여라.

해답

이 경우는 피감수가 감수보다 작은 경우로 결과는 -값이 예상된다.

보수 이용하지 않음	9의 보수 이용	
325	325	
- 653	+ 346	653의 9의 보수
- 328	671	(자리올림 없음, 9의 보수 취하고 -부호 붙임)
	∴- 328	671의 9의 보수

2.4.2 2진 보수 연산

2진수의 두 수에 대하여 뺄셈 연산을 수행할 때, 감산자의 보수(2의 보수 또는 1의 보수)를 구한 다음 피 감산자와 감산자의 보수를 더하여 뺄셈 연산을 수행한다.

이때 다음과 같은 규칙이 있다.

① 자리 올림이 있는 경우 양수이며 2의 보수인 경우 올림수를 없애고, 1의 보수인 경우 자리올림 수를 결과에 더한다.

② 자리 올림이 없는 경우 음수이며 결과를 다시 사용된 보수(2의 보수 또는 1의 보수)를 취한다.

2진수의 2의 보수는 0이 하나만 존재하기 때문에 1보수 보다 한 자리 더 사용가능 하고, 덧셈 연산 후 자리올림이 발생한 경우 자리올림을 무시하기 때문에 구성이 간단하다. 반면에 1의 보수는 -0과 +0이 있어 연산할 때 혼란을 초래할 수 있으며, 자리 올림이 발생한 경우 자리올림 수를 결과에 다시 더하여야 하므로 구성이 복잡해진다. 이러한 이유 때문에 디지털 시스템에서는 2의 보수를 더 많이 이용한다.

(1) 2의 보수

2진수 101011-011010을 2의 보수를 이용하여 구해보면, 우선 011010의 2의 보수는 1000000-011010=100110 이고, 다음과 같이 구하여 진다.

보수 이용하지 않음	2의 보수 이용	
101011	101011	
- 011010	+ 100110	
010001	1 010001	자리올림 발생, 없앤다.
	∴ 010001	

2진수 011010-101011을 2의 보수를 이용하여 구해보면, 우선 101011의 2의 보수는 1000000-101011= 010101 이고, 다음과 같이 구하여 진다.

보수 이용하지 않음		2의 보수 이용		
	11010		011010	
-	01011	+	010101	
-	10001		101111	(자리올림 없음, 2의 보수 취하고 -부호 붙임)
		∴	-010001	(101111의 2의 보수)

예제 2-13

2진수 11001-10011을 2의 보수를 이용하여 구하여라.

해답

이 경우는 피감수가 감수보다 큰 경우로 결과는 +값이 예상된다.

보수 이용하지 않음		2의 보수 이용		
	11001		11001	
-	10011	+	01101	2의 보수
	00110		1 00110	자리올림 발생, 자리올림 없앤다
		∴	00110	

예제 2-14

2진수 10011-11001을 2의 보수를 이용하여 구하여라.

해답

이 경우는 피감수가 감수보다 작은 경우로 결과는 -값이 예상된다.

보수 이용하지 않음	2의 보수 이용
10011	10011
- 11001	+ 00111 2의 보수
- 00110	11010
	∴- 00110 2의 보수

---

(2) 1의 보수

2진수 101011-011010을 1의 보수를 이용하여 구해보면, 우선 011010의 1의 보수는 111111-011010=100101 이고, 다음과 같이 구하여 진다.

보수 이용하지 않음	1의 보수 이용
01011	101011
- 011010	+ 100101
010001	1 010000 (자리올림 발생, 자리올림을 결과에 더한다.)
	+ 1
	∴ 010001

2진수 011010-101011을 1의 보수를 이용하여 구해보면, 우선 101011의 1의 보수는 111111-101011= 010100 이고, 다음과 같이 구하여 진다.

보수 이용하지 않음	1의 보수 이용	
11010	011010	
- 01011	+ 010100	
- 10001	101110	(자리올림 없음, 결과를 1의 보수 취하고 -부호 붙임)
	∴ -010001	

예제 2-15

2진수 11001-10011를 1의 보수를 이용하여 구하여라.

해답

이 경우는 피감수가 감수보다 큰 경우로 결과는 +값이 예상된다.

보수 이용하지 않음	1의 보수 이용	
11001	11001	
- 10011	+ 01100	1의 보수
00110	1 00101	(자리올림 발생, 자리올림을 결과에 더한다.)
	+ └──▶1	
	∴ 00110	

예제 2-16

2진수 10011-11001을 1의 보수를 이용하여 구하여라.

해답

이 경우는 피감수가 감수보다 작은 경우로 결과는 -값이 예상된다.

보수 이용하지 않음	1의 보수 이용	
10011	10011	
- 11001	+ 00110	1의 보수
- 00110	11001	(자리올림 없음, 결과를 1의
	∴- 00110	보수 취하고 -부호 붙임)

연습 문제

1. 다음을 2진수, 8진수, 16진수를 10진수로 변환하시오.

   (1) (1110101)2　　(2) (0.10101)2　　(3) (10111.011)2

   (4) (246)8　　(5) (0.425)8　　(6) (457.642)8

   (7) (D7A5)16　　(8) (0.B6C)16　　(9) (A3A5.74D)16

2. 다음 10진수를 2진수로 변환하시오.

   (1) $(867)_{10}$　　(2) $(0.6875)_{10}$　　(3) $(795.46875)_{10}$

   (4) $(95.1875)_{10}$

3. 다음 10진수를 8진수로 변환하시오.

   (1) $(569)_{10}$　　(2) $(0.6796875)_{10}$　　(3) $(565.0485839844)_{10}$

   (4) $(87.828125)_{10}$

4. 다음 10진수를 16진수로 변환하시오.

   (1) $(478)_{10}$　　(2) $(0.4985351563)_{10}$　　(3) $(679.6887207031)_{10}$

   (4) $(5673.0275421143)_{10}$

5. 다음 2진수를 8진수로 변환하시오.

(1) $(1101001)_2$ (2) $(0.101101)_2$ (3) $(101101.1011)_2$

6. 다음 2진수를 16진수로 변환하시오.

(1) $(1011101001)_2$ (2) $(0.11011101)_2$ (3) $(110111.11001)_2$

7. 다음 8진수를 2진수와 16진수로 변환하시오.

(1) $(367)_8$ (2) $(0.742)_8$ (3) $(673.435)_8$

8. 다음 16진수를 2진수와 8진수로 변환하시오.

(1) $(AC76)_{16}$ (2) $(0.5DB)_{16}$ (3) $(93DB.6AB)_{16}$

9. 다음 16진수를 2진수로 변환하시오.

(1) $(AC76)_{16}$ (2) $(0.5DB)_{16}$ (3) $(93DB.6AB)_{16}$

10. 다음 10진수 뺄셈 연산을 10의 보수와 9의 보수를 이용하여 수행하시오.

(1) $(956)_{10}-(248)_{10}$ (2) $(248)_{10}-(956)_{10}$

11. 다음 2진수 뺄셈 연산을 2의 보수와 1의 보수를 이용하여 수행하시오.

(1) $(11101)_2-(11001)_2$ (2) $(11001)_2-(11101)_2$

제3장

코드화 시스템

사람이 주고받는 정보는 문자, 숫자(0~9), 기호, 그리고 특수기호로 이루어진다. 이와 같은 정보를 디지털 시스템과 주고받기 위하여 사람이 활용하는 정보 구성요소들을 디지털 시스템과 주고받기 위하여 2진수로 표현해 주어야 한다. 이와 같이 사람이 활용하는 정보 요소를 디지털 시스템에 맞도록 변환해 주는 것을 부호화(인코딩, 암호화)라 하고, 반대로 디지털 시스템에서 처리된 2진 데이터를 사람이 인식할 수 있는 형태로 변환해 주는 것을 복호화(디코딩, 해독)라 한다. 이와 같은 과정은 사람 관점에서 본 것이고, 디지털 시스템 관점에서 보면 반대일 것이다.

정보를 전달하는 경우, 정보 누설 및 절취되는 것을 막기 위해 보내고자 하는 정보를 사전 송수신단의 약속에 의하여 변환하는 것이다. 이와 같이 전송되는 정보가 중간에 누설되는 것을 방지할 수 있다. 그리고 보내고자 하는 정보가 중간에 변형되어 잘못된 정보를 보내는 것을 막기 위하여 에러가 발생하지 않도록 보내고자 하는 정보를 변환시키는 것이다.

본 장에서는 디지털 시스템에서 사용하고 있는 2진 형태로 된 여러 가지 코드 체계를 알아본다. 디지털 시스템은 기본적으로 2진수를 사용하는데, 보안, 에러 검출 등 여러 가지 이유로 2진 값을 약속에 따라 다른 2진 형태의 코드로 변환하여 사용할 수 있다.

3.1 BCD 코드 (8421 코드)

3.1.1 BCD 코드 형식

BCD 코드는 0~9의 10진수를 2진수로 변환한 코드로, 실제 표기할 때는 2진수이지만 10진수 같이 사용한다. 10진수 0~9를 나타내기 위하여 4비트가 필요하다. 4

비트로 구성된 BCD 코드는 각 비트 위치에 따라 2^3=8, 2^2=4, 2^1=2, 2^0=1의 값을 갖기 때문에 8421코드라 한다. 이때 위치에 따라 달라지는 값을 가중치라 한다. 따라서 BCD 코드는 가중치 방식 코드라 한다. 표 3-1은 BCD 코드를 10진수, 가중치를 포함하여 나타낸 것이다. BCD 코드는 6개의 코드 1010, 1011, 1100, 1101, 1110, 1111을 사용하지 않는다.

예를 들어 10진수 235을 2진수와 BCD 코드로 표현 하면,

235=0010 0011 0101 (BCD 코드 사용)

235=11101011 (10비트 사용)

위에서 보면 BCD 코드는 사용하지 않는 6개의 코드 때문에 2진수 보다 비트 사용면에 있어서 비효율적인 특성이 있으나, 10진수로 변환이 쉽고 인간에게 친숙한 의미를 전달할 수 있다는 장점이 있다.

표 3-1 BCD 코드

10진수	가중치 표현	BCD 코드
0	$0\times2^3+0\times2^2+0\times2^1+0\times2^0$	0000
1	$0\times2^3+0\times2^2+0\times2^1+1\times2^0$	0001
2	$0\times2^3+0\times2^2+1\times2^1+0\times2^0$	0010
3	$0\times2^3+0\times2^2+1\times2^1+1\times2^0$	0011
4	$0\times2^3+1\times2^2+0\times2^1+0\times2^0$	0100
5	$0\times2^3+1\times2^2+0\times2^1+1\times2^0$	0101
6	$0\times2^3+1\times2^2+1\times2^1+0\times2^0$	0110
7	$0\times2^3+1\times2^2+1\times2^1+1\times2^0$	0111
8	$1\times2^3+0\times2^2+0\times2^1+0\times2^0$	1000
9	$1\times2^3+0\times2^2+0\times2^1+1\times2^0$	1001

3.1.2 BCD 코드 덧셈 연산

컴퓨터 시스템에서 10진수가 BCD 코드로 변환 된다. 표 3-2는 BCD 코드(8421 코드)에서 사용되지 않는 6개 코드를 포함하여 표현한 것이다. BCD 코드로 저장된 수를 덧셈연산 할 때 연산 결과에 사용되지 않는 코드가 나타나지 않도록 하여야 한다. 따라서 BCD 코드의 덧셈연산은 다음과 같은 방법으로 수행된다.

(1) BCD로 된 두 수를 덧셈 연산한 후 결과가 캐리가 발생하지 않고 0000~1001 사이에 있을 때 정확한 값이다.

(2) BCD로 된 두 수를 덧셈 연산한 후 결과가 사용되지 않는 1010(10, A)~1111(15, F)에 있는 경우, 이 영역이 나타나지 말아야하기 때문에 6을 더하여 보정해 주어야 한다. 예를 들어 1001에 0001을 더하면 1010(A)이 나타난다. BCD 코드 특성상 1001에 0001을 더하면 캐리가 발생하여야 하기 때문에 $(10)_{10}$=$(0001\ 0000)_{BCD}$"로 되어야 한다.

(3) BCD로 된 두 수를 덧셈 연산한 후 결과 캐리가 있는 경우, $(10)_{10}$=$(0001\ 0000)_{BCD}$" 같은 형식으로 캐리가 발생하여야 하나, 사용되지 않는 6개 코드를 포함하여 캐리가 발생한 것이기 때문에 결과 값에 6을 더하여 보정해 주어, 6개 코드를 포함하지 않고 캐리가 발생할 수 있도록 해 주어야 한다.

표 3-2는 16진수와 BCD 코드를 나타낸 것으로 BCD 코드에서 사용되지 않는 영역 (1010, 1011, 1100, 1101, 1110, 1111)을 빗금으로 나타냈다. 이 영역은 연산 결과 나타나지 않도록 보정되어야 할 부분이다.

표 3-2 16진수와 BCD 코드

16진수	BCD코드
0	0000
1	0001
2	0010
3	0011
4	0100
5	0101
6	0110
7	0111
8	1000
9	1001
10(A)	1010
11(B)	1011
12(C)	1100
13(D)	1101
14(E)	1110
15(F)	1111

10진수 5+3을 BCD 코드를 이용하여 계산해 보면,

```
      5            0101
+     3   ->   +   0011
-------      -----------
      8            1000
```

자리올림 없고 결과가
0000~1001사이의 BCD 코드

10진수 6+9를 BCD 코드를 이용하여 계산해 보면,

	6		0110	
+	9	⇨ +	1001	
	15		1111	결과가 BCD 코드 아님(사용되지 않는 영역 1010~1111에 있음)
		+	0110	사용되지 않는 영역을 거치지 않도록
			1 0101	결과에 6(0110)을 더하여 보정

10진수 56+37을 BCD 코드를 이용하여 계산해 보면,

	75		0111	0101	
+	19	⇨ +	0001	1001	
	94		1000	1110	왼편은 BCD코드, 오른편은 BCD 코드 아님. 오른편은 6을 더하여
		+		0110	보정하고 캐리 발생
			1001	0100	왼편, 오른편 모두 BCD코드임

예제 3-1

다음 10진수를 BCD 코드로 변환하여 덧셈하라.

(1) 6+2 (2) 7+7 (3) 27+44 (4) 99+52

해답

(1)

	6		0110
+	2	⇨ +	0010
	8		1000

자리올림 없고 결과가 9보다 작음

(2)

	7		0111	
+	7	⇨ +	0111	
	14		1110	BCD 코드 아님
		+	0110	+6(0110)으로 보정
			1 0100	

(3)

```
     28          0010  1000
  +  44   ⇨  +  0100  0100
  ------     --------------
     72          0110  1100   왼편은 BCD코드, 오른편은 BCD가 아님
             +         0110   오른편을 +6으로 보정하고 자리올림 한다.
             --------------
                 0111  0010   왼편, 오른편 모두 BCD코드임
```

(4)

```
     99            1001   1001
  +  52   ⇨  +     0101   0010
  ------     ------------------
    151            1110   1011   왼편, 오른편 모두 BCD가 아님
             +     0110   0110   왼편, 오른편 모두 +6으로 보정하고, 자
                                 리올림을 왼편에 더함
             ------------------
                 1 0101   0001   왼편, 오른편 모두 BCD코드임
```

3.2 3 초과 코드 (3-exceed 코드)

3.2.1 3초과 코드 형식

3초과 코드(Excess-3 코드)는 BCD 코드를 변형한 것으로 BCD 코드 부류에 속한다. 이 코드는 10진수를 2진수로 변환하기 전에 10진수에 3을 더 한 후 2진수로 변환하여 사용되는 코드를 말한다. 표 3-3은 3초과 코드와 BCD 코드를 비교하여 나타낸 것이다. 이 코드는 10진수에 3을 더하여 2진수로 변환시키기 때문에 0000~0010과 1101~1111 부분이 사용되지 않는 특성을 가지고 있다. BCD 코드는 1010~1111 부분이 사용되지 않는다. 표 3-3은 BCD코드와 3초과 코드를 비교한 것이다.

표 3-3 BCD코드와 3초과 코드 비교

10진수	BCD	3초과 코드
0	0000	0011
1	0001	0100
2	0010	0101
3	0011	0110
4	0100	0111
5	0101	1000
6	0110	1001
7	0111	1010
8	1000	1011
9	1001	1100

3.2.2 3초과 코드 덧셈 연산

3초과 코드는 BCD코드의 일종이기 때문에 10진수를 표현 한 것이다. 단지 2진수로 변환하기 전에 10진수에 3을 더한 후 2진수로 변환한 것이다. 따라서 이 코드도 4비트로 표현된다. 그러나 4비트는 총 16개 상태를 표시할 수 있기 때문에 이 코드에서 6개가 사용되지 않는다. BCD코드는 A(1010)~F(1111)가 사용되지 않지만, 3초과 코드는 앞부분(0000, 0001, 0010)과 뒷부분(1101, 1110, 1111)이 사용되지 않는다. 따라서 BCD 코드를 사용하는 경우와 마찬가지로 사용되지 않는 6개는 나타나지 말아야 하며, 나타나는 경우 보정을 해 주어야 한다, 따라서 3초과 코드를 덧셈 연산할 때 다음과 같은 규칙에 따라 수행되어야 한다.

(1) 3초과 코드로 된 두 수를 덧셈 연산한 후 결과가 캐리가 발생하지 않은 경우, 두 수가 3초과 코드이기 때문에 덧셈 연산 결과는 6초과 코드 된다. 따라서 결과에서 3(0011)을 빼서 3초과 코드를 만든다.

(2) 3초과 코드로 된 두 수를 덧셈 연산한 후 결과가 캐리가 발생한 경우, 사용되지 않은 6개의 상태 (1101~1111, 0000~0010)를 포함하고 있기 때문에 이 부분을 포함시키지 말아야 한다. 따라서 이 부분을 포함시키지 않기 위하여 보정되어야 한다.

표 3-4는 10진수, BCD 코드, 그리고 3초과 코드를 나타내 것이다. BCD코드와 3초과 코드는 10진수를 나타낸 것이기 때문에, 표 3-4에서 보면 BCD 코드는 A(1010)~F(1111)가 사용되지 않지만, 3초과 코드는 0(0000)~2(0010), D(1101) ~F(1111) 사용되지 않기 때문에 덧셈 연산 후 보정하는 방법이 차이가 난다.

표 3-4 BCD 코드와 3초과 코드 비교

BCD 코드	3초과 코드
-	0000
-	0001
-	0010
0000	0011
0001	0100
0010	0101
0011	0110
0100	0111
0101	1000
0110	1001
0111	1010
1000	1011
1001	1100
1010	1101
1011	1110
1100	1111
1101	
1110	
1111	

10진수 3+2을 3초과 코드를 이용하여 계산해 보면,

10진수		3초과코드
3		0110
+ 2	⇨	+ 0101
5		1011
		- 0011
		1000

자리올림 없고 결과가 3초과 코드 2개를 더한 결과 이므로 6초과 코드가 된다. 따라서 3(0011)을 빼서 교정한다.

10진수 8+5을 3초과 코드를 이용하여 계산해 보면,

10진수		3초과코드	
8			1011
+ 5	⇨	+	1000
13		1	0011
		+ 0011	+ 0011
		0100	0110

결과에서 자리올림이 발생하였음. 오른편은 미 사용영역(1101~1111)을 거쳐 자리 올림 발생하였고, 왼쪽은 미 사용영역(0000~0010)을 거쳐 자리올림이 되었음. 따라서 모두 +3(0011)으로 보정한다.

10진수 46+25를 3초과 코드를 이용하여 계산해 보면,

10진수		3초과코드	
46		0111	1001
+ 25	⇨	+ 0101	1000
71		1101	0001
		- 0011	+ 0011
		1010	0100

결과의 오른편에서 자리올림이 발생하고, 왼편은 자리올림이 없음. 따라서 오른편은 +3, 왼편은 -3으로 보정하여야 함

예제 3-2

다음 10진수를 3초과 코드로 변환하여 덧셈하라.

(1) 2+4 (2) 6+8 (3) 27+63 (4) 99+52

해답

(1)

10진수		3초과코드
2		0101
+ 4	⇨	+ 0111
6		1100
		- 0011
		1001

자리올림이 없기 때문에 결과가 6초과 코드가 됨. 3(0011)을 빼서 보정

(2)

10진수		3초과코드	
6			1001
+ 8	⇨	+	1011
14		1	0100
		+ 0011	+ 0011
		0100	0111

결과에서 자리올림이 발생하였음. 따라서 모두 +3(0011)으로 보정한다.

(3)

10진수		3초과코드	
27		0101	1010
+ 63	⇨	+ 1001	0110
90		1111	0000
		- 0011	+ 0011
		1100	0011

결과의 오른편에서 자리올림이 발생하고, 왼편은 자리올림이 없음. 따라서 오른편은 +3, 왼편은 -3으로 보정하여야 함

(4)

10진수		3초과코드		
99			1100	1100
+ 52	⇨	+	1000	0101
151		1	0101	0001
		+ 0011	+ 0011	+ 0011
		0100	1000	0100

모두 자리올림이 발생했기 때문에, 모두 +3(0011)으로 보정하여야 함

3.3 그레이 코드 (Gray 코드)

3.3.1 그레이 코드 형식

그레이 코드는 2진수의 일종이며 현재 코드 값을 구성하는 비트열이 바로 전 또는 후에 있는 코드의 비트열과 단지 한 비트만 다른 특징을 가지고 있다. BCD 값은 자리 위치에 따라 값이 달라지는 특징(가중치)을 가지고 있는데, 그레이코드는 그러한 특징이 없다. 따라서 연산 하는데 많은 어려움이 있고 비 가중치 코드라 한다. 10진수 5+7을 BCD 값으로 하면 쉽게 0101+0111이 되지만 그레이 코드로는 쉽게 되질 않는다. 이와 같이 비 가중치 특성을 가지는 그레이 코드는 전 후가 단지 한 비트만 차이나기 때문에 이와 같은 연속적인 특성을 이용하여 오류 검출 등에 이용될 수 있다. 또 아날로그 데이터와 같이 연속적인 데이터가 입력되는 경우 그레이 코드를 사용하면 데이터의 오류를 검출해 낼 수 있어 신뢰성이 향상될 수 있다. 따라서 연산보다는 입출력 장치, AD(Analog-Digital) 변환장치, 메모리와의 데이터 전송 등과 같이 주로 주변 장치에 많이 사용된다.

3.3.2 그레이 코드 변환

(1) 2진수에서 그레이 코드로 변환

2진수를 그레이 코드로 변환할 때는 다음과 같은 규칙을 따른다.

① MSB부터 시작한다. MSB는 그대로 출력한다.

② MSB와 다음 비트를 비교하여 같으면 '0', 틀리면 '1'을 출력한다.

③ ②와 같은 방법으로 LSB까지 비교하여 변환한다.

예를 들어, 2진수 "10011001"을 고려하면,

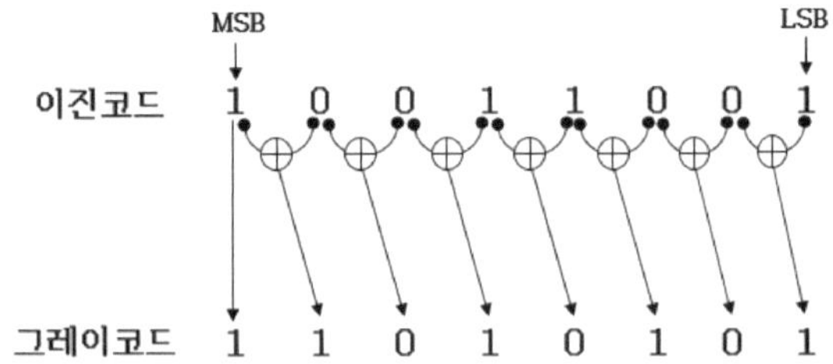

여기서 ⊕연산은 0+0=0, 0+1=1, 1+0=1, 1+1=0으로 더하는 두 비트가 같으면 '0' 틀리면 '1'인 배타적인(Exclusive) 연산이다.

예제 3-3

다음 2진수를 그레이 코드로 변환하라.

(1) 11010110　　　　(2) 11110001

해답

(1) 11010110

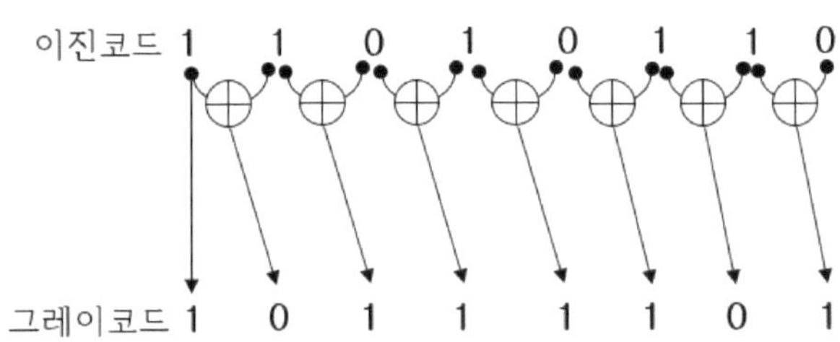

(2) 11110001

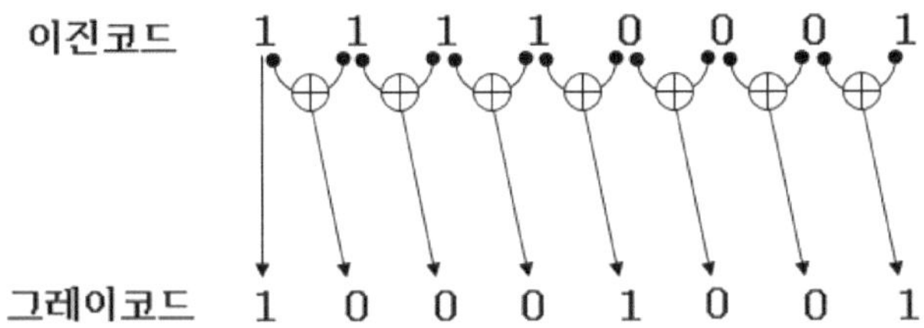

(2) 그레이 코드에서 2진수로 변환

2진수를 그레이 코드로 변환할 때는 다음과 같은 규칙을 따른다.

① MSB부터 시작한다. MSB는 그대로 출력한다.

② 출력된 비트와 입력된 MSB 다음 비트를 비교하여 같으면 '0', 틀리면 '1'을 출력한다.

③ ②와 같은 방법으로 LSB까지 비교하여 변환한다.

예를 들어, 그레이 코드 "01101000"을 고려하면,

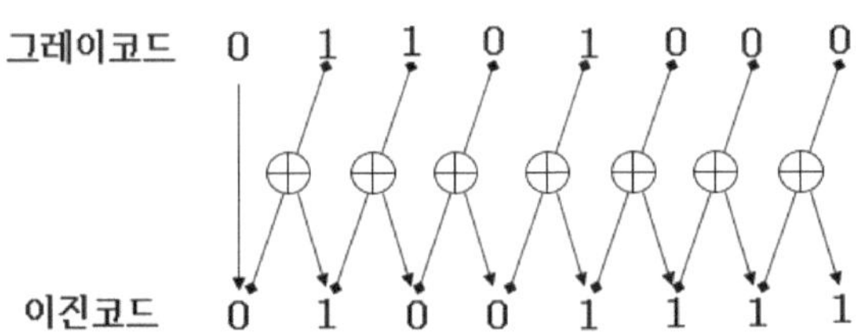

여기서 ⊕연산은 0+0=0, 0+1=1, 1+0=1, 1+1=0으로 더하는 두 비트가 같으면 '0' 틀리면 '1'인 배타적인 연산이다. 표 3-5는 2진수와 그레이 코드를 비교한 것이다.

표 3-5 2진수와 그레이코드 비교

16진수	2진수	그레이코드
0	0000	0000
1	0001	0001
2	0010	0011
3	0011	0010
4	0100	0110
5	0101	0111
6	0110	0101
7	0111	0100
8	1000	1100
9	1001	1101
10	1010	1111
11	1011	1110
12	1100	1010
13	1101	1011
14	1110	1001
15	1111	1000

예제 3-4

다음 그레이코드를 2진수로 변환하라.

(1) 11101100 (2) 10001101

해답

(1) 11101100

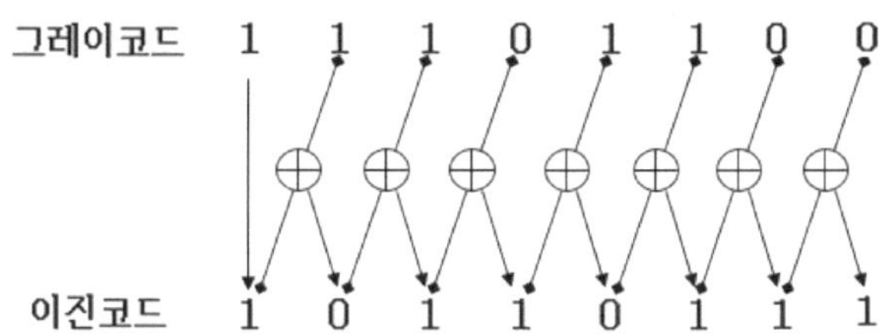

(2) 10001101

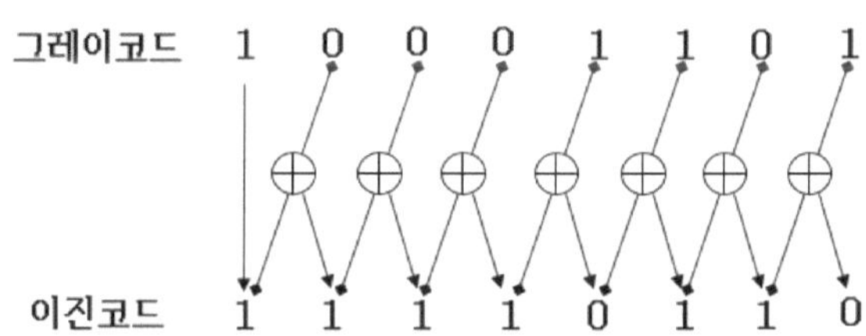

예제 3-5

다음 2진수를 그레이코드로 변환 후, 변환된 그레이 코드를 다시 2진수로 변환하라.

(1) 10100101　　　　　(2) 01011010

해답

(1) 10100101

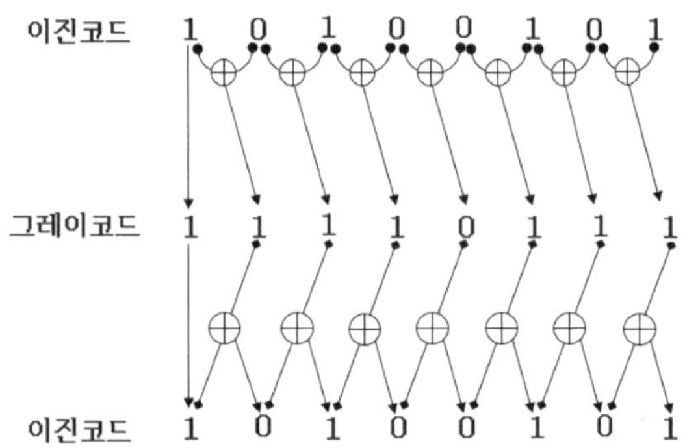

(2) 01011010

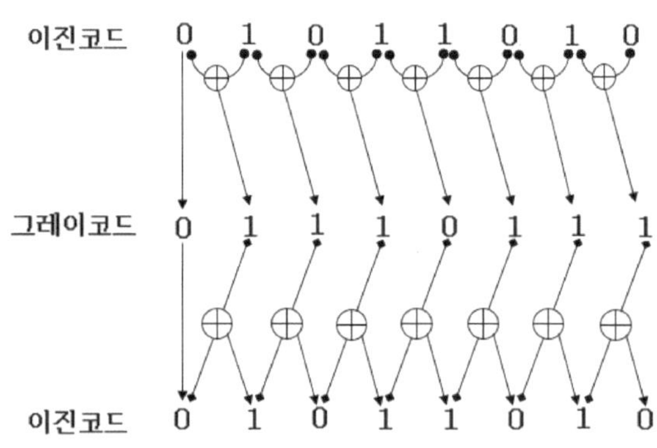

3.4 기타 코드

3.4.1 4비트 BCD 코드

우리가 배웠던 BCD 코드(8421 코드)는 자리 위치에 따라 다른 값을 갖는 가중치(Weighted Code) 코드이다. 또 다른 4비트 가중치 코드는 표 3-6에 나타나 있다. 5421코드, 2*421 코드, 7421코드, 그리고 742 1 코드 등이 있다.

표 3-6 4비트 BCD 코드

10진수	BCD	5421	2*421	7421	742 1
0	0000	0000	0000	0000	0000
1	0001	0001	0001	0001	0111
2	0010	0010	0010	0010	0110
3	0011	0011	0011	0011	0101
4	0100	0100	0100	0100	0100
5	0101	1000	0101	0101	1010
6	0110	1001	0110	0110	1001
7	0111	1010	1101	1000	1000
8	1000	1011	1110	1001	1111
9	1001	1100	1111	1010	1110

10진수 7에 대하여,

5421 코드인 경우, $1\times5 + 4\times0 + 2\times1 + 1\times0 = 7$

2*421 코드인 경우, $1\times2 + 1\times4 + 0\times2 + 1\times1 = 7$

7421 코드인 경우, $1\times7 + 0\times4 + 0\times2 + 0\times1 = 7$

$74\bar{2}\ \bar{1}$ 코드인 경우, $1\times7 + 0\times4 + 0\times(-2) + 0\times(-1) = 7$

3.4.2 5비트 BCD 코드

5비트 가중치 및 비 가중치 코드는 표 3-7에 나타나 있다. 가중치 코드로는 5111, biquinary, 링 카운터 등이 있으며, 비 가중치 코드는 5중 2코드, 시프트 카운터 등이 있다.

가중치 코드에서 5111, 코드는 자기 보수형 코드이며, 코드 구성은 1~4는 1이 오른쪽에서 왼쪽으로 push되고, 5~9는 반대로 왼쪽에서 오른쪽으로 push된다. biquinary 코드는 7비트로 구성되며, "50 43210 코드"라 한다. 이 코드는 두 개의 비트가 1의 값을 가는 것을 특징으로 한다. 비트 구성은 반드시 한 개의 비트는 상위 두 비트(50)에 위치하며, 나머지는 하위 5개 비트(43210)에 위치한다. 링 카운터는 10비트로 구성되며 1이 왼쪽에서 오른쪽으로 하나씩 이동하는 코드이다. 이와 같은 규칙을 통하여 오류 검출이 용이하고 디지털 회로에서 디코딩이 가장 쉬운 코드중 하나이다.

비 가중치 코드로 5중 2코드는 5개의 비트로 구성되면 그 중 2비트가 항상 1이어야 한다. 이 규칙을 통하여 에러 검출이 용이하며 주로 통신에 이용된다. 시프트 카운터는 일명 존슨 카운터라 하며 왼쪽부터 1의 수를 채워가다가 모두 차면 왼쪽부터 오른쪽으로 채워 나간다.

표 3-7 5비트 이상 코드

10진수	51111 코드	5중 2코드	시프트 카운터	biquinary 50 43210	링 카운터 9876543210
0	00000	00011	00000	01 00001	0000000001
1	00001	00101	00001	01 00010	0000000010
2	00011	00110	00011	01 00100	0000000100
3	00111	01001	00111	01 01000	0000001000
4	01111	01010	01111	01 10000	0000010000
5	10000	01100	11111	10 00001	0000100000
6	10001	10001	11110	10 00010	0001000000
7	10011	10010	11100	10 00100	0010000000
8	10111	10100	11000	10 01000	0100000000
9	11111	11000	10000	10 10000	1000000000

3.5 패리티 (Parity)

2진 데이터를 전송하는 과정에서 발생할 수 있는 에러(error)를 검출하기 위해 보내고자 하는 정보 비트들에 특정 정보(비트, 단어, 또는 데이터 스트림)를 첨가한다. 송, 수신측은 사전에 약속을 통하여 송신 측에서 보내고자 하는 정보와 특정 정보를 포함한 2진 정보의 "1"의 개수를 홀수 또는 짝수로 하여 전송한다. 사전에 약속된 "1"의 개수를 수신측에서 검사하여 전송 도중에 발생된 에러를 감지할 수 있다. 이와 같이 보내고자 하는 정보 비트에 첨가된 특정 비트를 패리티 비트라 한다. 그리고 패리티 비트의 문제점을 보완하기 위하여 패리티 워드를 첨가할 수 있다.

패리티는 홀수(odd) 패리티와 짝수(even) 패리티가 있다. 홀수 패리티는 송신 측에서 보내고자 하는 정보 비트와 첨가된 특정 정보 비트를 포함한 2진 정보의 "1"의 개수를 홀수인 것을 나타내고 짝수인 경우 짝수 패리티라 한다. 송신측에서는 패리티 비트를 첨가하기 때문에 패리티 비트 생성(parity bit generation)을 수행하고, 수신측에서는 약속된 1의 개수를 확인하는 패리티 검사(parity check)를 수행한다. 그리고 전송 도중에 발생된 에러 때문에 패리티 검사 시 규칙에 어긋난 경우 패리티 에러(parity error)가 발생한 것으로 간주한다.

3.5.1 패리티 비트

송.수신측은 홀수 패리티 또는 짝수 패리티 중 어느 패리티를 사용할 것인지 사전에 결정하여야 한다. 패리티 비트는 송신측에서 보내고자하는 정보 비트에 첨가되는 한 개의 비트로서 패리티 검사에 사용된다. 이와 같이 송신측에서 보내고자하는 정보 비트와 패리티 비트를 합하여 1의 개수가 홀수 또는 짝수로 만들어 전송한다. 수신측에서는 수신된 정보 비트와 패리티 비트로 구성된 비트열의 1의 개수를 검사하여 사전에 약속된 규칙(1의 개수가 홀수 또는 짝수)을 위반했는지 판단한다. 표 3-8는 2진수에 대하여 패리티 비트 사용 예를 보여주고 있다. 홀수 패리티는 정보 비트에 첨가된 패리티 비트를 포함하여 "1"의 개수가 홀수, 짝수 패리티는 정보 비트에 첨가된 패리티 비트를 포함하여 "1"의 개수가 짝수가 되도록 한다.

표 3-8 짝수패리티와 홀수 패리티 사용 예

10진수	2진수	짝수 패리티	홀수패리티
0	0000	0000 0	0000 1
1	0001	0001 1	0001 0
2	0010	0010 1	0010 0
3	0011	0011 0	0011 1
4	0100	0100 1	0100 0
5	0101	0101 0	0101 1
6	0110	0110 0	0110 1
7	0111	0111 1	0111 0
8	1000	1000 1	1000 0
9	1001	1001 0	1001 1
10(A)	1010	1010 0	1010 1
11(B)	1011	1011 1	1011 0
12(C)	1100	1100 0	1100 1
13(D)	1101	1101 1	1101 0
14(E)	1110	1110 1	1110 0
15(F)	1111	1111 0	1111 1

예제 3-6

다음 2진수의 홀수 패리티와 짝수 패리티 비트를 구하시오.

정보비트	홀수 패리티	짝수패리티
101101		
111001		
100100		
011001		
100011		
010111		
101100		

해답

정보비트	홀수 패리티	짝수패리티
101101	101101 0	101101 1
111001	111001 1	111001 0
100100	100100 1	100100 0
011001	011001 0	011001 1
100011	100011 0	100011 1
010111	010111 1	010111 0
101100	101100 0	101100 1

3.5.2 패리티 워드

패리비 비트는 가장 기본적이며 간단한 전송도중에 발생된 에러 때문에 발생된 비트 오류를 검출하는 방법이다. 이 방법은 보내고자 하는 하나의 정보 비트열에서 하나의 비트에 에러가 발생된 경우 검출할 수 있는 방법이다. 만약 두 개 비트에서 에러가 발생한 경우는 수신측에서는 정상적인 것으로 판단하기 때문에 검출할 수 없게 된다. 이와 같은 패리티 비트의 문제점을 극복하기 위하여 여러 개의 정보비트열이 있을 때 각 정보비트열 내에 패리티 비트를 첨가하고, 또 여러 개의 정보비트열의 동일 위치에 다른 패리티 비트를 첨가한다. 이때 첨가되는 또 다른 패리티 비트들을 패리티워드라 한다. 그림 3-1은 패리티 비트와 패리티 워드의 사용 예를 보여준다. 이 그림에서 맨 왼쪽에 8비트로 구성된 정보 비트에 첨가된 패리티 비트와 맨 아래에는 9개의 정보 비트열의 동일 위치에 첨가된 패리티 비트를 보여준다. 맨 아래의 패리티 비트들을 패리티 워드라 한다. 이 예에서는 짝수 패리티를 고려하였다.

7	6	5	4	3	2	1	0	P : Parity Bit
0	1	0	0	1	0	1	0	1
1	1	0	1	1	0	1	1	0
0	1	1	0	1	0	1	1	1
1	0	0	0	0	1	0	0	0
0	0	0	1	0	1	1	1	0
1	1	1	0	1	1	1	1	1
1	0	1	0	1	0	1	1	1
0	1	1	1	0	1	0	0	0
1	0	0	1	1	1	1	0	1
1	1	0	0	0	1	1	1	1 Parity Word

그림 3-1. 패리티 비트와 패리티 워드의 사용 예

그림 3-2는 패리티 비트와 패리티 워드 사용 예에서 여러 가지 경우를 나타낸 것이다. 3번째 정보 비트열의 3번째 비트 위치의 비트가 패리티 비트와 패리티워드에 의해서 검출이 된다. 5번째 정보 비트열의 5번과 6번 비트 위치의 에러는 두 개의 비트가 에러가 발생했기 때문에 패리티 비트에 의하여 검출되지 않고 패리티 워드에 의하여 검출된다. 그리고 마지막으로 7번째 정보 비트열의 1번째와 2번째 비트 위치와 8번째 정보 비트열의 1번째와 2번째 비트 위치에 에러가 있는 경우 모두 2개의 비트가 동시에 에러가 발생했기 때문에 패리티 비트와 패리티 워드에 의하여 검출되지 않는다.

7	6	5	4	3	2	1	0	P : Parity Bit
0	1	0	0	1	0	1	0	1
1	1	0	1	1	0	1	1	0
0	1	1	0	0	0	1	1	1
1	0	0	0	0	1	0	0	0
0	1	1	1	0	1	1	1	0
1	1	1	0	1	1	1	1	1
1	0	1	0	1	1	0	1	1
0	1	1	1	0	0	1	0	0
1	0	0	1	1	1	1	0	1
1	1	0	0	0	1	1	1	1 Parity Word

그림 3-2. 패리티 비트와 패리티 워드에서 에러 발생 예

예제 3-7

다음 정보 비트열에 홀수 패리티비트와 패리티 워드를 채우시오.

7	6	5	4	3	2	1	0	P : Parity Bit
0	1	0	0	0	0	1	0	
1	1	0	0	1	0	1	1	
1	0	0	0	1	1	0	0	
0	0	1	1	0	1	1	1	
1	1	1	0	1	0	0	1	
1	0	1	0	1	0	1	1	
0	1	0	1	0	1	1	0	
1	0	0	0	1	0	1	0	
								Parity Word

해답

7	6	5	4	3	2	1	0	P : Parity Bit
0	1	0	0	0	0	1	0	1
1	1	0	0	1	0	1	1	0
1	0	0	0	1	1	0	0	0
0	0	1	1	0	1	0	1	1
1	1	1	0	1	0	0	1	0
1	0	1	0	1	0	1	1	0
0	1	0	1	0	1	1	0	1
1	0	1	0	1	0	1	0	1
0	1	1	1	0	0	0	1	1 Parity Word

3.5.3 해밍 코드 (Hamming Code)

해밍코드는 1950년대 수학자인 Richard W. Hamming 만든 에러 검출 및 수정이 가능한 코드로, 수신측에서 수신된 정보 비드열 내에서 발생한 하나의 비트 에러만 검출할 수 있고, 검출된 비트의 위치를 파악하여 수정까지 가능한 코드이다.

기존의 패리티 비트와 워드와 같은 에러 검출 코드들은 검출만 가능하고 수정이 불가능 하였다. 또 이것은 에러를 검출할 수 있지만, 에러 발생 위치를 알 수 없고, 짝수개의 비트에서 에러가 발생한 경우 수신측에서는 정상적인 것으로 판단하는 문제점을 가지고 있다. 예를 들어 한 비트의 패리티 비트와 4비트의 데이터를 짝수 패리티로 전송하는 경우, 송신측에서 10100(데이터 비트 : 1010, 패리티비트 : 0)을 전송했는데, 도중에 에러가 발생하여 11000으로 수신측에 입력되면, 수신측에서 짝수 패리티 규칙에 부합하기 때문에 에러가 없는 것으로 간주한다. 그러나 해밍 코드는 에러 검출뿐만 아니라 에러가 발생한 비트의 위치를 알 수 있고, 해밍코드 생성

알고리즘을 통하여 수정이 가능하다는 특징을 가지고 있다.

해밍 코드는 두 가지 구성요소로 구성되는데, 하나는 보내고자 하는 정보 비트열과 다른 하나는 에러 검출과 수정을 위한 패리티 비트들이다. 이들의 조합으로 해밍 코드가 구성되는데, 패리티 비트를 몇 비트로 할 것인지와 정보 비트열과 패리티 비트들을 어떻게 배열할 것인가 하는 점이며, 그리고 패리티 비트 수가 많다는 단점도 있다. 그러나 패리티 비트가 많아지면 데이터 전송의 신뢰성은 향상되지만 보내고자 하는 실제 데이터양은 줄어들게 된다. 이와 같은 현상을 trade-off라 한다. 해밍코드 생성을 위하여 우선 패리티 비트를 몇 비트로 할 것인지와 정보 비트열과 패리티 비트들을 어떻게 배열할 것인가 결정하는 방법은 다음과 같다.

① 패리티 비트 수 결정

패리티 비트 수 결정은 “$2^p-1 \geq m+p$” 식을 만족하는 최소 p값으로 결정된다. 여기서 p는 패리티 비트 수, m은 데이터 비트 수 이다. 예를 들어, 4비트 데이터를 보내는 경우, $2^p-1 \geq 4+p$ => $2^p \geq 5+p$ 이다.

p가 1이면, $2 \geq 6$으로 성립이 되지 않고,
2인 경우 $2^p \geq 4+p+1$ => $2^p \geq 5+p$에서 $4 \geq 7$로 역시 성립되지 않고,
p가 3인 경우 $2^p \geq 4+p+1$ => $2^p \geq 5+p$에서 $8 \geq 8$로 성립하게 된다.

따라서 4비트의 데이터인 경우 3비트의 패리티 비트를 사용하여야 한다.

② 패리티 비트의 위치 결정

패리티 비트 수가 결정되면, 패리티 비트들을 데이터 비트들과 어떻게 배치하여야

하는지 결정하여야 한다. 이는 식 2^n(n=0, 1, 2, 3 .....)으로 결정된다. 예로써 ①에서 구한 3개의 패리티 비트의 위치를 구해보면, 2^0=1(첫 번째) 2^1=2(두 번째), 2^2=4(네 번째)가 된다. 따라서 해밍코드 구성은 "P_1 P_2 M_1 P_3 M_2 M_3 M_4"와 같이 된다. 여기서 P_1, P_2, P_3는 패리티 비트이고, M_1, M_2, M_3, M_4는 데이터 비트이다.

예를 들어 정보 비트열이 1010(4비트)이고, 짝수 패리티를 사용하는 경우 해밍코드를 생성해 보면, 우선 사용될 패리티 비트 수를 구해보면 ①의 예에서 알 수 있듯이 3비트의 패리티 비트를 사용하며, 패리티 비트의 위치는 ②에서 알 수 있듯이 2^0=1(첫 번째 위치) 2^1=2(두 번째 위치), 2^2=4(네 번째 위치)이다. 따라서 정보 비트열과 패리티 비트들로 구성된 해밍 코드는 "P_1 P_2 M_1 P_3 M_2 M_3 M_4"와 같이 총 7비트로 구성된다. 여기서 정보 비트열을 $M_1M_2M_3M_4$=1010으로 주어졌고, 짝수 패리티를 사용한다고 하였기 때문에, 패리티 비트만 구하면 된다. 구하는 방법은 다음과 같이 구성하여 수행한다.

해밍코드 비트 구성	P_1	P_2	M_1	P_3	M_2	M_3	M_4
해밍코드 비트 위치	1	2	3	4	5	6	7
2진수 표현	001	010	011	100	101	110	111
정보 비트 위치			1		0	1	0
패리티 비트 위치	P_1	P_2		P_3			

위와 같은 구성에서,

(1) 패리티 비트 P_1을 구하면, 2진수 표현에서 최하위 비트(LSB) 가 1인 항을 고려하면, P_1 M_1 M_2 M_4 = P_1 1 0 0, 짝수 패리티를 사용하기 때문에 P_1=1이 된다.

(2) 패리티 비트 P_2를 구하면, 2진수 표현에서 두 번째 비트가 1인 항을 고려하면, P_2 M_1 M_3 M_4 = P_2 1 1 0, 짝수 패리티를 사용하기 때문에 P_2=0이 된다.

(3) 패리티 비트 P_3을 구해보면, 2진수 구성에서 최상위 비트(MSB)가 1인 항을 고려하면, P_3 M_2 M_3 M_4 = P_3 0 1 0, 짝수 패리티를 사용하기 때문에 P_3=1이 된다.

따라서 최종적으로 구해진 해밍코드 구성은 "1011010" 이다.

해밍코드 비트 구성	P_1	P_2	M_1	P_3	M_2	M_3	M_4
해밍코드 비트 위치	1	2	3	4	5	6	7
2진수 표현	001	010	011	100	101	110	111
정보 비트 위치			1		0	1	0
패리티 비트 위치	1	0		1			
최종 해밍코드	1	0	1	1	0	1	0

예제 3-8

4비트 데이터 "0101"을 짝수 패리티의 해밍 코드로 변환하여 전송하고자 한다. 변환된 해밍 코드를 구하여라.

해답

우선 몇 비트의 패리티 비트를 사용할 것인지, 또 결정된 패리티 비트와 데이터 비트를 어떻게 배치할 것인지 결정하여야 한다.

위의 예에서 살펴보았듯이 데이터 비트가 4비트일 때 3비트의 패리티 비트가 필요하고, 패리티 비트 위치는 $2^0=1$(첫 번째) $2^1=2$(두 번째), $2^2=4$(네 번째)가 된다. 따라서 해밍코드 구성은 "P_1 P_2 M_1 P_3 M_2 M_3 M_4"와 같이 된다.

비트 구성	P_1	P_2	M_1	P_3	M_2	M_3	M_4
10진수	1	2	3	4	5	6	7
2진수	001	010	011	100	101	110	111
정보 비트 구성			0		1	0	1
패리티 비트 구성	P_1	P_2		P_3			
해밍 코드 구성	0	1	0	0	1	0	1

① 패리티 비트 P_1을 구하면, 2진수 구성에서 LSB 가 1인 항을 고려하면,

$$P_1\ M_1\ M_2\ M_4 \Rightarrow P_1\ 0\ 1\ 1\ \therefore P_1 = 0$$

② 패리티 비트 P_2을 구하면, 2진수 구성에서 두 번째 비트가 1인 항을 고려하면,

$$P_2\ M_1\ M_3\ M_4 \Rightarrow P_2\ 0\ 0\ 1\ \therefore P_2 = 1$$

③ 패리티 비트 P_3을 구하면, 2진수 구성에서 MSB가 1인 항을 고려하면,

$$P_3\ M_2\ M_3\ M_4 \Rightarrow P_3\ 1\ 0\ 1\ \therefore P_3 = 0$$

따라서 최종 해밍코드는 “0100101” 이다.

수신측에서는 에러가 발생한 데이터를 수신할 수 있다. 이때 에러를 검출하고 수

정하는 과정을 예제로 보여주고자 한다.

예제 3-9

수신측에서 짝수 패리티로 데이터 "0110101"을 수신하였다. 수신된 데이터의 에러를 검출하고 수정하라.

해답

비트 구성	P_1	P_2	M_1	P_3	M_2	M_3	M_4
10진수	1	2	3	4	5	6	7
2진수	001	010	011	100	101	110	111
수신된 데이터	0	1	1	0	1	0	1
수정된 데이터	0	1	0	0	1	0	1

① 2진수 구성에서 LSB 가 1인 항을 고려하면,

P_1 M_1 M_2 M_4 => 0 1 1 1 ∴ T_1 = 1 (짝수 패리티 위반)

② 2진수 구성에서 두 번째 비트가 1인 항을 고려하면,

P_2 M_1 M_3 M_4 => 1 1 0 1 ∴ T_2 = 1 (짝수 패리티 위반)

③ 2진수 구성에서 MSB가 1인 항을 고려하면,

P_3 M_2 M_3 M_4 => 0 1 0 1 ∴ T_3 = 0 (짝수 패리티 만족)

따라서 최종 해밍코드는 $T_3T_2T_1=(011)_2$ = 3으로 세 번째 비트 (M_1)가 잘못되었

다. 수정된 데이터는 "0100101" 이다.

5비트인 경우 홀수 패리티로 하여 예제에서 다루어 보기로 한다.

예제 3-10

5비트 데이터 "11001"을 홀수 패리티의 해밍 코드로 변환하여 전송하고자 한다. 변환된 해밍 코드를 구하여라.

해답

우선 몇 비트의 패리티 비트를 사용할 것인지, 또 결정된 패리티 비트와 데이터 비트를 어떻게 배치할 것인지 결정하여야 한다.

패리티 비트 수

식 "$2^p-1 \geqq m+p$"에서, m=5이고 p구하여야 한다. p가 3인 경우, 8≧9로 성립하지 않고, p가 4인 경우, 16≧10이 되어 성립된다. 따라서 패리티 비트는 4개를 사용한다.

패리티 비트 위치

식 "2^n(n=0, 1, 2, 3 .....)"에서, 2^0=1(첫 번째) 2^1=2(두 번째), 2^2=4(네 번째), 그리고 2^3=8(여덟 번째)이 된다.

따라서 해밍 코드 구성은 "P_1 P_2 M_1 P_3 M_2 M_3 M_4 P_4 M_5"와 같이 된다.

비트 구성	P_1	P_2	M_1	P_3	M_2	M_3	M_4	P_4	M_5
10진수 구성	1	2	3	4	5	6	7	8	9
2진수 구성	0001	0010	0011	0100	0101	0110	0111	1000	1001
정보 비트 구성			1		1	0	0		1
패리티 비트 구성	P_1	P_2		P_3				P_4	
해밍 코드 구성	0	0	1	0	1	0	0	0	1

① 패리티 비트 P_1을 구하면, 2진수 구성에서 LSB 가 1인 항을 고려하면,

$$P_1\ M_1\ M_2\ M_4\ M_5 \Rightarrow P_1\ 1\ 1\ 0\ 1\ \therefore P_1 = 0$$

② 패리티 비트 P_2을 구하면, 2진수 구성에서 LSB에서 두 번째 비트가 1인 항을 고려하면,

$$P_2\ M_1\ M_3\ M_4 \Rightarrow P_2\ 1\ 0\ 0\ \therefore P_2 = 0$$

③ 패리티 비트 P_3을 구하면, 2진수 구성에서 LSB에서 세 번째 비트가 1인 항을 고려하면,

$$P_3\ M_2\ M_3\ M_4 \Rightarrow P_3\ 1\ 0\ 0\ \therefore P_3 = 0$$

④ 패리티 비트 P_4을 구하면, 2진수 구성에서 MSB가 1인 항을 고려하면,

$$P_4\ M_5 \Rightarrow P_4\ 1\ \therefore P_4 = 0$$

따라서 최종 해밍코드는 "001010001" 이다.

예제 3-11

수신측에서 홀수 패리티로 데이터 "001010101"을 수신하였다. 수신된 데이터의 에러를 검출하고 수정하라.

해답

비트 구성	P_1	P_2	M_1	P_3	M_2	M_3	M_4	P_4	M_5
10진수 구성	1	2	3	4	5	6	7	8	9
2진수 구성	0001	0010	0011	0100	0101	0110	0111	1000	1001
수신 데이터	0	0	1	0	1	0	1	0	1
수정된 데이터	0	0	1	0	1	0	0	0	1

① 2진수 구성에서 LSB 가 1인 항을 고려하면,

P_1 M_1 M_2 M_4 M_5 => 0 1 1 1 1 ∴ T_1 = 1 (홀수 패리티 위반)

② 2진수 구성에서 LSB에서 두 번째 비트가 1인 항을 고려하면,

P_2 M_1 M_3 M_4 => 0 1 0 1 ∴ T_2 = 1 (홀수 패리티 위반)

③ 2진수 구성에서 LSB에서 세 번째 비트가 1인 항을 고려하면,

P_3 M_2 M_3 M_4 => 0 1 0 1 ∴ T_3 = 1 (홀수 패리티 위반)

④ 2진수 구성에서 MSB가 1인 항을 고려하면,

P_5 M_5 => 0 1 ∴ T_4 = 0 (홀수 패리티 만족)

따라서 최종 해밍코드는 $T_4T_2T_3T_1=(0111)_2=7$로, 일곱 번째 비트(M_4)가 잘못되었다. 수정된 데이터는 "001010001" 이다.

3.6 알파 뉴메릭 코드 (Alphanumeric Code)

알파 뉴메릭(Alphanumeric)은 문자(Alphabet)와 수(Numeric)의 조합어 이다. 컴퓨터 입출력 작업, 프린터 등에 문자와 숫자를 동시에 사용하여야 하는데, 이때 사용되는 코드가 알파 뉴메릭 코드이다. 알파 뉴메릭 코드는 수치 및 문자뿐만 아니라 특수문자, 제어문자 등 데이터를 표현할 수 있는 코드이다. 이에 따른 수치 표현 방식을 BCD라 하며 1문자를 나타내는 값을 1자리로 하여 십진 연산을 수행한다. 대표적인 알파뉴메릭 코드는 ASCII 코드 (American Standard Code for Decimal Interchange Code), EBCDIC 코드(Extended Binary Coded Decimal Interchange Code)가 있다.

3.6.1 ASCII 코드

ASCII 코드(American Standard Code for Information Interchange Code)는 영문자, 숫자 등을 표현하는 대표적인 알파 뉴메릭 코드이다. 이 코드는 프린터, 컴퓨터 시스템, 통신 장비 등 문자를 사용하는 분야에 사용된다. ASCII 코드는 7비트를 이용하기 때문에 128개의 문자와 숫자를 나타낼 수 있다. 알파벳 문자는 대문자 26개 소문자 26개, 숫자 10개, 그리고 특수 문자 32를 포함하여 총 128개 문자와 숫자를 나타낸다. 특수 문자는 폼 피드, 캐리지 리턴 등 커서의 제어를 담당하는 제어 문자, 스페이스바와 같은 공백 문자, 문자열을 표시할 때 끝 문자열을 나타내는 구두점 등으로 구성된다. 표 3-9는 ASCII 코드 구성을 나타낸다. 이 구성에서 예를 들어 컴퓨터 자판에서 알파벳 "A"를 누르면 컴퓨터내의 장치가 "A"를 인식하여 화면에 보여주는 것이 아니라 "A"에 해당하는 비트열(b7b6b5b4b3b2b1= 1000001)을 인식한 후 이에 해당하는 "A"을 화면에 보여주는 것이다. 또 다른 예를 들며, Park을 입력하면

P(1010000_2, 80_{10}), a(1100001_2, 97_{10}), r(1110010_2, 114_{10}), k(1101011_2, 107_{10})과 같이 2진수로 변환되어 이 2진수에 해당하는 글자가 화면에 나타낸다.

표 3-9 ASCII 코드 구성

			M	b_7	0	0	0	0	1	1	1	1
			S	b_6	0	0	1	1	0	0	1	1
LSB			B	b_5	0	1	0	1	0	1	0	1
b_4	b_3	b_2	b_1	열 / 행	0	1	2	3	4	5	6	7
0	0	0	0	0	NUL	DLE	SP	0	@	P		p
0	0	0	1	1	SOH	DC1	!	1	A	Q	a	q
0	0	1	0	2	STX	DC2	"	2	B	R	b	r
0	0	1	1	3	ETX	DC3	#	3	C	S	c	s
0	1	0	0	4	EOT	DC4	$	4	D	T	d	t
0	1	0	1	5	ENQ	NAK	%	5	E	U	e	u
0	1	1	0	6	ACK	SYN	&	6	F	V	f	v
0	1	1	1	7	BEL	ETB	'	7	G	W	g	w
1	0	0	0	8	BS	CAN	(	8	H	X	h	x
1	0	0	1	9	HT	EM	)	9	I	Y	i	y
1	0	1	0	A	LF	SUB	*	:	J	Z	j	z
1	0	1	1	B	VI	ESC	+	;	K	[	k	{
1	1	0	0	C	FF	FS	,	<	L	\	l	|
1	1	0	1	D	CR	GS	-	=	M	]	m	}
1	1	1	0	E	SO	RS	.	>	N	^	n	~
1	1	1	1	F	SI	US	/	?	O	-	o	DEL

예제 3-12

"Smart"(대문자)를 ASCII 코드로 나타내라.

해답

Smart=1010011 1101101 1100001 1110010 1110100

표 3-10 제어 문자 기능

문자	기 능	문자	기 능
NUL	Null	SI	Shift In
SOH	Start of Heading	DLE	Data Link Escape
STX	Start of Text	DC1	Device Control 1
ETX	End of Text	DC2	Device Control 2
EOT	End of Transmission	DC3	Device Control 3
ENQ	Enquiry	NAK	Negative Acknowledge
ACK	Acknowledge	SYN	Synchronous Idle
BEL	Bell	ETB	End of Trans. Block
BS	BackSpace	CAN	Cancel
TAB	Horizontal Tab	EM	End of Medium
LF	Line Feed	SUB	Substitute
VT	Vertical Tab	ESC	Escape
FF	Form Feed	FS	File Separator
CR	Carriage Return	RS	Record Separator
SO	Shift Out	US	Unit Separator

3.6.2 EBCDIC 코드

EBCDIC (Extended Binary Coded Decimal Interchange Code)는 7 비트 ASCII 코드와 달리 8비트를 사용하였다. 이 코드는 바이너리 코드로, IBM이 대형 운영체계에서 사용할 목적으로 알파벳 및 숫자를 위한 코드이다. 이 코드는 8비트로 이루어 졌기 때문에 총 256개의 문자가 정의된다. 표 3-11은 EBCDIC를 나타낸다. 이 표에서 보면 EBCDIC는 존(Zone) 영역(b_3b_2)을 가지고 있고, 각 존은 다시 4개 영역을 갖는다.

표 3-11 EBCDIC 코드 구성

				b_3b_2	00				01				10				11			
				b_1b_0	00	01	10	11	00	01	10	11	00	01	10	11	00	01	10	11
b_7	b_6	b_5	b_4	행＼열	0	1	2	3	0	1	2	3	0	1	2	3	0	1	2	3
0	0	0	0	0	NUL		DS		SP											
0	0	0	1	1			SOS						a	j			A	J		1
0	0	1	0	2			FS						b	k	s		B	K	S	2
0	0	1	1	3		TM							c	l	t		C	L	T	3
0	1	0	0	4	PF	RES	BYP	PN					d	m	u		D	M	U	4
0	1	0	1	5	HT	NL	LF	RS					e	n	v		E	N	V	5
0	1	1	0	6	LC	BS	EOB	UC					f	o	w		F	O	W	6
0	1	1	1	7	DL	IL	PRE	EOT					g	p	x		G	P	X	7
1	0	0	0	8									h	q	y		H	Q	Y	8
1	0	0	1	9									i	r	z		I	R	Z	9
1	0	1	0	A		CC	SM		∅	!		:								
1	0	1	1	B						$	.	#								
1	1	0	0	C					<	*	%	@								
1	1	0	1	D					(	)	_	'								
1	1	1	0	E					+	;	>	=								
1	1	1	1	F	CU1	CU2	CU3		|		?	"								

예제 3-13

"Book"를 EBCDIC 코드로 나타내라.

해답

Book=00101100 01101001 01101001 00101001

연습 문제

1. 다음 10진수를 BCD 코드를 이용하여 덧셈하시오.

(1) 5+4　　(2) 7+5　　(3) 35+38　　(4) 67+56

2. 다음 10진수를 3초과 코드와 변환하시오.

(1) 5　　(2) 14　　(3) 97　　(4) 569

3. 다음 10진수를 3초과 코드를 이용하여 덧셈하시오.

(1) 5+2　　(2) 7+5　　(3) 35+38　　(4) 67+56

4. 다음 2진수를 그레이 코드로 변환하시오.

(1) $(100101110)_2$　　(2) $(010111010)_2$

(3) $(110101010)_2$

5. 다음 그레이 코드를 2진수로 변환하시오.

(1) $(010101010)_{Gray}$　　(2) $(110101011)_{Gray}$

(3) $(101100101)_{Gray}$

6. 송신단에서 짝수 패리티 비트 갖는 8비트 정보가 수신단에서 다음과 같이 수신되었을 때 에러 비트 유무를 결정하라.

수신된 정보	에러유무
10110010	
11010011	
10110101	
01010001	

7. 송신단에서 홀수 패리티 비트와 홀짝수 패리티 워드를 갖는 정보가 수신단에서 다음과 같이 수신되었을 때 에러 비트를 검출하시오.

7	6	5	4	3	2	1	0	P : Parity Bit
0	1	0	0	1	0	1	0	0
1	1	0	1	1	0	1	1	1
0	0	1	0	1	0	1	1	0
1	0	0	0	0	1	0	0	1
0	0	0	1	0	1	1	1	1
1	1	1	1	0	1	1	1	0
1	0	1	0	1	0	1	1	0
0	1	1	1	0	1	0	0	1
1	0	0	1	1	1	1	0	0
0	0	1	1	1	0	0	0	0 Parity Word

8. 송신단에서 "1011"을 짝수 패리티를 갖는 해밍코드로 전송하고자 한다. 이때 전송하고자 하는 해밍코드를 나타내어라.

9. 수신단에서 짝수 패리티를 갖는 7비트 해밍코드 "0110111"을 수신하였다. 에러 유

무를 검사하고 에러가 있다면 정정하시오.

10. “First”를 ASCII 코드와 EBCDIC 코드로 나타내어라.

제4장

논리 연산 및 논리 게이트

Digital Logic Circuit

디지털 컴퓨터 시스템은 2진 데이터를 근간으로 처리, 저장 등을 수행한다. 이와 같은 디지털 컴퓨터 시스템을 구성하고 있는 회로들의 동작을 부울 대수(Boolean Algebra)라 하는 대수적 방법을 사용하여 구현된다. 이 부울 대수 1854년 영국의 수학자 불(Boole)에 의하여 제안되었고, 그 후 1938년 MIT 대학원생이었던 샤논(Shnnon)이 부울 대수가 스위칭 회로에 적용될 수 있다는 것을 증명하였다. 이때부터 샤논이 제안한 방법이 디지털 시스템을 구성하는 전자회로에 사용되어왔다. 본 장에서는 디지털 시스템에서의 기본 연산인 반전연산, OR 연산, 그리고 AND 연산을 기반으로 파생되는 NOR 연산, NAND 연산, 그리고 비교 연산을 수행하는 XOR 연산, NXOR 연산 등을 알아보고 이와 관련된 게이트들도 언급한다. 그리고 만능 게이트라 하는 NOR 게이트와 NAND 게이트의 활용도를 살펴보고, 게이트의 전기적 특성을 언급한다.

4.1 부울 연산 (Boolean Operation) 및 기호

4.1.1 부울 연산 (Boolean Operation)

2진 변수에 대한 논리연산 함수로 표현된 부울 대수는 일반적으로 2진 변수, 논리 연산자, 괄호 및 등호 대문자로 구성된다. 여기서 변수의 값은 0 또는 1 중에 하나의 값을 취하고, 논리연산자는 AND와 OR 연산자를 사용한다.

4.1.2 연산 심볼 (Boolean Symbol)

부울 대수에서 변수의 표현은 알파벳의 대문자를 사용하며, 값은 2진수의 0 또는

1의 값을 취한다. 여기서 0의 값은 논리 레벨에서 LOW, 1은 HIGH 레벨을 나타낸다. 논리연산자는 변수에 대한 보수(complement), 두 변수에 대한 논리적 AND와 OR를 사용할 수 있다. 변수에 대한 보수의 표현은 표 4-1에서와 같이 변수 위에 바(Bar) 또는 프라임(prime) 기호로 나타낸다.

표 4-1 보수의 표현

변수 A에 대한 보수 표현
1) 표현: $\overline{A}$ 또는 A' 2) 읽기: A 바(Bar), NOT A 또는 A 프라임(Prime)

변수에 대한 논리적 AND 표현은 변수 사이에 점(dot) 기호를 사용하거나, 점을 사용하지 않고 직접 변수 문자들을 붙여서 표현한다. 일반적인 표현 방법은 사용하기 편한 후자를 많이 선택하여 사용한다. 그리고 논리적 OR 표현은 변수 사이에 플러스(plus: +) 기호를 사용한다. 표 4-2는 OR 및 AND의 표현법을 나타낸다.

표 4-2 OR와 AND 표현

변수 A와 B에 대한 OR 표현	변수 A와 B에 대한 AND 표현
1) 표현: A+B	1) 표현: A.B 또는 AB
2) 읽기: A 플러스 B	2) 읽기: A 도트 B 또는 AB

4.1.3 부울 대수의 AND와 OR 연산

부울 대수에서 2진 논리의 AND와 OR 연산은 2진 산술에서 각각 곱셈 및 덧셈과 유사하다. 2진수에 대한 논리 AND와 OR 연산의 기본 규칙은 다음과 같다.

표 4-3 2진수에 대한 AND와 OR연산 규칙

AND 연산	OR 연산
0 · 0 = 0	0 + 0 = 0
0 · 1 = 0	0 + 1 = 1
1 · 0 = 0	1 + 0 = 1
1 · 1 = 1	1 + 1 = 1

4.2 부울 연산 및 게이트

4.2.1 반전 연산 (Invert Operation) 및 게이트

NOT 연산은 입력이 오직 하나만 존재하는 게이트로 입력 변수의 값을 반전 시키는 연산을 수행한다. 입력 변수 X가 '1'이면 '0'을 출력하고, '0'이면 '1'을 출력한다. 부울 함수는 $Y=\overline{X}$로 표현된다. 반전 연산을 수행하는 게이트를 인버터라 하며, 그림 4-1은 반전 게이트의 논리식, 심볼, 진리표, 그리고 파형을 나타낸다.

불 함수 표현	반전 게이트 특성			
	심볼	진리표		파형
		입력	출력	
		X	Y	
$Y=\overline{X}$	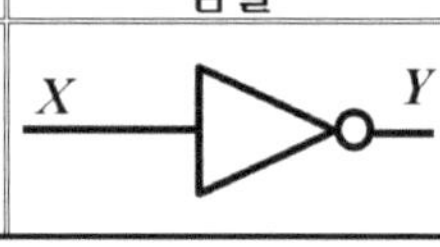	0	1	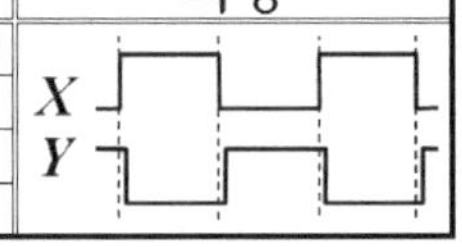
		1	0	

그림 4-1 반전연산 및 게이트

그림 4-2는 6개의 반전 게이트를 가진 7404 내부 블록도를 나타낸다. 7404은 총 14개 pin을 가지고 있는데, 이 중 7번 pin(GND)와 14번 pin(Vcc)를 제외하고 나머지 pin은 6개의 인버터 입출력에 할당된다.

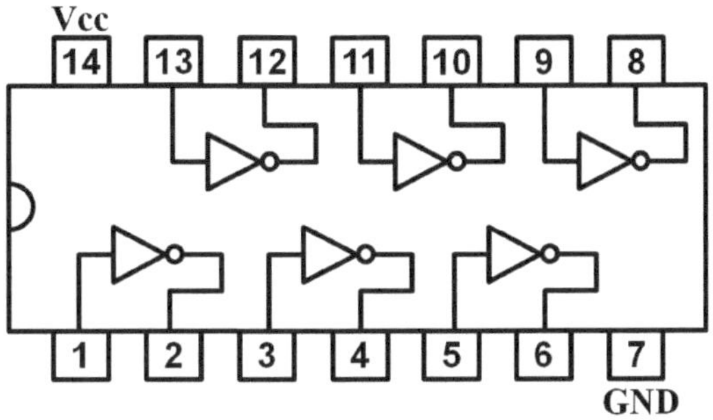

그림 4-2 7404 내부 블록도

4.2.2 OR 연산 (OR Operation) 및 게이트

OR 연산은 AND 연산과 같이 복수개의 입력을 가질 수 있으며, 입력 변수중 하나라도 '1'이면 출력이 '1'이 되고, 모두 '0'일 때만 '0'이 출력되는 연산이다. 입력이 2개일 때 부울 함수식은 $Y = A + B$로 표현된다. +는 논리합이라 한다. 이와 같이 OR 연산을 수행하는 게이트를 OR 게이트라 하고, 2개 이상의 입력을 가질 수 있으며 논리 합 연산을 수행한다. 그림 4-3은 OR 게이트의 논리식, 심볼, 진리표, 그리고 파형을 나타낸다.

불 함수 표현	OR 게이트 특성				
	심볼	진리표			파형
		입력		출력	
		A	B	Y	
$Y = A + B$		0	0	0	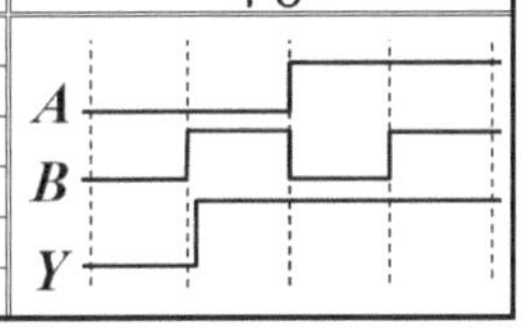
		0	1	1	
		1	0	1	
		1	1	1	

그림 4-3 OR연산 및 게이트

그림 4-4는 4개의 2입력 OR 게이트로 구성된 7432를 나타낸다. 7432는 총 14개 pin을 가지고 있는데, 이 중 7번 pin(GND)와 14번 pin(Vcc)를 제외하고 나머지 pin은 4개의 OR 게이트 입출력에 할당된다.

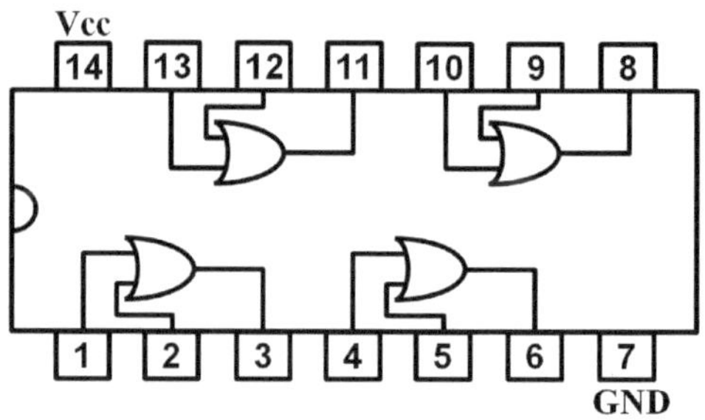

그림 4-4 7432 내부 블록도

4.2.3 AND 연산 (AND Operation) 및 게이트

AND 연산은 OR 연산과 같이 복수개의 입력을 가질 수 있으며, 입력 변수 중 하나라도 '0'이면 출력이 '0'이 되고, 모두 '1'일 때만 '1'이 출력되는 연산이다. 부울 함수식은 $Y=A \cdot B$로 표현된다. •는 논리곱이라 한다. 이와 같이 AND 연산을 수행하는 게이트를 AND 게이트라 하고, 2개 이상의 입력을 가질 수 있으며 논리곱 연산을 수행한다. 그림 4-5는 AND 게이트의 논리식, 심볼, 진리표, 그리고 파형을 나타낸다.

불 함수 표현	AND 게이트 특성		
	심볼	진리표	파형
$Y=A \cdot B$		(아래 표)	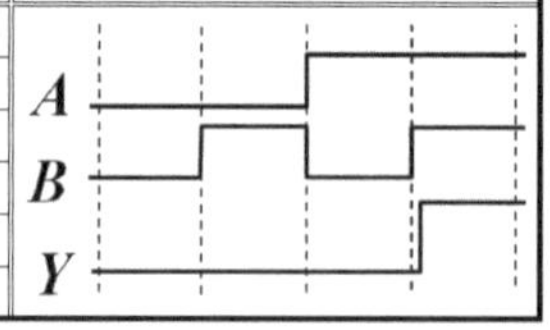

입력		출력
A	B	Y
0	0	0
0	1	0
1	0	0
1	1	1

그림 4-5 AND연산 및 게이트

그림 4-6은 4개의 2입력 AND 게이트를 가진 7408을 나타낸다. 7408는 총 14개 pin을 가지고 있는데, 이 중 7번 pin(GND)와 14번 pin(Vcc)를 제외하고 나머지 pin은 4개의 AND 게이트 입출력에 할당된다.

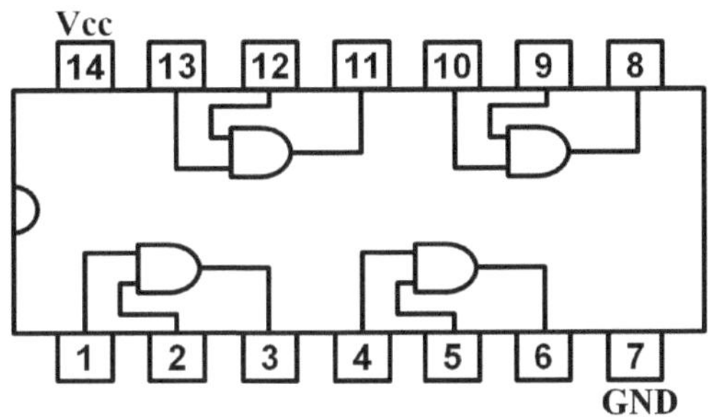

그림 4-6 7408 내부 블록도

4.2.4 NOR 연산 (NOR Operation) 및 게이트

NOR 연산은 NOT+OR 연산으로, 복수개의 입력을 가질 수 있으며, 입력 변수중 하나라도 '1'이면 출력이 '0'이 되고, 모두 '0'일 때만 '1'이 출력되는 연산이다. 부울 함수식은 $Y=\overline{A+B}$로 표현된다. 이와 같이 NOR 연산을 수행하는 게이트를 NOR 게이트라 하고, 2개 이상의 입력을 가질 수 있으며 논리식, 심볼, 진리표, 그리고 파형은 그림 4-7과 같다. NOR 게이트는 NOT 게이트와 OR 게이트를 조합하여 구현되며, 이런 NOR 게이트를 조합하여 기본게이트인 NOT, OR, 그리고 AND 게이트를 구현할 수 있기 때문에 NAND 게이트와 더불어 만능 게이트라 하며 널리 사용되고 있다.

불 함수 표현	NOR 게이트 특성				
	심볼	진리표			파형
		입력		출력	
		A	B	Y	
$Y=\overline{A+B}$		0	0	1	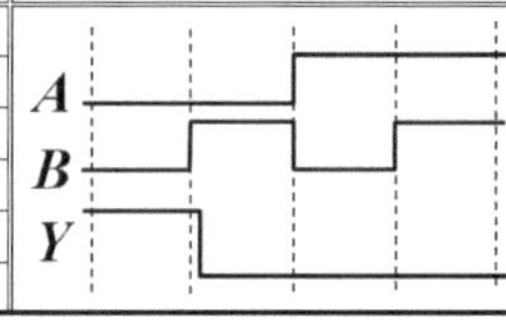
		0	1	0	
		1	0	0	
		1	1	0	

그림 4-7 NOR연산 및 게이트

그림 4-8은 4개의 2입력 NOR 게이트를 가진 7402를 나타낸다. 7402는 총 14개 pin을 가지고 있는데, 이 중 7번 pin(GND)와 14번 pin (Vcc)를 제외하고 나머지 pin은 4개의 NOR 게이트 입출력에 할당된다.

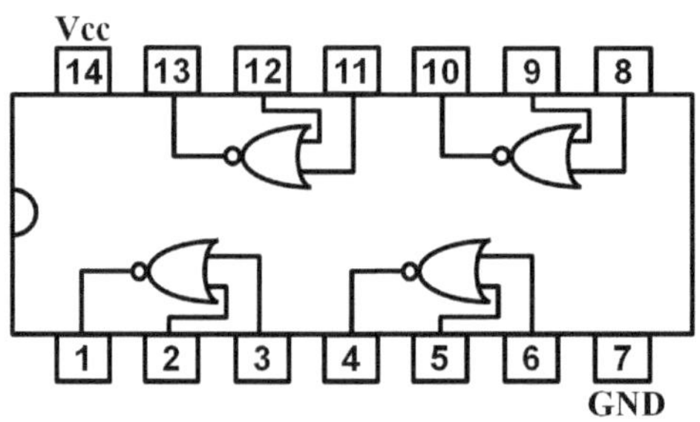

그림 4-8 7402 내부 블록도

4.2.5 NAND 연산 (NAND Operation) 및 게이트

NAND 연산은 NOT+AND 연산으로, 복수개의 입력을 가질 수 있으며, 입력 변수중 하나라도 '0'이면 출력이 '1'이 되고, 모두 '1'일 때만 '0'이 출력되는 연산이다. 부울 함수식은 $Y=\overline{A \cdot B}$로 표현된다. 이와 같이 NAND 연산을 수행하는 게이트를 NAND 게이트라 하고, 2개 이상의 입력을 가질 수 있으며 논리식, 심볼, 진리표, 그리고 파형은 그림 4-9와 같다. NAND 게이트는 NOT 게이트와 AND 게이트를 조합하여 구현되며, 이런 NAND 게이트를 조합하여 반전 게이트, OR 게이트, 그리고 AND 게이트를 구현할 수 있기 때문에 NOR 게이트와 더불어 만능 게이트라 하며 널리 사용되고 있다.

불 함수 표현	NAND 게이트 특성				
	심볼	진리표			파형
		입력		출력	
		A	B	Y	
$Y=\overline{AB}$		0	0	1	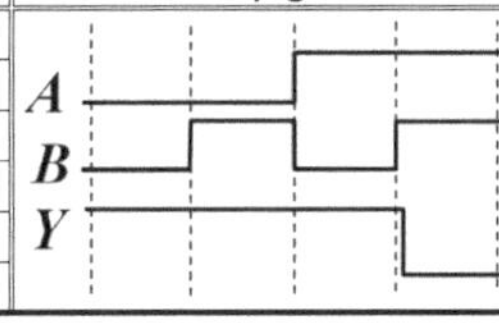
		0	1	1	
		1	0	1	
		1	1	0	

그림 4-9 NAND연산 및 게이트

그림 4-10은 4개의 2입력 NAND 게이트를 가진 7400을 나타낸다. 7400은 총 14개 pin을 가지고 있는데, 이 중 7번 pin(GND)와 14번 pin(Vcc)를 제외하고 나머지 pin은 4개의 NAND 게이트 입출력에 할당된다.

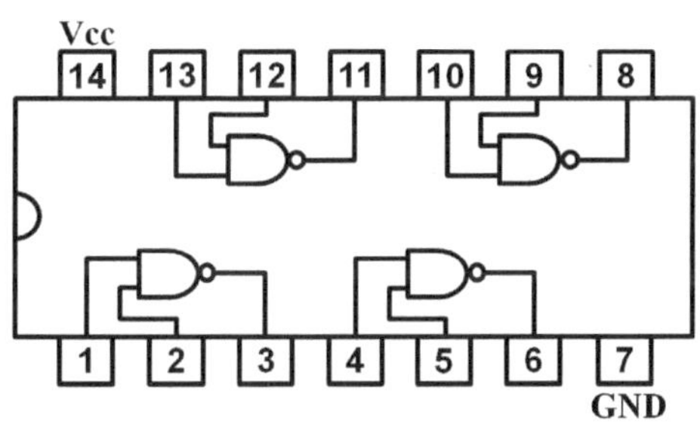

그림 4-10 7400 내부 블록도

4.2.6 XOR 연산 (Exclusive OR Operation) 및 게이트

XOR 연산은 비교연산을 위하여 사용되는 연산이며, 입력 변수가 서로 배타적인 경우 '1'이 출력되고 입력 변수가 동일한 경우 '0'이 출력되는 연산이다. 부울 함수식은 $Y=\overline{A}B+A\overline{B}=A\oplus B$로 표현된다. 이와 같이 XOR 연산을 수행하는 게이트를 XOR 게이트라 한다. 그림 4-11은 XOR 게이트의 논리식, 심볼, 진리표, 그리고 파형을 나타낸다.

불 함수 표현	XOR 게이트 특성		
	심볼	진리표	파형
$Y=\overline{A}B+A\overline{B}$ $=A\oplus B$		(아래 표)	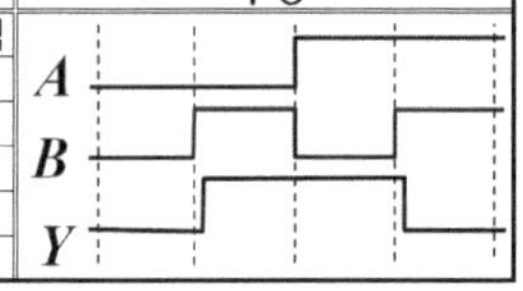

입력 A	입력 B	출력 Y
0	0	0
0	1	1
1	0	1
1	1	0

그림 4-11 XOR연산 및 게이트

그림 4-12는 4개의 2입력 XOR 게이트를 가진 7486은 나타낸다. 7486은 총 14개 pin을 가지고 있는데, 이 중 7번 pin(GND)와 14번 pin(Vcc)를 제외하고 나머지 pin은 4개의 XOR 게이트 입출력에 할당된다.

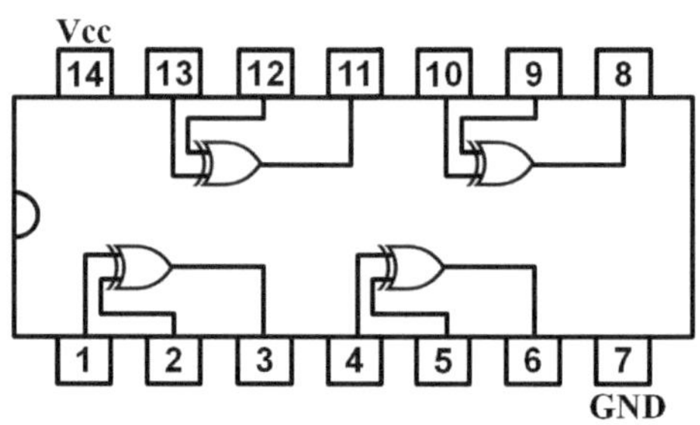

그림 4-12 7486 내부 블록도

4.2.7 NXOR 연산 (Not Exclusive OR Operation) 및 게이트

NXOR 연산은 비교연산을 위하여 사용되는 연산이며, 입력 변수가 서로 배타적인 경우 '0'가 출력되고 입력 변수가 동일한 경우 '1'이 출력되는 연산이다. 부울 함수식은 $Y = AB + \overline{A}\,\overline{B} = \overline{A \oplus B} = A \odot B$로 표현된다. 이와 같이 NXOR 연산을 수행하는 게이트를 NXOR 게이트라 한다. 그림 4-13은 NXOR 게이트의 논리식, 심볼, 진리표, 그리고 파형을 나타낸다.

부울 함수 표현	NXOR 게이트				
	심볼	진리표			파형
		입력		출력	
		A	B	Y	
$Y = A \odot B$	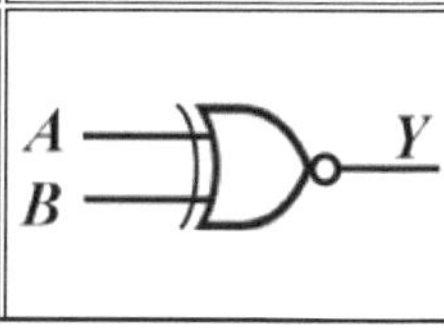	0	0	1	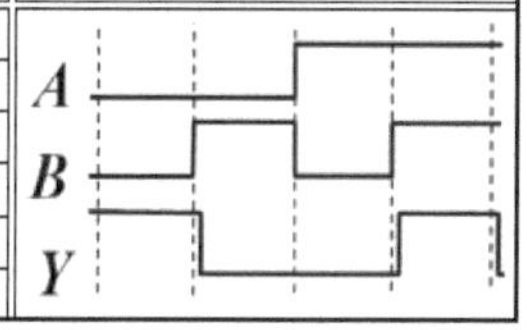
		0	1	0	
		1	0	0	
		1	1	1	

그림 4-13 NXOR연산 및 게이트

그림 4-14는 4개의 2입력 NXOR 게이트로 구성된 7466를 나타낸다. 7466은 총 14개 pin을 가지고 있는데, 이 중 7번 pin(GND)와 14번 pin(Vcc)를 제외하고 나머지 pin은 4개의 NXOR 게이트 입출력에 할당된다.

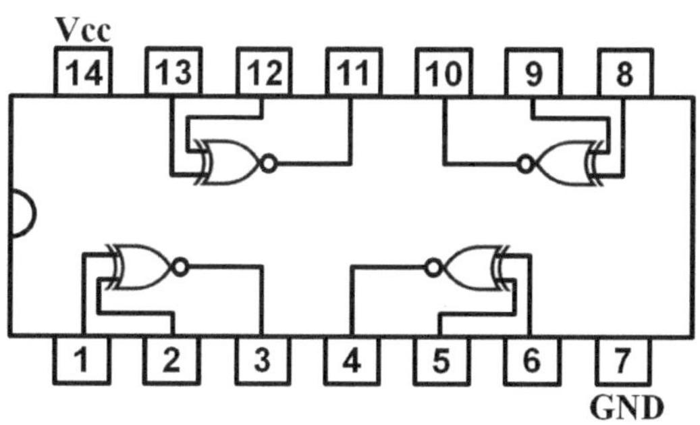

그림 4-14 7466 내부 블록도

4.3 NOR게이트/NAND 게이트(만능 게이트) 활용

NOR게이트 또는 NAND 게이트 각각은 자신의 여러 조합을 통하여 기본 게이트인 NOT, OR, 그리고 AND 게이트를 만들 수 있어 만능 게이트라 한다. 만능 게이트는 어떤 다른 형태의 게이트 없이 임의의 논리식을 구현해 줄 수 있는 게이트이다. 실제로, NAND 및 NOR 게이트는 경제적이고 구현이 용이하며 모든 디지털 논리 IC(Integrated Circuit)에 사용되는 기본 회로이다.

4.3.1 NOR 게이트

1) NOT 게이트 구현

2개의 입력을 가지는 NOR 게이트를 통하여 NOT 게이트를 구현해 보면, NOR 게이트의 두 개 입력 모두 A인 경우 출력은 $\overline{A+A}$가 되어 $\overline{A}$가 된다. 또는 NOR 게이트의 입력이 A와 '0'인 경우 출력이 $\overline{A}$이 된다. 그림 4-15는 만능 게이트인 NOR 게이트로 NOT 게이트를 구현하는 과정을 나타낸다.

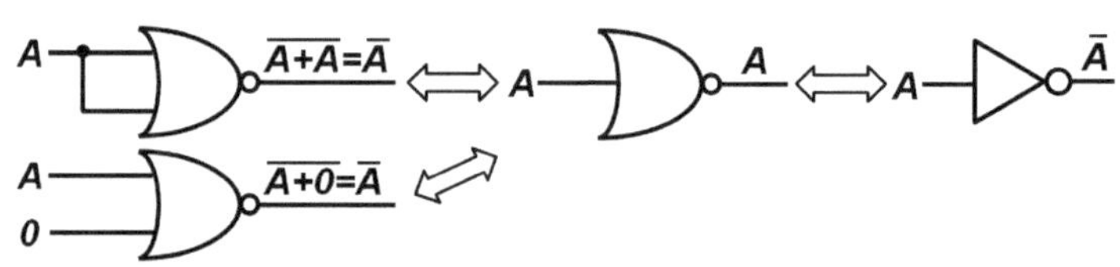

그림 4-15 NOR 게이트로 NOT 게이트 구현

2) OR 게이트 구현

2개의 입력을 가지는 NOR 게이트를 통하여 OR 게이트를 구현해 보면, 첫 단의 NOR 게이트의 두 개 입력은 각각 A와 B이면 출력은 $\overline{A+B}$가 된다. 이 출력이 두 번째 단의 NOR 게이트의 두 개 입력에 동일하게 인가되면 두 번째 단 NOR 게이트 출력은 $\overline{\overline{(A+B)}+\overline{(A+B)}} = \overline{\overline{(A+B)}} = A+B$가 된다. 그림 4-16은 만능 게이트인 NOR 게이트로 OR 게이트를 구현하는 과정을 나타낸다.

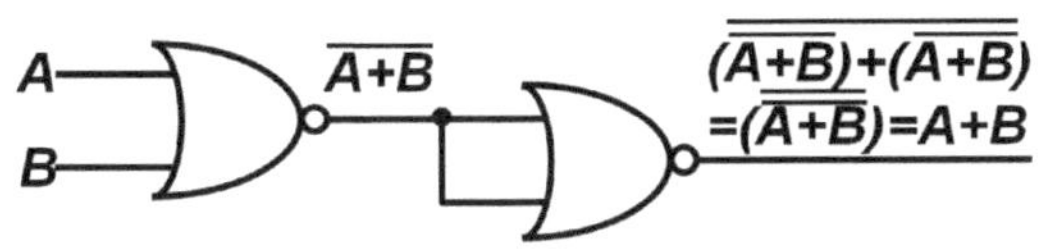

그림 4-16 NOR 게이트로 OR 게이트 구현

3) AND 게이트 구현

첫 번째 단의 NOR 게이트 1과 2의 두 개 입력 모두 각각 A와 B인 경우, NOR 게이트 1의 출력은 $\overline{A}$이고 NOR 게이트 2의 출력은 $\overline{B}$이다. NOR 게이트 1과 2의 출력이 두 번째 단 NOR 게이트의 입력이 되면, 두 번째 단 NOR 게이트의 출력은 $\overline{(\overline{A}+\overline{B})} = \overline{\overline{A}} \cdot \overline{\overline{B}} = A \cdot B$가 된다. 그림 4-17은 만능 게이트인 NOR 게이트로 AND 게이트를 구현하는 과정을 나타낸다.

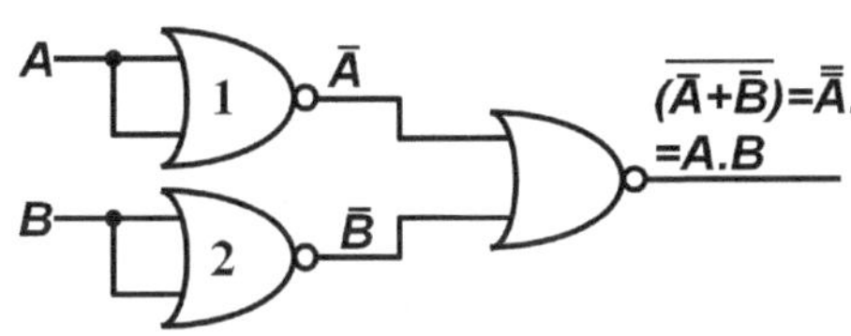

그림 4-17 NOR 게이트로 AND 게이트 구현

4) 등가 게이트

그림 4-18은 3개의 입력을 가진 NOR 게이트는 반전된 (Inverted) 3개의 입력을 가진 AND 게이트와 동일하다는 것을 보여준다.

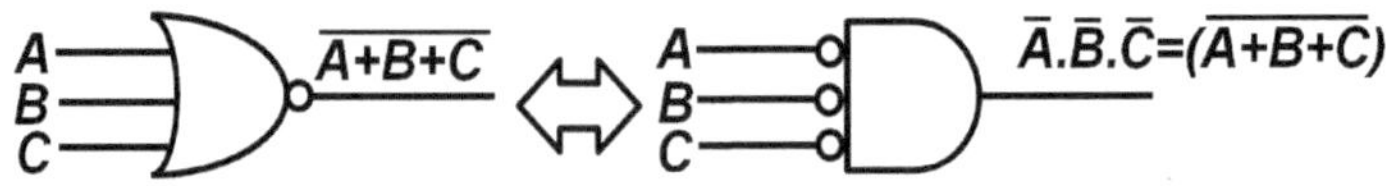

그림 4-18 3개 입력 NOR 게이트의 등가 게이트

표 4-4의 진리표를 보면 두 개가 등가라는 것을 보여주고 있다.

표 4-4 NOR 게이트의 등가 게이트 진리표

입력			중간연산				출력	
A	B	C	$\overline{A}$	$\overline{B}$	$\overline{C}$	$A+B+C$	$\overline{A}\cdot\overline{B}\cdot\overline{C}$	$\overline{A+B+C}$
0	0	0	1	1	1	0	1	1
0	0	1	1	1	0	1	0	0
0	1	0	1	0	1	1	0	0
0	1	1	1	0	0	1	0	0
1	0	0	0	1	1	1	0	0
1	0	1	0	1	0	1	0	0
1	1	0	0	0	1	1	0	0
1	1	1	0	0	0	1	0	0

예를 들어 $Y=(A+C)(\overline{B}+C)(\overline{A}+B+C)$를 NOR게이트와 NOT 게이트를 이용하여 구성하여 보면 그림 4-19와 같이 된다. 첫 번째 회로는 $Y=(A+C)(\overline{B}+C)(\overline{A}+B+C)$을 3개의 최대항을 논리 곱으로 나타낸 것이다. 두 번째 그림은 등가 게이트를 적용하기 위하여 OR 게이트의 출력과 AND 게이트 입력에 인버터를 부가하였다.

논리식은 $Y=\overline{\overline{(A+C)}}\cdot\overline{\overline{(\overline{B}+C)}}\cdot\overline{\overline{(\overline{A}+B+C)}}$와 같이 된다. 세 번째 등가 게이트를 적용하여 정리한 회로로 논리식은 $Y=\overline{\overline{(A+C)}+\overline{(\overline{B}+C)}+\overline{(\overline{A}+B+C)}}$가 된다.

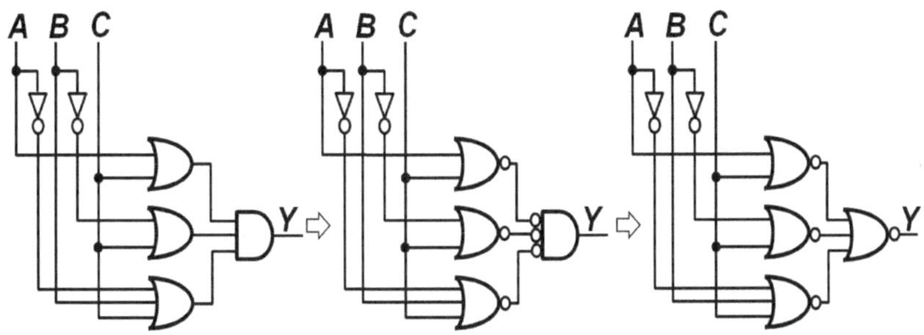

그림 4-19 NOR 게이트로 등가회로 구현

예제 4-1

다음 논리식을 NOR와 NOT게이트만 이용하여 설계하시오.

$$Y = \overline{A}(B+C)(\overline{C}+D)$$

해답

위 논리식을 구성하면 2개의 OR 게이트와 하나의 AND 게이트, 두 개의 인버터로 구성된다. 등가 게이트를 적용하면 두 번째 구성과 같아지고, 이를 정리하면 세 번째와 같이 구성된다. 그림 4-20은 NOR 게이트로 구현한 등가회로를 나타낸다.

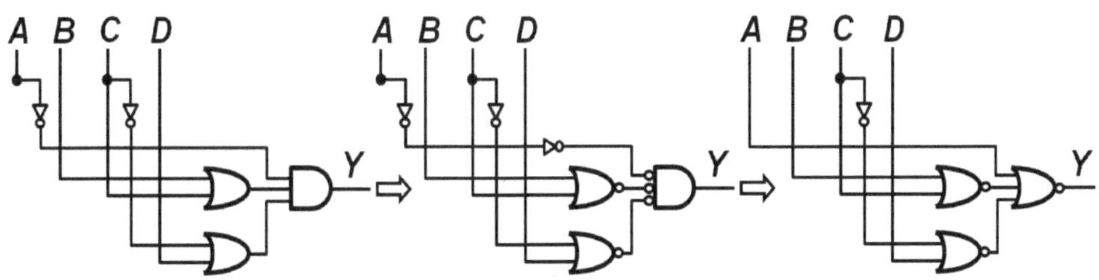

그림 4-20 NOR 게이트로 등가회로 구현

4.3.2 NAND 게이트

1) NOT 게이트 구현

2개의 입력을 가지는 NAND 게이트를 통하여 NOT 게이트를 구현해 보면, NAND 게이트의 두 개 입력 모두 A인 경우 출력은 $\overline{A \cdot A}$가 되어 $\overline{A}$가 된다. 또는 NAND 게이트의 입력이 A와 1인 경우 출력이 $\overline{A}$가 된다. 그림 4-21은 NAND 게이트를 이용하여 NOT 게이트를 구현하는 과정을 보여준다.

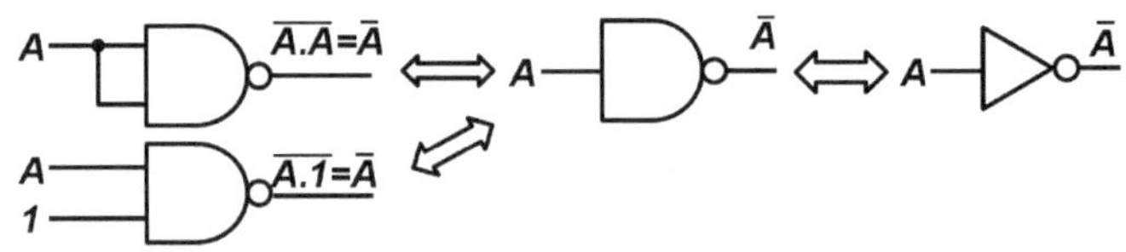

그림 4-21 NAND 게이트로 NOT 게이트 구현

2) OR 게이트 구현

2개의 입력을 가지는 NAND 게이트를 통하여 OR 게이트를 구현해 보면, 첫 번째 단의 NAND 게이트 1과 2의 두 개 입력 모두 각각 A와 B인 경우, NAND 게이트 1의 출력은 $\overline{A}$이고 NAND 게이트 2의 출력은 $\overline{B}$이다. NAND 게이트 1과 2의 출력이 두 번째 단 NAND 게이트의 입력이 되면, 두 번째 단 NAND 게이트의 출력은 $\overline{(\overline{A} \cdot \overline{B})} = \overline{\overline{A}} + \overline{\overline{B}} = A + B$가 된다. 그림 4-22는 NAND 게이트를 이용하여 OR 게이트를 구현하는 과정을 보여준다.

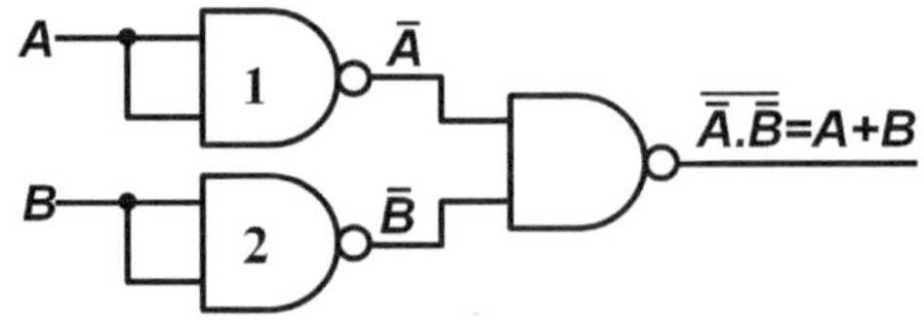

그림 4-22 NAND 게이트로 OR 게이트 구현

3) AND 게이트 구현

첫 번째 단의 NAND 게이트 두 개 입력 모두 A와 B인 경우, NAND 게이트의 출력은 $\overline{A \cdot B}$가 된다. 첫 번째 단 NAND 게이트 출력이 두 번째 단 NAND 게이트의 입력이 되면 두 번째 단 NAND 게이트의 출력은 $\overline{(\overline{A \cdot B}) \cdot (\overline{A \cdot B})} = \overline{\overline{(A \cdot B)}} = A \cdot B$가 된다. 그림 4-23은 NAND 게이트를 이용하여 AND 게이트를 구현하는 과정을 보여준다.

그림 4-23 NAND 게이트로 AND 게이트 구현

4) 등가 게이트

그림 4-24는 3개의 입력을 가진 NAND게이트는 반전된 3개의 입력을 가진 OR 게이트와 동일하다.

그림 4-24 3개 입력 NAND 게이트의 등가 게이트

표 4-5의 진리표를 보면 두 개가 등가라는 것을 보여주고 있다.

표 4-5 NAND 게이트의 등가 게이트 진리표

입력			중간연산				출력	
A	B	C	$\overline{A}$	$\overline{B}$	$\overline{C}$	$A \cdot B \cdot C$	$\overline{A \cdot B \cdot C}$	$\overline{A}+\overline{B}+\overline{C}$
0	0	0	1	1	1	0	1	1
0	0	1	1	1	0	0	1	1
0	1	0	1	0	1	0	1	1
0	1	1	1	0	0	0	1	1
1	0	0	0	1	1	0	1	1
1	0	1	0	1	0	0	1	1
1	1	0	0	0	1	0	1	1
1	1	1	0	0	0	1	0	0

예를 들어 $Y = AC + \overline{B}C + \overline{A}BC$를 NAND게이트와 NOT 게이트를 이용하여 구성하여 보면 다음과 같이 된다. 첫 번째 회로는 $Y = AC + \overline{B}C + \overline{A}BC$을 3개의 최소항을 논리 합한 것이다. 두 번째 그림은 등가 게이트를 적용하기 위하여 AND 게이트의 출력과 OR 게이트 입력에 인버터를 부가하였다. 논리식은 $Y = \overline{\overline{AC}} + \overline{\overline{\overline{B}C}} + \overline{\overline{\overline{A}BC}}$와 같이 된다. 세 번째 등가 게이트를 적용하여 정리한 회로로 논리식은 $Y = \overline{\overline{AC} \cdot \overline{\overline{B}C} \cdot \overline{\overline{A}BC}}$가 된다.

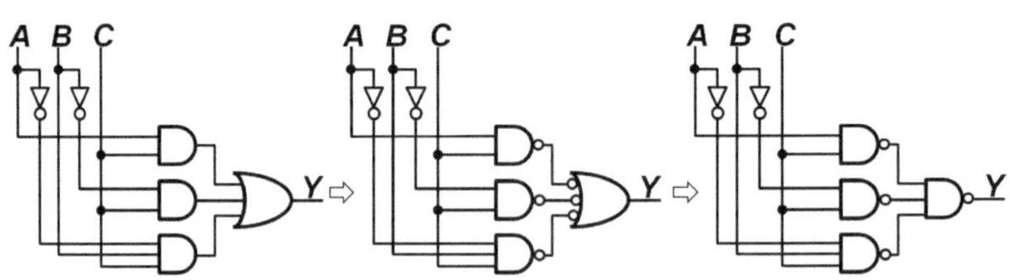

그림 4-25 NAND 게이트 구현

예제 4-2

다음 논리식을 NAND 게이트와 NOT 게이트만 이용하여 설계하시오.

$$Y = (A+B)(B+CD)+B\overline{C}$$

해답

위 논리식을 구성하면 3개의 AND 게이트, 세 개의 OR 게이트, 그리고 하나의 인버터로 구성된다. 등가 게이트를 적용하면 두 번째 구성과 같아지고, 이를 정리하면 세 번째와 같이 구성된다.

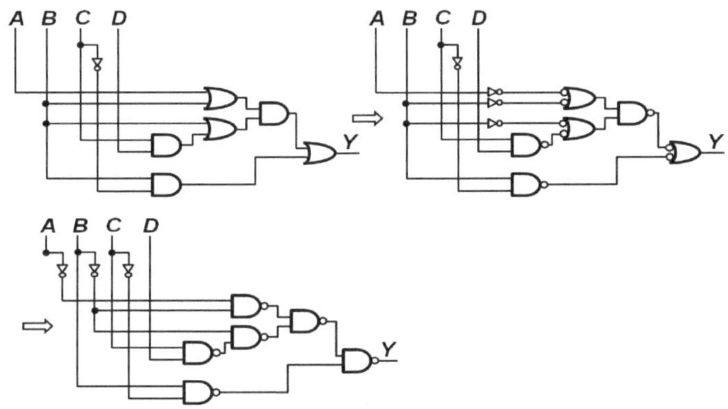

그림 4-26 NAND 게이트 구현

4.4 드모르강(De Morgan) 정리

드모르강 정리(De Morgan's Laws)는 부울 대수에서 논리 합(+), 논리 곱(•), 반전 연산간의 관계를 나타낸 것이다. 드모르강 법칙은 논리식을 간략화 하는데 널리 사용되며, 논리식에서 논리곱을 논리합으로, 반대로 논리합을 논리곱으로 상호 변환이 가능하게 해주는 법칙이다.

4.4.1 이중성 원리

부울 대수에서 '0'은 '1'으로, 또는 반대로 '1'은 '0'으로, 논리합(+)는 논리곱(•)으로, 또는 반대로 논리곱은 논리합으로 교환된 식은 반드시 성립한다는 원리이다. 따라서 부울 함수에서는 다음과 같은 규칙(이중성 원리)으로 이루어지며, 표 4-6은 이 규칙을 적용한 것이다.

(1) 논리합(+)은 논리곱(•)으로, 논리곱은 논리합으로 바꾼다.

(2) 논리 '0'은 논리 '1'로, 논리 '1'은 논리 '0'로 바꾼다.

(3) 논리 변수명은 그대로 사용한다.

표 4-6 이중성 원리

논리합	논리곱
$0+A=A$	$1 \cdot A=A$
$A+A=A$	$A \cdot A=A$

4.4.2 정리

드모르강은 부울 대수에서 보수(complement) 형태의 결과를 얻는데 중요한 2가지 정리를 표 4-7과 같이 제안하였다.

표 4-7 드 모르강의 정리

2가지 정리	설 명
1) $\overline{A+B} = \overline{A}\cdot\overline{B}$ 2) $\overline{A\cdot B} = \overline{A}+\overline{B}$	1) 합의 보수 = 보수의 곱 2) 곱의 보수 = 보수의 합

정리 (1)은 두 변수의 논리합의 전체 부정은 각 변수의 부정을 논리곱한 것과 동일하며, 정리 (2)는 두 변수의 논리곱의 전체 부정은 각 변수의 부정을 논리합한 것과 동일하다. 표 4-8은 드모르강 법칙에 대한 진리표를 나타낸 것이다.

표 4-8 드모르강 법칙에 대한 진리표

변수		중간연산				결과 (정리 1)		결과 (정리 2)	
A	B	$\overline{A}$	$\overline{B}$	$A+B$	$A\cdot B$	$\overline{A+B}$	$\overline{A}\cdot\overline{B}$	$\overline{A\cdot B}$	$\overline{A}+\overline{B}$
0	0	1	1	0	0	1	1	1	1
0	1	1	0	1	0	0	0	1	1
1	0	0	1	1	0	0	0	1	1
1	1	0	0	1	1	0	0	0	0

이 2가지 정리는 진리표를 이용하여 증명해 보기로 한다. 먼저 $\overline{A+B} = \overline{A}\cdot\overline{B}$의 정리를 증명하기 위해 좌변에 대해 표 4-에서 A와 B에 대한 가능한 모든 값을 취한 후 A+B의 값을 얻고, 이것을 다시 보수를 취하여 $\overline{A+B}$ 의 값을 구한다. 그리고 우변은 표 4.8에서 A와 B에 대한 가능한 모든 값을 취한 후 $\overline{A}$와 $\overline{B}$의 값을 얻어 OR 연산을 취하여 $\overline{A}\cdot\overline{B}$ 의 값을 구한다.

진리표로부터 $\overline{A+B}$와 $\overline{A}\cdot\overline{B}$ 두 식의 결과는 같음을 입증할 수 있다. $\overline{A+B}$ = $\overline{A}\cdot\overline{B}$를 게이트로 표현해 보면 다음과 같다.

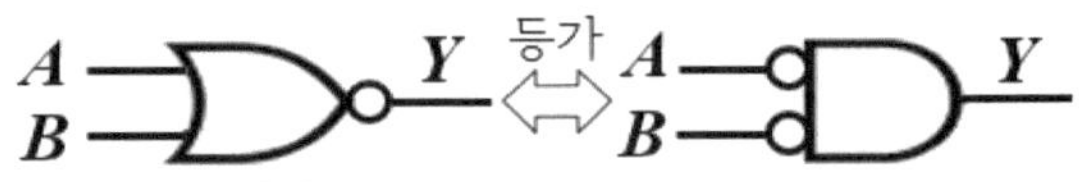

그림 4-27. 드모르강의 첫 번째 정의에 의한 게이트 등가

그림 4-27에서와 같이 드모르강 정의로부터 NOR 게이트와 Negative-AND 게이트는 등가 게이트임을 알 수 있다. 그리고 두 번째 정의인 $\overline{A \cdot B}$ = $\overline{A} + \overline{B}$에 대한 증명은 앞에서 정의한 방법과 동일하며 그림 4-28과 같다. 따라서 진리표에 의해 얻어진 좌변의 $\overline{A \cdot B}$와 우변의 $\overline{A} + \overline{B}$ 결과들은 각각 표 4-8에서 알 수 있다. $\overline{A \cdot B}$ = $\overline{A} + \overline{B}$를 게이트로 표현해 보면 NAND 게이트와 Negative-OR 게이트는 등가임을 알 수 있다.

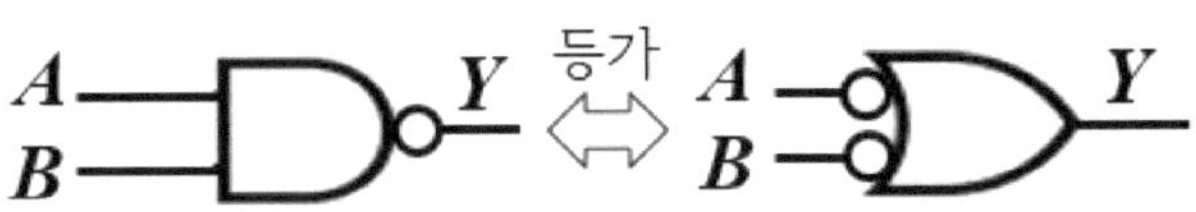

그림 4-28. 드모르강의 두 번째 정의에 의한 게이트 등가

4.4.3 논리식의 쌍대성

부울 대수에서 두 논리식 사이에 다음과 같은 관계가 성립되면 쌍대관계(Duality)에 있다고 하며, 부울 대수에서 다음과 같은 방법으로 쌍대관계가 적용된다.

(1) 논리곱(AND)은 논리합(OR)으로, 논리합(OR)은 논리곱(AND)으로 대체한다.

(2) 논리 '0'은 논리 '1'로, 논리 '1'은 논리 '0'로 대체한다.

(3) 논리 변수명은 그대로 사용한다.

예제 4-3

다음 논리식을 드모르강 정리를 이용하여 변환하시오.

(1) $Y=\overline{(A+B+C+D)}$

(2) $Y=\overline{\overline{A}+B\cdot C}$

(3) $Y=\overline{(A+B)+\overline{CD}}$

(4) $Y = \overline{\overline{\overline{(A+B)}+\overline{CD}}}$

(5) $Y = \overline{\overline{(\overline{A}+B)\overline{C}}+\overline{CD}}$

해답

드모르강 정리 $\overline{A+B}=\overline{A}\cdot\overline{B}$, $\overline{A\cdot B}=\overline{A}+\overline{B}$를 이용하여 정리한다.

(1) $Y=\overline{(A+B+C+D)}=\overline{A}\cdot\overline{B}\cdot\overline{C}\cdot\overline{D}$

(2) $Y=\overline{\overline{A}+B\cdot C}=\overline{\overline{A}}\cdot\overline{B\cdot C}=A\cdot(\overline{B}+\overline{C})$

(3) $Y=\overline{(A+B)+\overline{CD}}=\overline{(A+B)}\,\overline{\overline{CD}}=\overline{A}\,\overline{B}CD$

(4) $Y = \overline{\overline{\overline{(A+B)}+\overline{CD}}} = \overline{\overline{(A+B)}}\cdot\overline{\overline{CD}} = (A+B)CD$

(5) $Y = \overline{\overline{(\overline{A}+B)\overline{C}}+\overline{CD}}=\overline{\overline{(\overline{A}+B)\overline{C}}}\cdot\overline{\overline{CD}}=(\overline{A}+B)\overline{C}\cdot CD=0$

예제 4-4

드로르강 정리를 이용하여 $Y=\overline{AB+\overline{C}D}=(\overline{A}+\overline{B})(C+\overline{D})$가 성립함을 증명하시오.

해답

드모르강 정리 $\overline{A+B}=\overline{A}\bullet\overline{B}$, $\overline{A\bullet B}=\overline{A}+\overline{B}$를 이용하면,

$$Y=\overline{AB+\overline{C}D}=\overline{AB}\,\overline{\overline{C}D}=(\overline{A}+\overline{B})(\overline{\overline{C}}+\overline{D})=(\overline{A}+\overline{B})(C+\overline{D})$$

4.5 게이트의 전기적 특성

4.5.1 전압 및 전류 표시

게이트 동작을 나타내는 파라미터로서 게이트의 입력과 출력에서 형성되는 전압과 전류를 표기하면 표 4-9와 같다.

표 4-9 동작 파라미터 표기

표기	의미
V_{xy}	전압 x는 입력 또는 출력으로 정의 전압 y는 논리 Low 또는 High로 정의
I_{xy}	전류 x는 입력 또는 출력으로 정의 전류 y는 논리 Low 또는 High로 정의
V_{IH}	입력에서 논리 '1'(High)로 해석될 수 있는 최소 전압
V_{IL}	입력에서 논리 '0'(Low)으로 해석될 수 있는 최소 전압
V_{OH}	출력에서 논리 '1'(High)로 허용되는 최소 전압
V_{OL}	출력에서 논리 '0'(Low)로 허용될 수 있는 최소 전압
I_{IH}	입력이 '1'일 때 입력 전류
I_{IL}	입력이 '0'일 때 입력 전류
I_{OH}	출력이 '1'일 때 출력 전류
I_{OL}	출력이 '0'일 때 출력 전류

그림 4-29는 논리게이트에서 논리 '0'와 '1'에 대한 전압 표기를 나타낸다. V_{IH}는 입력에서 논리 '1'(High)로 해석될 수 있는 최소 전압이고 V_{IL}는 입력에서 논리 '0'(Low)으로 해석될 수 있는 최소 전압을 나타낸다.

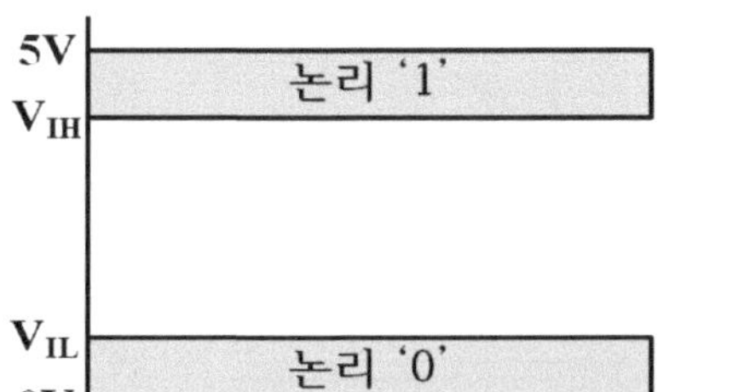

그림 4-29 논리 게이트의 입력 전압 레벨

4.5.2 팬 아웃 (Fan Out)

디지털 회로에서, 논리 게이트의 한 출력이 여러 개의 논리 게이트로 연결되어 그 게이트들을 구동시킬 수 있다. 팬 아웃은 구동 게이트의 출력에 최대로 연결될 수 있는 논리 게이트 수를 말한다. 팬 아웃은 구동 게이트 상에 증가된 용량성 부하(콘덴서 용량이 포함된 용량)로 되어 좀 더 긴 전파지연 시간을 발생시킨다. 그림 4-30은 팬아웃에 대한 것으로, 팬 아웃은 각 게이트의 출력에 흐를 수 있는 최대 전류가 제한되기 때문에 명시되어야 한다. 명시된 팬 아웃을 초과하여 부하를 연결하면 과도한 출력 전류 때문에 출력 게이트의 회로가 손상을 입거나, 출력전압 레벨이 규정값에 미치지 못할 수 있어 연결된 게이트의 입력 신호 레벨을 보장할 수 없다. 따라서 명시된 팬 아웃을 초과하여 부하를 연결하는 경우 중간에 용량이 큰 출력 전류를 가진 버퍼를 이용 하거나, 여러 개의 버퍼를 통하여 부하를 나누어서 담당하게 하도록 하여야 한다.

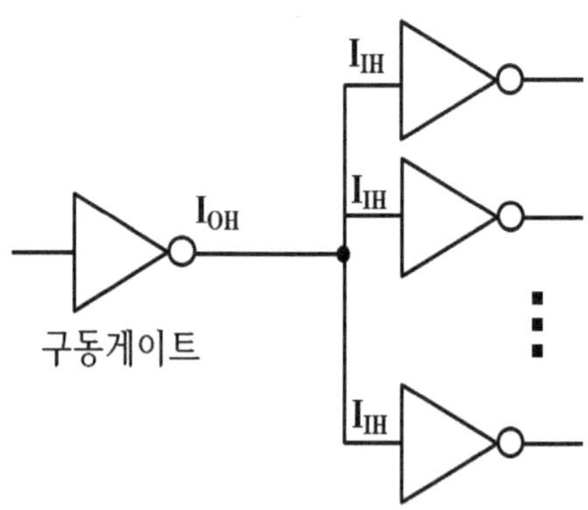

그림 4-30 팬 아웃 개념

위 그림에서 NOT 게이트(구동 게이트)는 I_{OH}(또는 I_{OL}) 라는 출력 전류를 다음

단에 있는 여러 개의 NOT 게이트로 입력 전류 I_{IH}(또는 I_{IL})를 공급한다.

일반적으로 표준 TTL 게이트의 출력 특성을 다음과 같다.

$I_{OH}=0.4[mA]$: 출력이 '1'일 때 출력 전류

$I_{OL}=16[mA]$: 출력이 '0'일 때 출력 전류

그리고 일반적으로 표준 TTL (Transistor-Transistor Logic) 게이트의 입력 특성은 다음과 같다.

$I_{IH}=0.04[mA]$: 입력이 '1'일 때 입력 전류

$I_{IL}=1.6[mA]$: 입력이 '0'일 때 입력 전류

표준 TTL 게이트에 대한 팬 아웃을 구해 보면,

팬 아웃 = $\frac{I_{OH}}{I_{IH}}=\frac{0.4}{0.04}=10$, or $\frac{I_{OL}}{I_{IL}}=\frac{16}{1.6}=10$ 으로 표준 TTL 게이트의 한 출력에 표준 TTL 게이트 10개를 연결할 수 있다는 것을 말한다.

그리고 일반적으로 LS(Low power Schottky)형 TTL 게이트의 출력 특성은 다음과 같다.

$I_{OH}=0.4[mA]$: 출력이 '1'일 때 출력 전류

$I_{OL}=8[mA]$: 출력이 '0'일 때 출력 전류

그리고 일반적으로 표준 TTL 게이트의 입력 특성은 다음과 같다.

$I_{IH}=0.02[mA]$: 입력이 '1'일 때 입력 전류

$I_{IL}=0.4[mA]$: 입력이 '0'일 때 입력 전류

표준 TTL 게이트에 대한 팬 아웃을 구해 보면,

팬 아웃 = $\dfrac{I_{OH}}{I_{IH}}=\dfrac{0.4}{0.02}=20$, or $\dfrac{I_{OL}}{I_{IL}}=\dfrac{8}{0.4}=20$ 으로 LS형 TTL 게이트의 한 출력에 LS형 TTL 게이트 20개를 연결할 수 있다는 것을 말한다.

전류 값을 비교해 보면, 표준 TTL의 절대 팬 아웃이 LS형 TTL의 절대 팬 아웃보다 크지만, 같은 종류의 TTL 게이트를 연결한 경우, LS형 TTL의 팬 아웃이 표준 TTL의 팬 아웃보다 2배가 된다.

예제 4-5

어떤 게이트에 대하여 다음과 같은 파라미터가 주어진 경우 이 게이트에 대한 팬 아웃을 결정하시오.

$$I_{OH}=300\mu A,\ I_{IH}=50\mu A,\ I_{OL}=20mA,\ I_{IH}=2mA$$

해답

① High 레벨에서, 이 게이트는 출력에서 $300\mu A$의 전류를 제공하고, 입력 전류는 $50\mu A$이다. 따라서 팬 아웃은 $\dfrac{I_{OH}}{I_{IH}}=\dfrac{300}{50}=6$

② Low 레벨에서, 이 게이트는 출력에서 $20mA$의 전류를 제공하고, 입력 전류는

2.0mA이다. 따라서 팬 아웃은 $\frac{I_{OL}}{I_{IL}} = \frac{20}{2.0} = 10$

이와 같이 High 레벨에서의 최대 부하수와 Low 레벨에서의 최대 부하수가 다를 때 작은 값이 선택된다. 따라서 이 게이트와 같은 종류의 부하를 6개 까지 구동시킬 수 있다.

4.5.3 지연시간 (Propagation Time)

논리 게이트내의 트랜지스터는 스위칭 기능을 수행하는데 어느 정도의 시간이 걸린다. 이것은 논리 게이트의 입력에서 신호 변화가 출력에서 변화를 유발하기 위해 일정시간이 걸린다는 것을 의미한다. 이와 같은 논리 게이트에서 입력 신호가 출력으로 전달되는 데 걸리는 시간을 지연시간(Propagation Delay)이라 한다.

그림 4-31은 반전 게이트(Inverter) 심볼을 나타낸다. 논리식은 $Y = \overline{X}$이며, 입력이 항상 반전되어 출력된다.

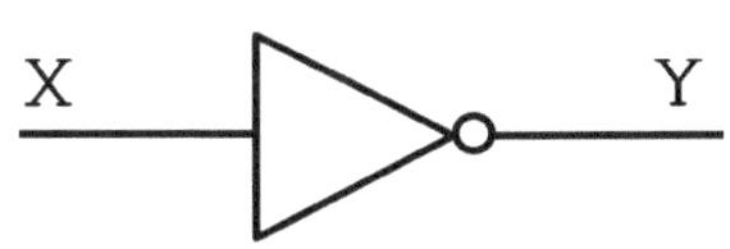

그림 4-31 반전 게이트 (Inverter)

그림 4-32은 반전 게이트의 입출력 파형을 나타낸다. t_{phl}는 입력에서 변환과 출력에서 High레벨에서 Low 레벨로 변환 사이의 시간을 말한다. 측정은 상승하는 입력 신호의 50% 지점에서부터 하강하는 출력신호의 50% 지점까지 이루어진다. t_{plh}

는 입력에서 변환과 출력에서 Low레벨에서 High 레벨로 변환 사이의 시간을 말한다. 측정은 하강하는 입력 신호의 50% 지점에서부터 상승하는 출력신호의 50% 지점까지 이루어진다.

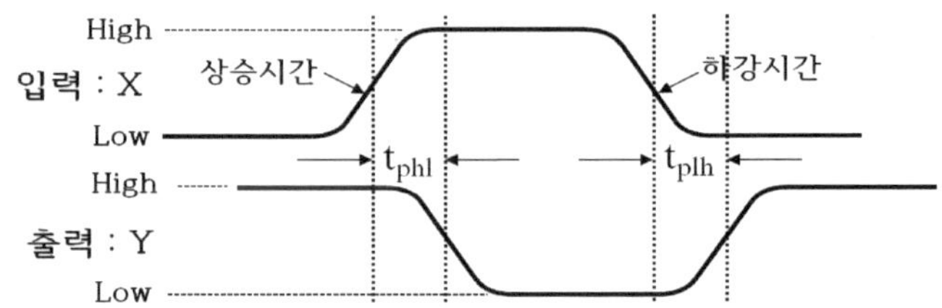

그림 4-32 반전 게이트 입출력 파형

4.5.4 잡음 여유도 (Niose Margine)

잡음 여유도는 입.출력 전압 특성과 밀접하게 관련된 파라미터이다. 이 파라미터를 통하여 출력이 영향 받지 않고 게이트의 입력 상에 허용될 수 있는 잡음 전압이 결정될 수 있다. 잡음 여유도를 나타내기 위하여 두 개 영역이 사용된다. 하나는 High 레벨의 잡음 여유도와 다른 하나는 Low 레벨의 잡음 여유도 이다. 그림 4-33은 TTL 논리 게이트의 잡음 여유도를 나타낸 것이다.

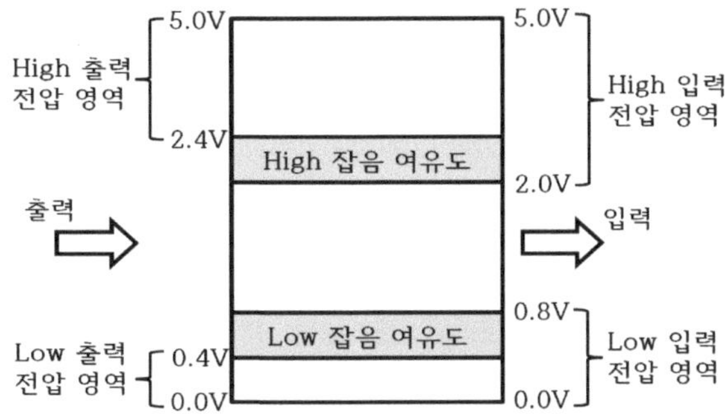

그림 4-33 TTL 게이트에 대한 잡음 여유도

Low 레벨의 잡음 여유도는 구동 게이트의 최대 Low 레벨 출력 전압 V_{OL}(Max)과 수신 게이트에서 인식된 최대 입력 Low 레벨 전압 V_{IL}(Max) 간 차이를 말한다. 식으로 표현 하면,

V_{NL}(Low 레벨에서 잡음 여유도)= V_{IL}(Max)- V_{OL}(Max)

와 같다.

High 레벨의 잡음 여유도는 구동 게이트의 최소 High 레벨 출력 전압 V_{OH}(Min)과 수신 게이트에서 인식된 최소 입력 High 레벨 전압 V_{IH}(Min) 간 차이를 말한다. 식으로 표현 하면,

V_{NH}(High 레벨에서 잡음 여유도)= V_{OH}(Min)- V_{IH}(Min)

와 같다.

이를 그림 4-3에 있는 표준 TTL 게이트에 적용해 보면

V_{NL}=0.8V - 0.4V = 0.4V

V_{NH}=2.4V - 2.0V = 0.4V 와 같이 된다.

4.5.5 TTL IC와 CMOS IC간 인터페이스

그림 4-34에서와 같이 시스템간 연결시 양 시스템은 인터페이스 IC를 사용하여야 한다. 이 때 양 시스템에서 서로 다른 타입의 IC(한쪽에서는 TTL, 다른 쪽에서는 CMOS)를 사용하는 경우, 구동 시스템에서 사용하는 IC가 부하 측에서 사용되는 IC의 전압과 전류 요구조건을 만족하는 지 점검하여야 한다. 이 조건이 만족하지 않으면 통신이 불안정하던지 통신이 불가능할 수 있다. 이와 같이 인터페이스상에 서로 다른 타입의 IC를 사용하여 문제가 발생한 경우 이를 해결하기 위한 별도의 조치를 취하여야 한다.

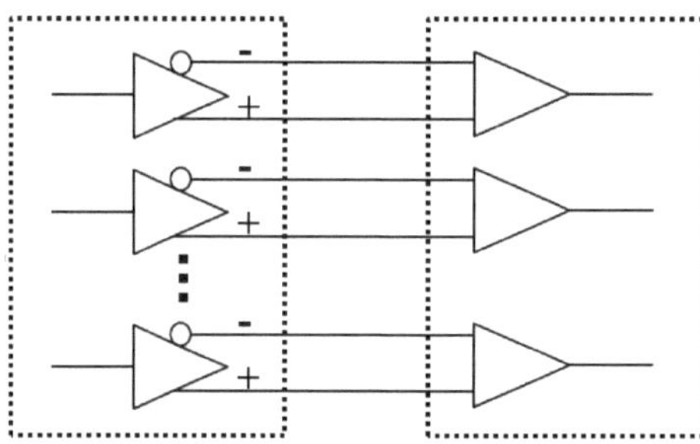

그림 4-34 시스템 인터페이스 예

표 4-10은 TTL과 CMOS의 입출력 전류값을 나타낸 것이다. 이 표에서 알 수 있듯이 CMOS 게이트의 입력 전류값은 어떤 종류의 TTL 게이트의 출력 전류보다 상당히 작은 값을 가지고 있다. 이 경우 TTL 게이트는 CMOS 게이트의 입력 전류 요구조건을 충분히 만족하고 있다.

표 4-10 TTL과 CMOS의 입출력 전류값 비교

분류 / 파라미터	CMOS (74 시리즈)			TTL				
	HC/HCT	AC/ACT	AHC/AHCT	74	74LS	74AS	74ALS	74F
$I_{IH}(Max)$	$1\mu A$	$1\mu A$	$1\mu A$	$40\mu A$	$20\mu A$	$20\mu A$	$20\mu A$	$20\mu A$
$I_{IL}(Max)$	$1\mu A$	$1\mu A$	$1\mu A$	$1.6mA$	$0.4mA$	$0.5mA$	$100\mu A$	$0.6mA$
$I_{OH}(Max)$	$4mA$	$24mA$	$8mA$	$0.4mA$	$0.4mA$	$2mA$	$400mA$	$1.0mA$
$I_{OL}(Max)$	$4mA$	$24mA$	$8mA$	$16mA$	$8mA$	$20mA$	$8mA$	$20mA$

표 4-11는 TTL과 CMOS의 입출력 전압값을 비교한 것이다. 모든 TTL 시리즈의 $V_{OH}(Min)$은 CMOS의 74HC와 74AC의 $V_{IH}(Min)$의 요구조건에 비교하면 상당히 작은 값을 가지고 있다. 이와 같이 TTL 게이트의 출력 전압이 CMOS 게이트의 입력 전압 요구조건보다 상당히 작은 값을 가지고 있기 때문에 문제가 발생할 수 있다. 이를 해결하기 위하여 TTL 게이트의 출력 전압을 CMOS 게이트가 수용 가능한 레벨로 끌어올리기 위한 회로를 첨가하여야 한다.

표 4-11 TTL과 CMOS의 입출력 전압값 비교

분류 / 파라미터	CMOS (74 시리즈)						TTL			
	HC	HCT	AC	ACT	AHC	AHCT	74	74LS	74AS	74ALS
$V_{IH}(Min)$	$3.5V$	$2.0V$	$3.5V$	$2.0V$	$3.85V$	$2.0V$	$2.0V$	$2.0V$	$2.0V$	$2.0V$
$V_{IL}(Max)$	$1.0V$	$0.8V$	$1.5V$	$0.8V$	$1.65V$	$0.8V$	$0.8V$	$0.8V$	$0.8V$	$0.8V$
$V_{OH}(Min)$	$4.9V$	$4.9V$	$4.9V$	$4.9V$	$4.4V$	$3.15V$	$2.4V$	$2.7V$	$2.7V$	$2.5V$
$V_{OL}(Max)$	$0.1V$	$0.1V$	$0.1V$	$0.1V$	$0.44V$	$0.1V$	$0.4V$	$0.5V$	$0.5V$	$0.5V$
V_{NH}	$1.4V$	$2.9V$	$1.4V$	$2.9V$	$0.55V$	$1.15V$	$0.4V$	$0.7V$	$0.7V$	$0.7V$
V_{NL}	$0.9V$	$0.7V$	$1.4V$	$0.7V$	$1.21V$	$0.7V$	$0.4V$	$0.3V$	$0.3V$	$0.4V$

CMOS 게이트가 High레벨에서 TTL게이트를 구동시키는 경우, 표 4-7에서 CMOS 게이트 출력이 High 레벨에서 TTL 게이트 입력 요구조건(V_{IH})을 만족시키는데 충분한 전압(V_{OH})을 쉽게 공급해줄 수 있다. 표 4-6에서는 CMOS 게이트 출력이 TTL 게이트의 입력 전류 요구조건(I_{IH})을 만족시켜줄 만큼 충분한 전류(I_{OH})를 공급해 줄 수 있다. 따라서 High 레벨에서는 별도의 조치가 필요 없게 된다.

CMOS 게이트가 Low레벨에서 TTL게이트를 구동시키는 경우, 표 4-6에서 TTL 게이트 입력인 Low 레벨에서 상대적으로 높은 입력 전류(100µA to 2 mA)를 가지고 있는 것을 알 수 있다. 74HC와 74HCT 게이트는 4 mA로 상승할 수 있어 어떠한 하나의 TTL 게이트를 구동시키는 데 문제가 없다.

그림 4-35은 위에서 언급했듯이 TTL 게이트의 출력 전압이 CMOS 게이트의 입력 전압 요구조건보다 상당히 작은 값을 가지고 있는 경우를 나타낸다. 이와 같은 경우 표준 TTL 게이트가 표준 CMOS 게이트를 제대로 구동시키지 못하는 경우가 생기게 된다.

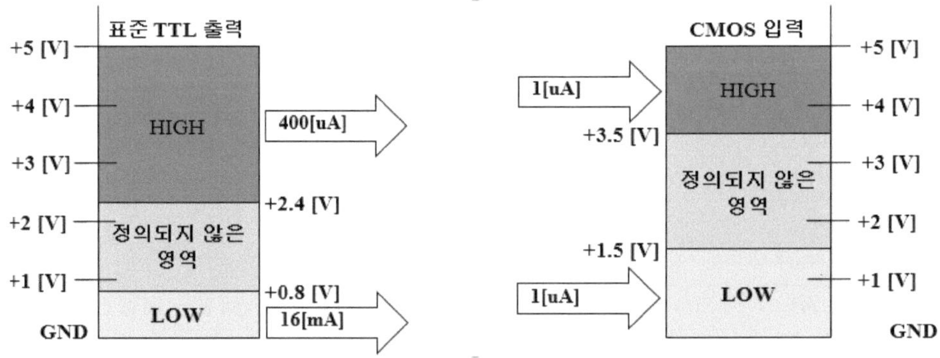

그림 4-35 TTL 게이트와 CMOS 게이트 인터페이스

이와 같은 인터페이스 상에서 생긴 문제점에 대한 가장 일반적인 해결책은 그림 4-36에서와 같이 TTL 게이트 출력을 풀업(Pull-up) 저항이 달린 +5V로 연결하는 것이다. 이와 같은 풀업 저항을 통하여 TTL 게이트 출력은 High 레벨에서 거의 5V로 근접하여 적당한 CMOS 입력 전압을 제공해 준다. CMOS 게이트가 74HCT 또는 74ACT 인 경우 TTL 게이트 출력을 직접 받아들일 수 있기 때문에 풀업 저항이 필요 없다.

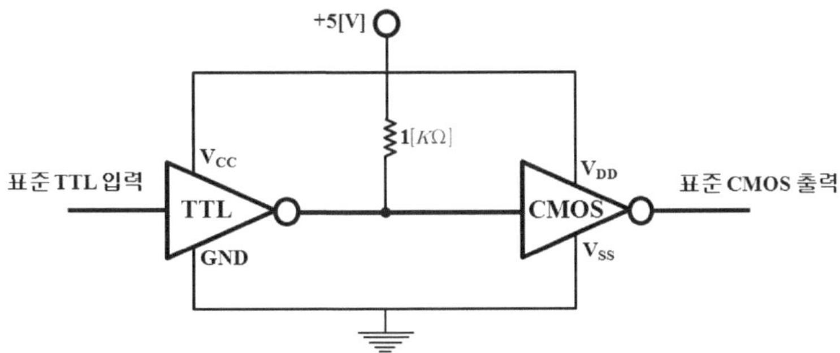

그림 4-36 TTL 게이트과 CMOS 게이트 인터페이스

연습 문제

1. 다음 그림에서와 같이 입력 파형이 주어졌을 때 각 게이트 별로 출력 파형을 그리시오. 각 게이트의 출력 초기 값은 '0'이다.

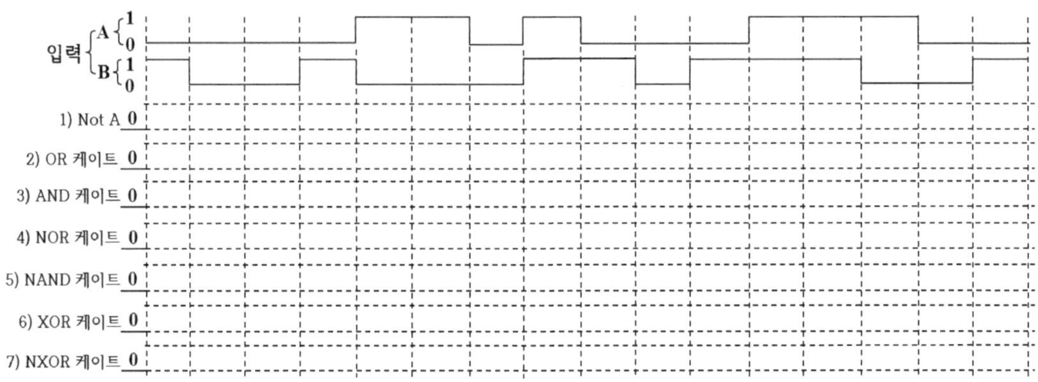

2. 진리표를 사용하여 다음이 성립하는 것을 증명하시오.

(1) $\overline{ABC} = \overline{A} + \overline{B} + \overline{C}$

(2) $(\overline{AB})(\overline{CD}) = \overline{AB + CD}$

(3) $(\overline{A+B}) + (\overline{C+D}) = \overline{(A+B)(C+D)}$

3. 다음 논리 회로의 출력을 구하고 진리표를 작성하시오.

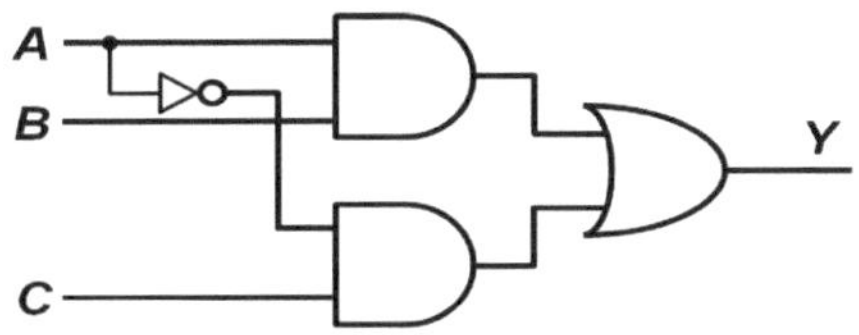

4. 다음 회로의 논리식을 구하시오.

(1)

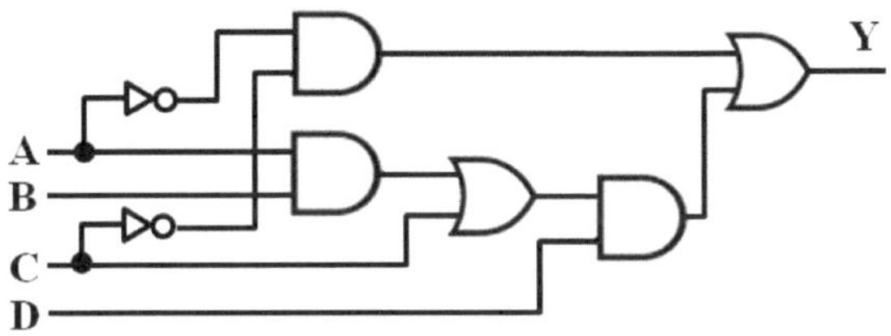

(2)

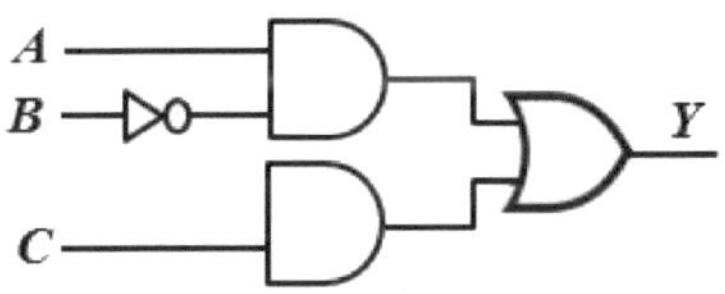

(3)

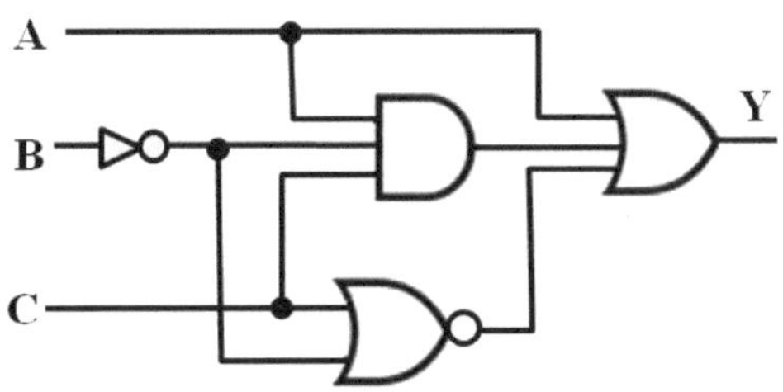

(4)

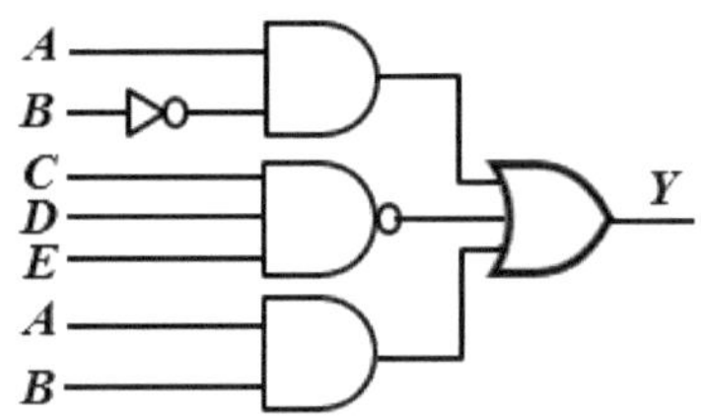

5. 다음 논리식을 NAND 게이트와 NOT 게이트를 사용하여 설계하시오.

(1) $F(A,B,C) = AC + AB\overline{C} + \overline{A}\,\overline{B}C$

(2) $F(A,B,C,D) = ACD + B\overline{C} + \overline{A}\,\overline{B}\,\overline{D}$

6. 다음 논리식을 NOR 게이트와 NOT 게이트를 사용하여 설계하시오.

(1) $F(A,B,C) = (A + C)(\overline{B} + C)$

(2) $F(A,B,C,D) = (A + B + D)(\overline{A} + \overline{B} + C)\overline{D}$

7. 74LS00 (NAND 게이트)에 대하여 다음과 같은 파라미터가 주어졌을 때 팬 아웃을 구하시오.

$I_{OH} = -0.4mA$, $I_{IH} = 40\mu A$, $I_{OL} = 16mA$, $I_{IL} = -1.6mA$

8. 다음 회로에 대한 입력 A, B, C에 대한 파형이 주어졌을 때 회로 출력 Y에 대한 파형을 그리시오. 출력 Y의 초기 값은 '0'이다.

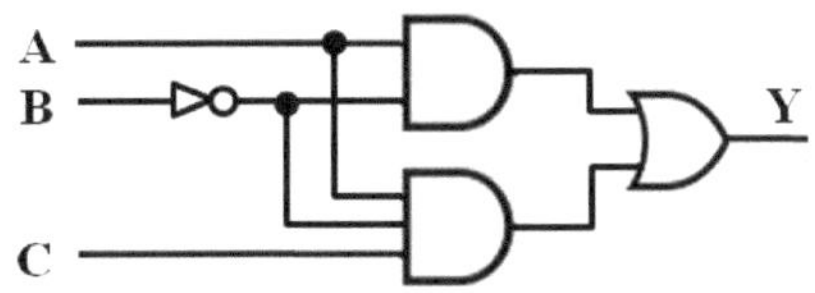

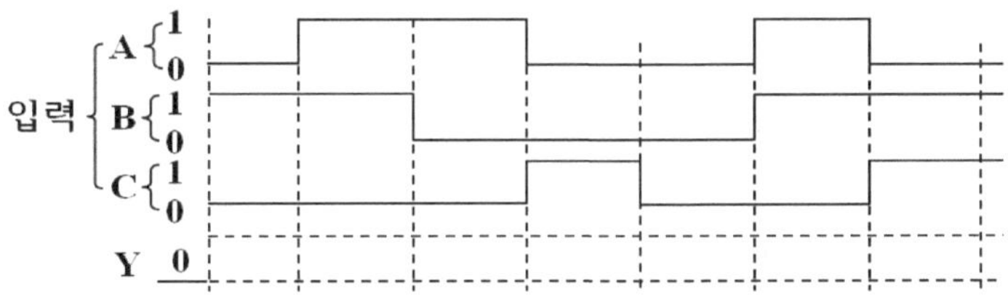

제5장

부울 함수 표현 및 간소화

디지털 공학을 접하게 되면 부울 대수(Boolean Algebra)와 부울 함수가 등장하게 된다. 따라서 혼동을 피하기 위하여 이에 대한 명백한 구분이 필요하다. 부울 대수를 언급하기 전에 명제(命題)의 의미에 대하여 알아야 한다. 명제란 참 또는 거짓을 구분하기 위하여 시도하는 논리적 판단의 내용을 언어, 식, 심볼 등으로 나타낸 것이다.

부울 대수는 오직 두 종류의 값만으로 이루어진 단순한 대수학으로 1854년 영국 수학자 불(George Boole)에 의하여 창시되었다. 그 후 1938년에 MIT 대학원생 이었던 샤논은 전자교환기의 스위칭 문제에 적용하여 릴레이 회로의 스위칭 동작 해석에 부울 대수가 적용될 수 있음을 증명하였다. 이와 같은 부울 대수는 논리 회로에 적용되어 사용되고 있으며, 특히 전자, 정보, 통신, 그리고 컴퓨터 분야의 논리 회로 분야에 사용되고 있다. 부울 대수에서 기본적으로 다루고 있는 연산은 4장에서 살펴본 NOT연산, OR 연산, 그리고 AND 연산이 있으며, 이를 기반으로 생성된 NOR 연산, NAND 연산, XOR 연산, 그리고 XNOR 연산이 널리 사용되며, 판단의 결과 논리적인 것을 '1' 또는 '0'과 같은 특정 값으로 매핑한 것으로, 다양한 분야에 적용될 수 있다. 예를 들면 표 5-1과 같이 적용될 수 있다.

표 5-1 논리 결과 매핑

구분	매핑 값	
논리	사실	거짓
이진값	1	0
스위치	ON	OFF
신호	존재	없음

5.1 부울 대수의 법칙

부울 대수는 일반 대수와 같이 기본적인 논리연산 3가지, 즉 NOT, AND 및 OR 연산을 이용하여 교환법칙, 결합법칙, 분배법칙을 적용할 수 있다. 교환법칙과 결합법칙은 일반 대수학과 같으며, 분배법칙에서 유일한 차이를 보인다.

5.1.1 교환 법칙 (Commutative Law)

교환법칙은 변수들이 연산되는 순서만 다를 뿐이지 그 결과는 동일한 성질을 가진다. 예를 들면 두 변수 A, B에 대한 합(OR 연산)과 곱(AND 연산)의 교환법칙은 다음과 같다.

표 5-2 교환법칙

연산	교환법칙	증명
OR 연산	A + B = B +A	A=1, B=0일 경우 - A+B = 1+0 = 1 - B+A = 0+1 = 1 ∴A+B = B+A
AND 연산	AB = BA	A=0, B=1일 경우 - AB = 0.1 = 0 - BA = 1.0 = 0 ∴AB = BA

5.1.2 결합 법칙 (Associative Law)

결합법칙은 변수들의 연산에서 그룹화(grouping) 하는 순서만 다를 뿐이지 그 결과는 동일한 성질을 가진다. 예를 들면 세 변수 A, B, C에 대한 결합법칙은 다음과 같다.

표 5-3 결합법칙

결합법칙	증명
A+(B+C) = (A+B)+C	A=1, B=0, C=1일 경우 - A+(B+C) = 1+(0+1) = 1+1 = 1 - (A+B)+C = (1+0)+1 = 1+1 = 1 ∴A+(B+C) = (A+B)+C

5.1.3 분배 법칙 (Associative Law)

분배법칙은 예를 들면 3변수 A, B, C에서 두 변수 B와 C의 OR연산을 괄호로 그룹화(grouping) 하여, 여기에 다른 한 변수 A를 AND한 A(B+C)의 결과가 A를 그룹화 된 변수에 각각 AND하여 OR한 AB+AC의 결과와 동일한 성질을 가진다. 세 변수 A, B, C에 대한 분배법칙은 다음과 같다.

표 5-4 분배 법칙

분배법칙	증명
A(B+C) = AB+AC	A=1, B=0, C=1일 경우 - A.(B+C) =1.(0+1) = 1.1 = 1 - AB + AC = 1.0 + 1.1 = 0+1 = 1 ∴A(B+C) = AB+AC

분배법칙은 일반 대수학에서와 달리 표현된다. 이를 진리표를 통하여 증명해 보면 다음과 같다.

OR 연산의 분배법칙 $A+(B \cdot C)=(A+B) \cdot (A+C)$에 대한 진리표는 표 5-5와 같다.

표 5-5 OR 연산의 분배법칙 진리표

입력			중간연산			결과	
A	B	C	$B \cdot C$	$(A+B)$	$(A+C)$	$A+(B \cdot C)$	$(A+B) \cdot (A+C)$
0	0	0	0	0	0	0	0
0	0	1	0	0	1	0	0
0	1	0	0	1	0	0	0
0	1	1	1	1	1	1	1
1	0	0	0	1	1	1	1
1	0	1	0	1	1	1	1
1	1	0	0	1	1	1	1
1	1	1	1	1	1	1	1

AND 연산의 분배법칙 $A \cdot (B+C)=(A \cdot B)+(A \cdot C)$에 대한 진리표는 표 5-6과 같다.

표 5-6 AND 연산의 분배법칙 진리표

입력			중간연산			결과	
A	B	C	$(B+C)$	$(A \cdot B)$	$(A \cdot C)$	$A \cdot (B+C)$	$(A \cdot B)+(A \cdot C)$
0	0	0	0	0	0	0	0
0	0	1	1	0	0	0	0
0	1	0	1	0	0	0	0
0	1	1	1	0	0	0	0
1	0	0	0	0	0	0	0
1	0	1	1	0	1	1	1
1	1	0	1	1	0	1	1
1	1	1	1	1	1	1	1

5.2 부울 대수의 정리

앞에서 설명한 3가지 기본 법칙 외에 부울 대수식을 간략화 하는데 유용하게 사용되는 기본정리에 대해 알아보도록 한다.

【정리 1】 <u>A+0 = A</u>

(증명) 변수 A=1일 경우: 1+0 = 1, A=0일 경우: 0+0 = 0
그러므로 결과 값은 변수 A의 값에 종속됨으로 A+0=A가 된다.

【정리 2】 <u>A+1 = 1</u>

(증명) 변수 A=1일 경우: 1+1 = 1, A=0일 경우: 0+1 = 1
그러므로 결과 값은 OR 연산에 1을 포함함으로 변수 A의 값에 관계없이 A+1=1이 된다.

【정리 3】 <u>A·0 = 0</u>

(증명) 변수 A=1일 경우: 1.0 = 0, A=0일 경우: 0.0 = 0
그러므로 결과 값은 AND 연산에 0을 포함함으로 변수 A의 값에 관계없이 A.0=0이 된다.

【정리 4】 <u>A·1 = A</u>

(증명) 변수 A=1일 경우: 1.1 = 1, A=0일 경우: 0.1 = 0
그러므로 결과 값은 변수 A의 값에 종속됨으로 A.1=A가 된다.

【정리 5】 <u>A+A = A</u>

(증명) 변수 A=1일 경우: 1+1 = 1, A=0일 경우: 0+0 = 0
그러므로 결과 값은 변수 A의 값에 종속됨으로 A+A=A가 된다.

【정리 6】 $A \cdot A = A$

(증명) 변수 A=1일 경우: 1.1 = 1, A=0일 경우: 0.0 = 0

그러므로 결과 값은 변수 A의 값에 종속됨으로 A.A=A가 된다.

【정리 7】 $A+\overline{A} = 1$

(증명) 변수 A=1일 경우: 1+0 = 1, A=0일 경우: 0+1 = 1

그러므로 결과 값은 A의 값에 관계없이 $A+\overline{A}$는 항상 1이 된다.

【정리 8】 $A \cdot \overline{A} = 0$

(증명) 변수 A=1일 경우: 1.0 = 0, A=0일 경우: 0.1 = 0

그러므로 결과 값은 A의 값에 관계없이 $A+\overline{A}$는 항상 0이 된다.

【정리 9】 $\overline{\overline{A}} = A$

(증명) 변수 A=1일 경우: $\overline{\overline{1}}=\overline{0}=1$, A=0일 경우: $\overline{\overline{0}}=\overline{1}=0$

그러므로 결과 값은 A의 값에 종속됨으로 $\overline{\overline{A}}=A$가 된다.

【정리 10】 $A+AB = A$

(증명) 우선 결합법칙 적용: A+AB = A(1+B)

정리 2 적용 : = A.1

정리 4 적용 : = A

그러므로 A+AB의 결과 값은 A가 된다.

【정리 11】 $A+\overline{A}B = A+B$

(증명) (1+B)를 곱함: $A+\overline{A}B = A(1+B)+\overline{A}B$

분배법칙 적용 : = A · 1 + AB+ $\overline{A}$B

결합법칙 적용 : = A+B(A+ $\overline{A}$)

정리 9 적용 : = A + B · 1 = A+B

그러므로 A+ $\overline{A}$B의 결과 값은 A+B가 된다.

기본적인 부울 대수 공식은 공리의 집합과 공리에서 얻어진 정리의 집합으로 되어 있고, 논리의 간략화에 이용된다. 표 5-7은 요약된 부울 대수의 기본 규칙 이다.

표 5-7 부울 대수의 기본 규칙 요약

구분	부울 대수	설명
동일법칙	$A+A=A$	- $A=1$이면 결과는 1 - $A=0$이면 결과는 0
	$A \cdot A=A$	- $A=1$이면 결과는 1 - $A=0$이면 결과는 0
흡수법칙	$A+0=A$	결과는 A에 의하여 결정
	$A+1=1$	A에 관계없이 결과는 1
	$A \cdot 1=A$	A에 의하여 결과가 결정
	$A \cdot 0=0$	A에 관계없이 결과는 0
	$A+A \cdot B=A$	$A(1+B)=A$
	$A \cdot (A+B)=A$	$A+A \cdot B=A$
	$A+\overline{A} \cdot B=A+B$	$(A+\overline{A}) \cdot (A+B)=A+B$
	$A \cdot \overline{B}+B=A+B$	$(A+B) \cdot (\overline{B}+B)=A+B$
보수법칙	$A+\overline{A}=1$	$A=1$이면 $\overline{A}=0$, $A=0$이면 $\overline{A}=1$ 결과는 항상 1
	$A \cdot \overline{A}=0$	$A=1$이면 $\overline{A}=0$, $A=0$이면 $\overline{A}=1$ 결과는 항상 0

5.3 부울 함수 표현

부울 함수는 부울 대수에 의하여 표현된 식이다. 부울 함수도 함수이기 때문에 변수를 가지고 있으며 변수간 관계를 가지고 있다. 부울 함수에서 변수는 불 변수이며, 불 변수간의 관계는 논리 합, 논리 곱, 그리고 논리 부정으로 이루어진다. 따라서 부울 대수를 논리 대수라 하듯이 부울 함수를 논리식 또는 논리 함수라 한다.

부울 함수를 표현하는데 두 가지 방법이 있다. 정규형과 표준형으로 나누어지는데, 정규형은 부울 함수가 가지는 변수가 모든 항에 포함되는 것을 말하며, 표준형은 부울 함수의 축약 등을 통하여 부울 함수가 가지는 변수가 모든 항에 포함되지 않는 것을 말한다.

5.3.1 부울 식과 논리회로

주어진 부울 식으로부터 기본적인 게이트를 이용하여 논리회로를 구성할 수 있다. 예를 들어 주어진 부울 식이 Y=AB + CD일 경우 이 식으로부터 논리회로를 어떻게 구성하는지 알아보도록 한다. 우선 논리회로를 구성하기 위해 필요한 사항은 아래와 같이 부울 식으로부터 사용되는 게이트의 종류, 수량 및 입력 수를 알아야 정확한 회로를 구성할 수 있다. 그림 5-1에서와 같이 X=AB+CD에 대한 논리회로의 구성은 각각 2-입력을 가지는 AND 게이트 2개와 AND 게이트의 출력 2개를 입력으로 취하는 OR 게이트 1개가 직렬로 연결된다. 만약 주어진 부울 식이 복잡하다면, 사용되는 게이트의 수가 증가하여 전력소모와 신호의 전파지연이 충분히 예상됨으로 가능한 주어진 부울 식은 간략화하여 논리회로를 구성하는 것이 바람직하다. 논리회로 구현에 사용될 부울 식은 크게 두 가지 형태로 분류된다. 즉 곱의 합(sum of products) 형태와 합의 곱(product of sums) 형태로 나누어진다. 일반적으로 회로 구현에 유용한 형태는 곱의 합 형태이다. 그 이유는 곱의 합 형태가 진리표로부터 표준 대수적 수식을 직접 얻을 수 있을 뿐만 아니라 표준 대수적 수식으로부터 직접 논리회로를 구성할 수 있는 형태이기 때문에 유용하게 사용된다.

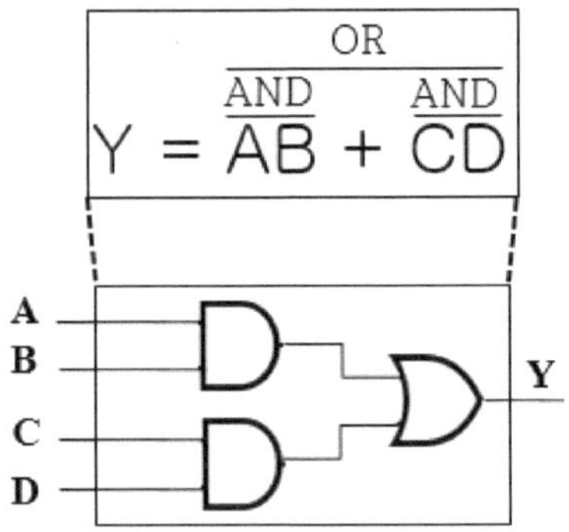

그림 5-1 부울 식 Y=AB+CD에 대한 논리회로 구성

5.3.2 부울 식의 정규형 표현

디지털 시스템에서 입력 변수가 n개 일 때 이 변수를 통한 조합 가능성을 2^n이고, 각 조합의 각 변수의 값이 "1"일 때 정상형, "0"일 때 보수형을 갖는다. 예를 들어 2개의 변수 A와 B를 통하여 $Y=\overline{A}\,\overline{B}+\overline{A}B+A\overline{B}+AB$을 갖는 경우, 변수 A와 B가 가질 수 있는 조합 모두를 나열한 것이다. 이와 같은 형태를 정규형이라 하고, 입력 변수 A와 B의 조합 각각을 최소항 (Minterm) 이라 한다. 그리고 최소항은 변수 A와 B의 AND으로 구성되어 있고, Y는 최소항의 합으로 되어 있다. 이를 Sum of Product라 한다. 표 5-8은 3개의 변수를 통하여 조합할 수 있는 최소항을 보여주고 있으며, 각 최소항을 기호로 간략하게 표현할 수 있다.

표 5-8 부울 함수의 최소항과 최대항 표현

변수	최소항(Minterm)		최대항(Maxterm)	
ABC	항	기호	항	기호
0 0 0	$\overline{A}\overline{B}\overline{C}$	m0	$(A+B+C)$	M0
0 0 1	$\overline{A}\overline{B}C$	m1	$(A+B+\overline{C})$	M1
0 1 0	$\overline{A}B\overline{C}$	m2	$(A+\overline{B}+C)$	M2
0 1 1	$\overline{A}BC$	m3	$(A+\overline{B}+\overline{C})$	M3
1 0 0	$A\overline{B}\overline{C}$	m4	$(\overline{A}+B+C)$	M4
1 0 1	$A\overline{B}C$	m5	$(\overline{A}+B+\overline{C})$	M5
1 1 0	$AB\overline{C}$	m6	$(\overline{A}+B+\overline{C})$	M6
1 1 1	ABC	m7	$(\overline{A}+\overline{B}+\overline{C})$	M7

예를 들어 표 5-9와 같은 진리표가 주어진 경우, 부울 함수를 최소항으로 표현해 보면,

표 5-9 진리표 예

입력변수	출력변수
ABC	F
0 0 0	1
0 0 1	1
0 1 0	0
0 1 1	1
1 0 0	0
1 0 1	1
1 1 0	1
1 1 1	0

예를 들어 표 5-6과 같은 진리표가 주어진 경우, 부울 함수를 최소항으로 표현해 보면,

$$
\begin{aligned}
Y &= \overline{A}\,\overline{B}\,\overline{C} + \overline{A}\,\overline{B}C + \overline{A}BC + \overline{A}B\overline{C} + AB\overline{C} \\
&= m_0 + m_1 + m_3 + m_5 + m_6 \\
&= \sum(0,\ 1,\ 3,\ 5,\ 6)
\end{aligned}
$$

위 부울 함수에서 첫 줄은 부울 함수를 A, B, C 변수를 이용해 최소항으로 표현한 것이고, 두 번째 줄은 각 항을 기호로 표현한 것이다. 그리고 세 번째 줄에서 Σ는 각 항의 합(OR 연산)을 나타내는 기호이고, 괄호안의 (1, 2, 4, 6, 7)은 부울 함수 Y를 1로 만들어 주는 최소항에 해당하는 번호이다.

정규형의 또 다른 표현으로 입력 변수 각 조합의 각 변수의 값이 "0"일 때 정상형, "1"일 때 보수형을 갖는다. 예를 들어 2개의 변수 A와 B를 통하여 $Y = (A+B)(A+\overline{B})(\overline{A}+B)(\overline{A}+\overline{B})$을 갖는다. 이와 같은 형태 경우, 변수 A와 B가 가질 수 있는 조합 모두를 나열한 것이다. 입력 변수 A와 B의 조합 각각을 최대항 (Maxterm) 이라 한다. 그리고 최대항은 변수 A와 B의 OR로 구성되어 있고, Y는 최대항의 곱으로 되어 있다. 이를 Product of Sum 이라 한다. 따라서 최소항과 최대항은 서로 보수 관계에 있다.

예를 들어 표 5-6 진리표에서, 부울 함수를 최대항으로 표현해 보면,

$$
\begin{aligned}
Y &= (A+\overline{B}+C) \cdot (\overline{A}+B+C) \cdot (\overline{A}+\overline{B}+\overline{C}) \\
&= M_2 \cdot M_4 \cdot M_7 \\
&= \Pi(2,\ 4,\ 7)
\end{aligned}
$$

위 부울 함수에서 첫 줄은 부울 함수를 A, B, C 변수를 이용해 최대항으로 표현한 것이고, 두 번째 줄은 각 최대항을 기호로 표현한 것이다. 그리고 세 번째 줄에서 Π는 각 항의 곱(AND 연산)을 나타내는 기호이고, 괄호안의 (2, 4, 7)는 부울 함수 Y를 0로 만들어 주는 최대항에 해당하는 번호이다. 표 5-8은 3개의 변수를 통

하여 조합할 수 있는 최대항을 보여주고 있으며, 각 최대항을 기호로 간략하게 표현할 수 있다.

위 표현에서 알 수 있듯이 최소항은 진리표에서 부울 함수 Y를 논리 "1"로 하지만, 최대항은 반대로 부울 함수 Y를 논리 "0"으로 한다. 따라서 최소항과 최대항은 보수 관계에 있다.

이를 증명해 보면, 진리표에서

$$Y(A,\ B,\ C) = \sum(0,\ 1,\ 3,\ 5,\ 6)$$

이것에 대한 보수는,

$\overline{Y(A,\ B,\ C)} = \sum(2,\ 4,\ 7)$, 드모르강 정리에 의해서 Y를 구하면,

$$\begin{aligned} Y(A,\ B,\ C) &= \overline{\sum(2,\ 4,\ 7)} = \overline{\sum(m_2,\ m_4,\ m_7)} \\ &= \overline{m_2} \cdot \overline{m_4} \cdot \overline{m_7} = M_2 \cdot M_4 \cdot M_7 \\ &= \Pi(2,\ 4,\ 7) \end{aligned}$$

따라서 최소항과 최대항은 상호 보수 관계를 가지기 때문에, 최소항으로 구성된 정규형 부울 함수는 최대항으로 구성된 부울 함수에 보수를 취해서 구할 수 있다.

5.3.3 부울 식의 표준형 표현

디지털 시스템에서 부울 함수 표현은 위에서 살펴본 바와 같이 변수가 n개 일 때, 정규형은 각 항(최소항 또는 최대항)에 모든 변수가 모두 나열되는 경우이며, 또 다른 표현은 부울 함수 축약 등을 통하여 정규형을 간소화 한 것으로 각 항(최소항 또는 최대항)에 모든 변수가 모두 나열되지 않는 경우이다. 이 표현을 불함수의 표준형

이라 하며, 곱의 합(Sum of Product) 형태와 합의 곱(Product of Sum)을 가진다.

예를 들어,

$F(A,B,C) = \overline{A}B + C + \overline{B}C + ABC$ 인 경우 곱의 합 형태의 표준형이고,

$F(A,B,C) = (\overline{A} + B)C(\overline{B} + C)(A + B + C)$는 합의 곱 형태인 표준형이다.

$F(A,B,C) = (\overline{A} + B)C(\overline{B} + C)(AB + C)$인 경우 표준형이 아니며,

이는 $F(A,B,C) = (\overline{A} + B)C(\overline{B} + C)(A + C)(B + C)$으로 변경하여 표준형으로 표현할 수 있다.

예제 5-1

부울 함수 $Y(A,B,C) = \overline{A}BC + A + B\overline{C}$의 정규형을 구하시오.

해답

정규형은 부울 함수을 구성하는 최소항에 변수 A, B, C가 모두 있는 것을 말한다. 이를 구하기 위하여 변수가 채워지지 않은 최소항에 없는 변수를 고려하여 표현하면 다음과 같다.

$$
\begin{array}{llllllll}
Y(A,B,C) & = \overline{A}BC & + A & \_ & \_ & + & \_ & B\ \overline{C} \\
 & & & \overline{B} & \overline{C} & & \overline{A} & \\
 & & & \overline{B} & C & & A & \\
 & & & B & \overline{C} & & & \\
 & & & B & C & & &
\end{array}
$$

두 번째 최소항에는 변수 A만 있고 BC가 존재하지 않는다. 이 경우 BC가 가질

수 있는 경우의 수는 위에서와 같이 4가지가 되며, 세 번째 최소항에는 변수 A가 존재하지 않으며 A가 가질 수 있는 경우의 수는 2가지가 된다. 따라서 이것을 나열하면 다음과 같이 된다.

$$\begin{aligned} Y(A,B,C) &= \overline{A}BC + A\overline{B}\,\overline{C} + A\overline{B}C + AB\overline{C} + ABC + \overline{A}B\overline{C} + AB\overline{C} \\ &= \overline{A}BC + A\overline{B}\,\overline{C} + A\overline{B}C + AB\overline{C} + ABC + \overline{A}B\overline{C} \\ &= m_2 + m_3 + m_4 + m_5 + m_6 + m_7 \\ &= \sum(2,3,4,5,6,7) \end{aligned}$$

예제 5-2

부울 함수 $Y(A,B,C) = (\overline{A}+B+C)A(B+\overline{C})$의 정규형을 구하시오.

해답

정규형은 부울 함수를 구성하는 최대항에 변수 A, B, C가 모두 있는 것을 말한다. 이를 구하기 위하여 변수가 채워지지 않은 최대항에 없는 변수를 고려하여 표현하면 다음과 같다.

$$Y(A,B,C) = (\overline{A}+B+C)(A+\_+\_)(\_+B+\overline{C})$$

$$\begin{array}{ccc} \overline{B} & \overline{C} & \overline{A} \\ \overline{B} & C & A \\ B & \overline{C} & \\ B & C & \end{array}$$

두 번째 최대항에는 변수 A만 있고 BC가 없다. 이 경우 BC가 가질 수 있는 경우의 수는 위에서와 같이 4가지가 되며, 세 번째 최소항에는 변수 A가 없으며, A가 가질 수 있는 경우의 수는 2가지가 된다. 따라서 이것을 나열하면 다음과 같다.

$$
\begin{aligned}
Y(A,B,C) &= (\overline{A}+B+C)(A+\overline{B}+\overline{C})(A+\overline{B}+C)(A+B+\overline{C})(A+B+C)(A+B+\overline{C})(\overline{A}+B+\overline{C}) \\
&= (\overline{A}+B+C)(A+\overline{B}+\overline{C})(A+\overline{B}+C)(A+B+\overline{C})(A+B+C)(\overline{A}+B+\overline{C}) \\
&= M_0M_1M_2M_3M_4M_5 = \Pi(0,1,2,3,4,5)
\end{aligned}
$$

5.4 부울 함수의 간소화

주어진 부울 식으로부터 논리회로를 구성하기 위해서는 소요되는 게이트의 수를 최대로 줄여 신호의 전파지연과 전력소모를 최소화하는 것이 무엇보다 중요하다. 이와 같은 효과를 얻기 위한 방안은 부울 식을 간략화하는 것이다. 따라서 여기서는 부울 식을 간략화하기 위한 방법을 2가지 소개하도록 한다. 첫 번째는 앞에서 설명한 부울 대수의 기본법칙과 정리를 이용하여 부울 대수 식을 간략화하는 방법을 설명하고, 두 번째는 비교적 쉽고 체계적인 방법인 카르노 맵(Karnaugh Map)을 이용하는 방법을 알아보도록 한다.

5.4.1 부울 대수 기본법칙과 간략화

주어진 식이 논리회로로 구성되기 전에 가장 효율적으로 사용되기 위해서는 최대로 간략화된 형태로 만들어야 만 한다. 이를 위해 첫 번째 방법으로 부울 대수의 기본법칙과 정리를 활용하는 방법에 대해 알아보도록 한다. 예를 들어 다음 식을 간략화하여 논리회로를 구성해 보자.

$$
\begin{aligned}
Y &= \overline{A}B + \overline{A}\,\overline{B} && \text{: 결합법칙 적용} \\
&= \overline{A}(B+\overline{B}) && \text{: 정리 7 적용} \\
&= \overline{A} && \text{: 간략화된 식}
\end{aligned}
$$

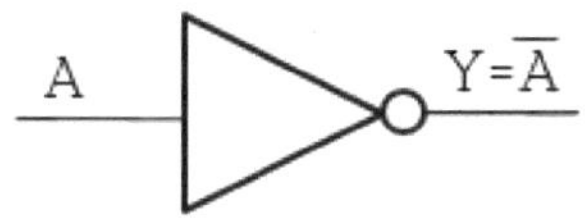

그림 5-2 간략화된 논리회로

예제 5-3

부울 함수 $Y(A, B, C) = \overline{A}\,\overline{B}\,\overline{C} + A\overline{B}C + A\overline{B}\,\overline{C} + AB\overline{C} + ABC$를 간략화 하여 논리 회로를 구성하시오.

해답

부울 함수를 간략화하기 위하여 항을 중복(정리 6, $A\overline{B} + A\overline{B} = A\overline{B}$)하여 사용할 수 있으며, 위식도 간략화하기 위하여 $A\overline{B}\,\overline{C}$을 중복하여 사용하여 간략화를 하였다.

$$
\begin{aligned}
Y(A, B, C) &= \overline{A}\,\overline{B}\,\overline{C} + A\overline{B}C + A\overline{B}\,\overline{C} + AB\overline{C} + ABC + A\overline{B}\,\overline{C} \\
&= \overline{B}\,\overline{C}(A + \overline{A}) + AC(B + \overline{B}) + A\overline{C}(B + \overline{B}) \\
&= \overline{B}\,\overline{C} + AC + A\overline{C} = \overline{B}\,\overline{C} + A(C + \overline{C}) = A + \overline{B}\,\overline{C}
\end{aligned}
$$

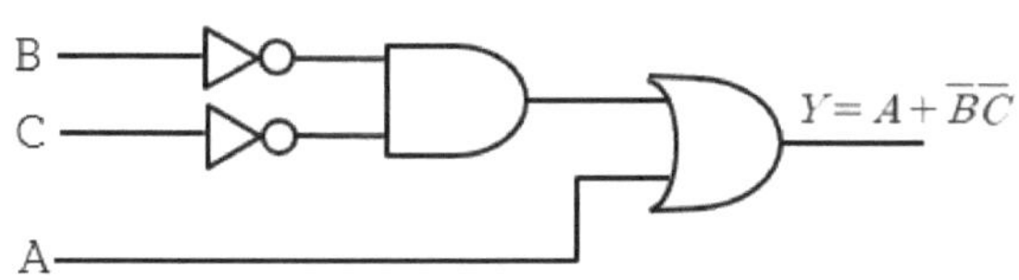

그림 5-3 간략화된 논리회로

예제 5-4

부울 함수 $Y(A, B, C, D) = \overline{A}B\overline{C}D + \overline{A}BCD + A\overline{B}\,\overline{C}D + A\overline{B}CD$을 간략화 하여

논리 회로를 구성하시오.

해답

$$\begin{aligned} Y(A, B, C, D) &= \overline{A}B\overline{C}D + \overline{A}BCD + A\overline{B}\,\overline{C}D + A\overline{B}CD \\ &= \overline{A}BD(C + \overline{C}) + A\overline{B}D(C + \overline{C}) \\ &= \overline{A}BD + A\overline{B}D = D(\overline{A}B + A\overline{B}) = D(A \oplus B) \end{aligned}$$

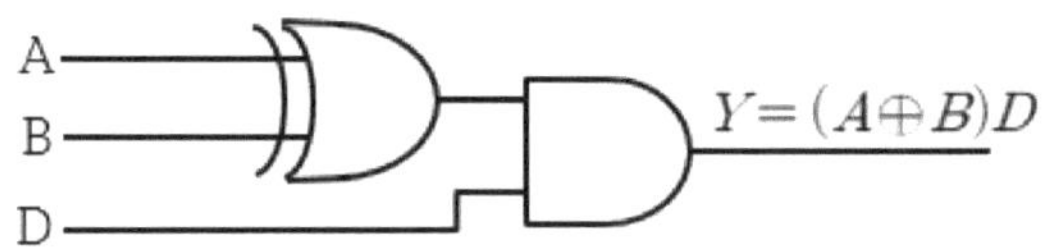

그림 5-4 간략화된 논리회로

예제 5-5

부울 함수 $Y = \overline{A}\,\overline{B}\,\overline{C}\,\overline{D} + \overline{A}B\overline{C}\,\overline{D} + AB\overline{C}\,\overline{D} + A\overline{B}\,\overline{C}\,\overline{D} + \overline{A}\,\overline{B}C\overline{D}$

$+ \overline{A}BC\overline{D} + ABC\overline{D} + A\overline{B}C\overline{D} + \overline{A}\,\overline{B}CD + \overline{A}BCD$ 을 간략화 하여 논리 회로를 구성하시오.

해답

위 식에서 간략화하기 위하여 항을 중복해서 사용할 수 있기 때문에 문제에서 $\overline{A}\,\overline{B}C\overline{D}$항과 $\overline{A}BC\overline{D}$항을 첨가하여 중복 사용하였고, 이를 통하여 간략화된 식에서 $\overline{A}C\overline{D}$항을 중복하여 사용하여 간략화 하였다.

$$
\begin{aligned}
Y(A, B, C, D) &= \overline{A}\,\overline{B}\,\overline{C}\,\overline{D} + \overline{A}B\overline{C}\,\overline{D} + AB\overline{C}\,\overline{D} + A\overline{B}\,\overline{C}\,\overline{D} + \overline{A}\,\overline{B}C\overline{D} \\
&\quad + \overline{A}BC\overline{D} + ABC\overline{D} + A\overline{B}C\overline{D} + \overline{A}BCD + \overline{A}\,\overline{B}C\overline{D} + \overline{A}BC\overline{D} \\
&= \overline{A}\,\overline{C}\,\overline{D}(B+\overline{B}) + A\overline{C}\,\overline{D}(B+\overline{B}) + \overline{A}C\overline{D}(B+\overline{B}) \\
&\quad + BC\overline{D}(A+\overline{A}) + \overline{B}C\overline{D}(A+\overline{A}) + \overline{A}CD(B+\overline{B}) \\
&= \overline{A}\,\overline{C}\,\overline{D} + A\overline{C}\,\overline{D} + \overline{A}C\overline{D} + BC\overline{D} + \overline{B}C\overline{D} + \overline{A}CD + \overline{A}C\overline{D} \\
&= \overline{C}\,\overline{D}(A+\overline{A}) + \overline{A}\,\overline{D}(A+\overline{A}) + C\overline{D}(B+\overline{B}) + \overline{A}C(D+\overline{D}) \\
&= \overline{C}\,\overline{D} + \overline{A}\,\overline{D} + C\overline{D} + \overline{A}C = \overline{D}(C+\overline{C}+\overline{A}) + \overline{A}C \\
&= \overline{D}(1+\overline{A}) + \overline{A}C = \overline{D} + \overline{A}C
\end{aligned}
$$

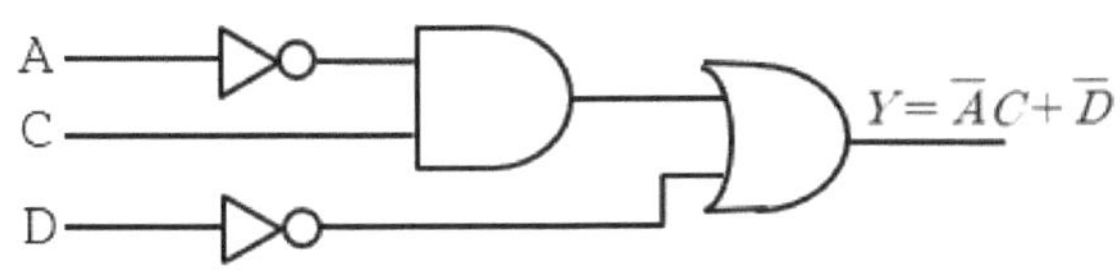

그림 5-5 간략화된 논리회로

예제 5-6

부울 함수 $Y(A,B,C,D) = \overline{A}\,\overline{B}\,\overline{C}\,\overline{D} + \overline{B}CD + A\overline{B}\,\overline{C}\,\overline{D} + A\overline{B}C\overline{D} + \overline{A}\,\overline{B}C\overline{D}$ 을 간략화 하여 논리 회로를 구성하시오.

해답

위 식에서 간략화하기 위하여 항을 중복해서 사용할 수 있기 때문에 문제에서 $\overline{A}\,\overline{B}C\overline{D}$항과 $A\overline{B}C\overline{D}$항을 첨가하여 중복 사용하였다.

$$
\begin{aligned}
Y(A,B,C,D) &= \overline{A}\,\overline{B}\,\overline{C}\,\overline{D} + \overline{B}CD + A\overline{B}\,\overline{C}\,\overline{D} + A\overline{B}C\overline{D} + \overline{A}\,\overline{B}C\overline{D} \\
&= \overline{A}\,\overline{B}\,\overline{C}\,\overline{D} + \overline{B}CD(A+\overline{A}) + A\overline{B}\,\overline{C}\,\overline{D} + A\overline{B}C\overline{D} + \overline{A}\,\overline{B}C\overline{D} \\
&= \overline{A}\,\overline{B}\,\overline{C}\,\overline{D} + A\overline{B}CD + \overline{A}\,\overline{B}CD + A\overline{B}\,\overline{C}\,\overline{D} + A\overline{B}C\overline{D} + \overline{A}\,\overline{B}C\overline{D}
\end{aligned}
$$

$$
\begin{aligned}
&= \overline{A}\,\overline{B}\,\overline{C}\,\overline{D} + A\overline{B}CD + \overline{A}\,\overline{B}CD + A\overline{B}\,\overline{C}\,\overline{D} + A\overline{B}C\overline{D} + \overline{A}\,\overline{B}C\overline{D} \\
&\quad + \overline{A}\,\overline{B}C\overline{D} + A\overline{B}C\overline{D} \\
&= \overline{A}\,\overline{B}\,\overline{D}(C + \overline{C}) + A\overline{B}\,\overline{D}(C + \overline{C}) + A\overline{B}C(D + \overline{D}) \\
&\quad + \overline{A}\,\overline{B}C(D + \overline{D}) = \overline{A}\,\overline{B}\,\overline{D} + A\overline{B}\,\overline{D} + A\overline{B}C + \overline{A}\,\overline{B}C \\
&= \overline{B}\,\overline{D}(B + \overline{B}) + \overline{B}C(A + \overline{A}) = \overline{B}\,\overline{D} + \overline{B}C = \overline{B} \\
&= \overline{B}(\overline{D} + C)
\end{aligned}
$$

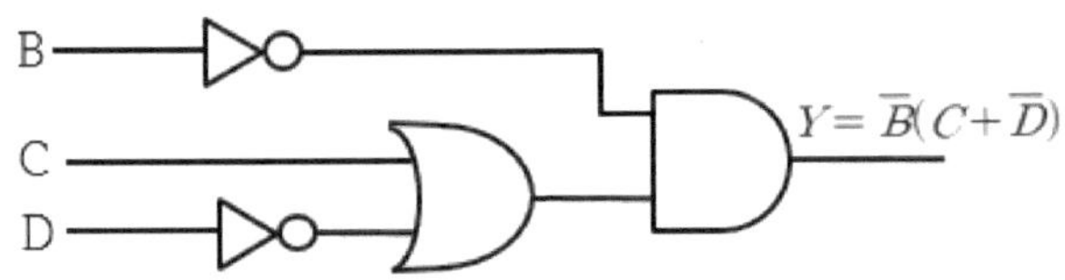

그림 5-6 간략화된 논리회로

5.5 카르노 맵(Karnaugh's map)을 이용한 부울 함수 간소화

부울 함수를 부울 대수학적인 방법으로 수행한 경우, 일정한 체계적인 방법을 통한 최적화된 간소화가 이루어질 수 없다. 부울 함수를 논리 게이트를 통하여 회로로 구현하는 경우, 구현 비용은 사용된 논리 게이트 종류 및 개수, 그리고 입력 수에 의존한다. 따라서 이들 요소를 최소화하기 위하여 체계적이고 효율적인 방법이 필요하다. 카르노 맵은 복잡한 부울 식을 최소화하기 위한 아주 체계적이고 간편한 방식이므로 유용하게 사용된다. 카르노 맵은 논리회로 설계에서 4개의 변수 까지 포함하는 식에 주로 많이 이용된다.

카르노 맵의 구성 및 형태 예를 그림 5-7에서와 같이 2개 변수인 경우를 고려하였다. 2개의 변수이기 때문에 총 4개(2^2=4) 항으로 구성되며, 카르노 맵의 구성은 4개 항을 나타내는 4개의 인접 셀(cell) 배열로 구성되고, 각각의 셀들은 변수들의 곱 형태로 나타낸다. 특히 인접한 셀들의 변수들은 오직 한 변수만 서로 다르게 구성된다. 이와 같은 구성은 3변수, 4변수에서도 동일하게 적용된다.

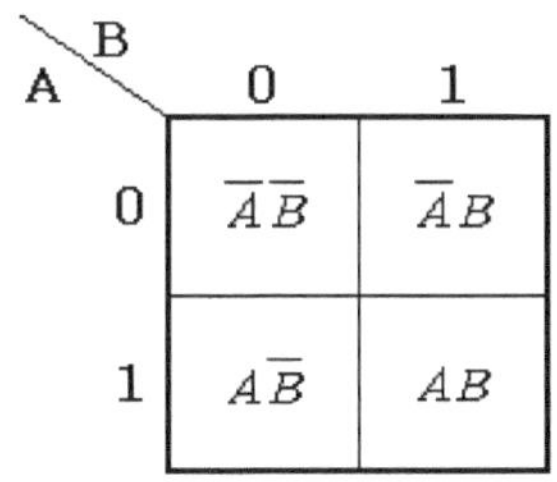

그림 5-7 카르노 맵 구성 및 형태 예 (2비트인 경우)

이와 같인 카르노 맵은 부울 함수를 간소화하기 위하여 진리표를 도식적으로 나타내는 방법으로 변수의 개수가 2개, 3개, 그리고 4개인 경우에 주로 사용된다. 카르노 맵은 부울 대수 규칙에서 $A+\overline{A}=1$와 같은 형태를 찾기 위하여 도식적인 방법을 사용한다. 이를 위하여 n개의 변수로 된 최소항 또는 최대항을 나타내기 위하여 2^n개의 사각형 셀이 필요하다. 좌우 및 상하로 구성된 인접된 사각형 셀들은 변수값들이 단지 하나만 차이가 나도록 최소항 또는 최대항을 배치한다. 그림 5-8은 각 변수에 따른 카르노 맵의 구성을 나타낸 것이다. 1변수, 2변수, 3변수, 4변수, 그리고 5 변수를 고려하였다.

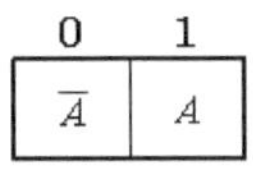

(1) 1-변수

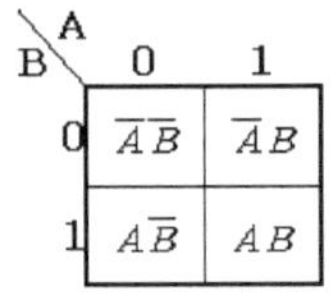

(2) 2-변수

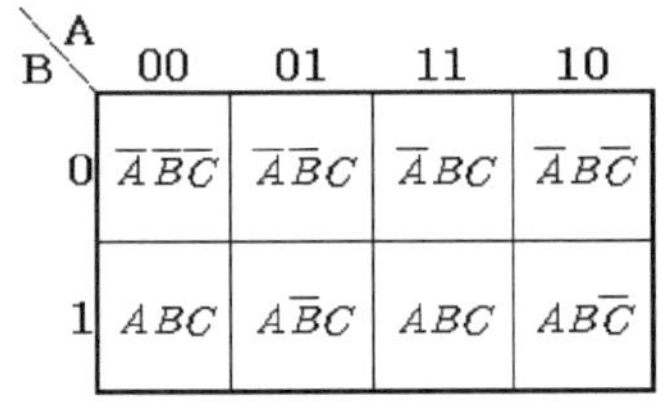

(3) 3-변수

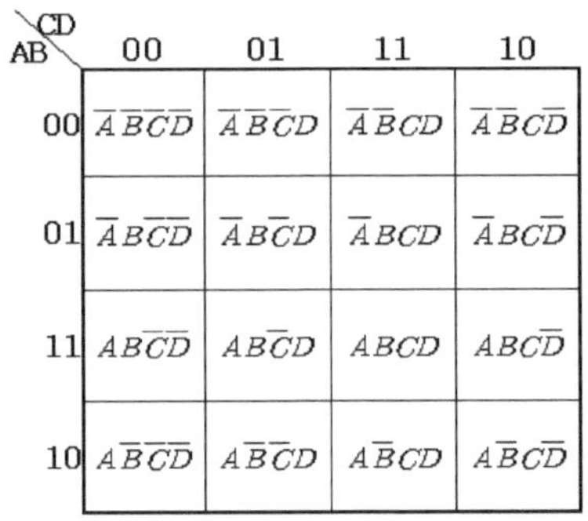

(4) 4-변수

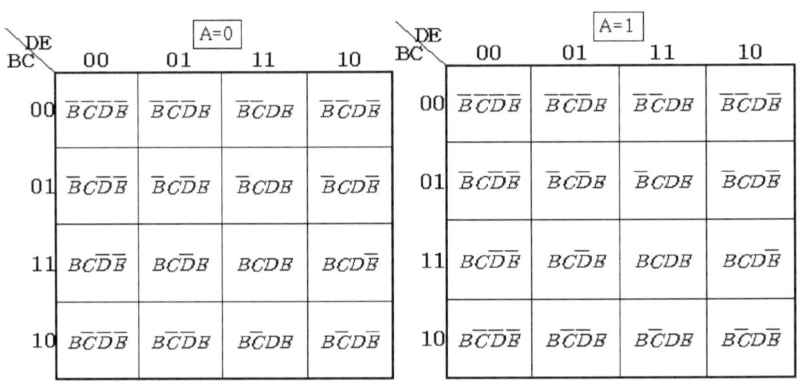

(5) 5-변수

그림 5-8 변수에 따른 카르노 맵 구성 및 형태

5.5.1 불 식의 카르노 맵 표기

주어진 곱의 합 형태로 주어진 부울 식의 각 항들을 해당 셀에 1을 표기하여 맵을 구성한다. 예를 들어 설명하면 4-변수로 구성된 부울 식이 다음과 같이 주어질 경우 식의 각 항에 대한 맵 상의 표기는 그림 5-9와 같이 표기할 수 있다.

$$
\begin{aligned}
Y = {} & \overline{A}B\overline{C}D + \overline{A}BCD + AB\overline{C}D + ABCD + \overline{A}B\overline{C}\,\overline{D} \\
& + \overline{A}BC\overline{D} + AB\overline{C}\,\overline{D} + ABC\overline{D} + \overline{A}\,\overline{B}\,\overline{C}D + \overline{A}\,\overline{B}CD + A\overline{B}CD
\end{aligned}
$$

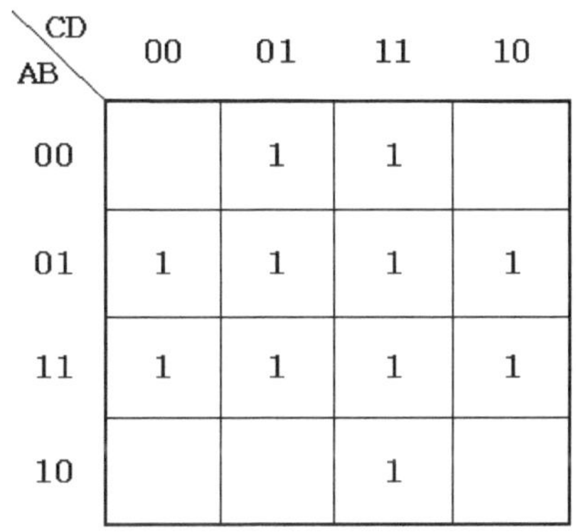

AB \ CD	00	01	11	10
00		1	1	
01	1	1	1	1
11	1	1	1	1
10			1	

그림 5-9 변수에 따른 카르노 맵 구성 및 형태

5.5.2 셀 그룹화

주어진 식을 간소화하기 위해 다음 규칙에 따라 "1"이 표기되어 있는 셀들을 그림과 같이 묶어 준다.

표 5-10 셀 그룹화 규칙

셀 그룹화 규칙	특 징
"1"을 포함하는 인접 셀 들을 확인	인접 셀이란? 오직 한 변수만 다른 이웃하는 셀들
인접하는 셀 내의 "1"들을 묶음	묶는 단위: 1, 2, 4, 8 또는 16개 단위로 묶음
가능한 "1"을 많이 포함하는 단위를 선택	2개 인접: 변수 1개 줄어듬 4개 인접: 변수 2개 줄어듬 8개 인접: 변수 3개 줄어듬
셀내의 모든 "1"들은 묶음에 최소한 한번은 포함되어야 함	각 묶음에 중복해서 포함될 수 있음

그림 5-10은 표 5-10의 규칙에 따라 "1"의 값을 가진 인접한 셀을 묶은 것이다. 3개의 묶음이 있는데 묶음은 중복될 수 있다. ①은 인접 셀 4개의 묶음이고, ②는 접 셀 8개의 묶음이고, 그리고 ③은 또 다른 형태의 인접 셀 4개의 묶음이다.

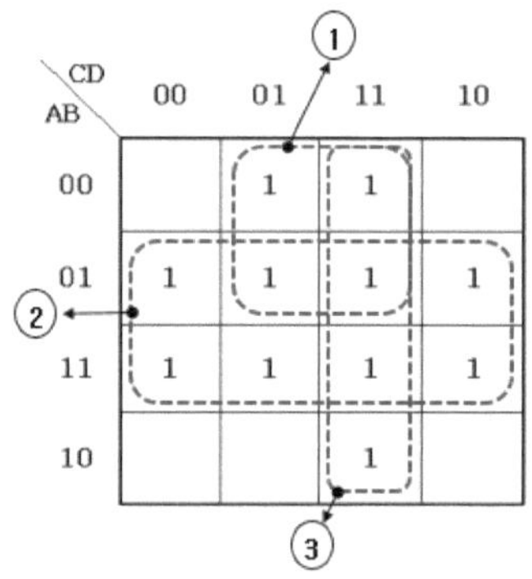

그림 5-10 인접 셀들의 1들을 묶음

5.5.3 비트수에 따른 카르노 맵

2변수를 카르노 맵으로 나타내기 위해서 $2^2 = 4$개의 사각형 셀이 필요하며, 각 사각형 셀은 하나의 최소항 또는 최대항에 해당된다. 우선 최소항에 대하여 곱의 합 형태를 고려하면 그림 5-11과 같이 최소항 표기와 기호 표기로 나타낼 수 있다.

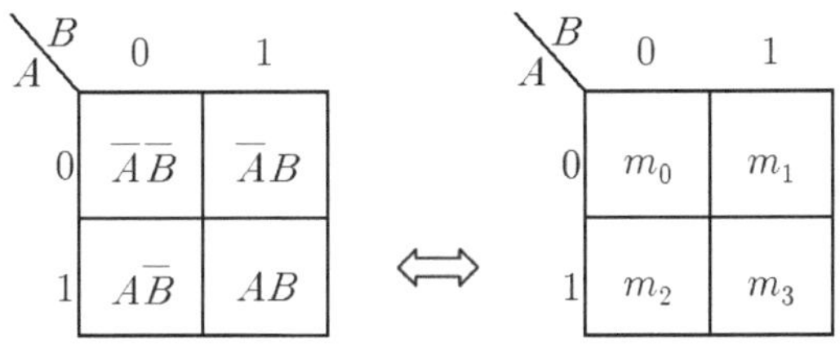

(a) 최소항 표기 (b) 기호 표기

그림 5-11 최소항에 대하여 곱의 합 형태

2비트인 경우 최대항에 대하여 합의 곱 형태를 고려하면 그림 5-12와 같이 최대항 표기와 기호 표기로 나타낼 수 있다.

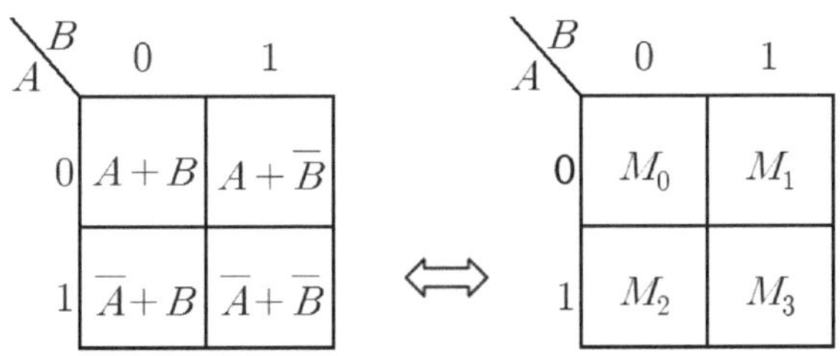

(a) 최대항 표기 (b) 기호 표기

그림 5-12 최대항에 대하여 합의 곱 형태

2비트인 경우 다음 부울 함수 예를 들어보면,

$$Y=\overline{A}\,\overline{B}+A\overline{B}=m_0+m_2=\sum(0,\ 2)$$

우선 이 부울 함수를 카르노 맵에 다음과 같이 표시한다. 카르노 맵에 표시된 부울 함수에 대하여 1로 표시된 인접한 항 끼리 2, 4, 8 .... 단위 (2^n, $n=0,1,2.....,$)로 묶는다. 그림 5-13의 (b)는 2개의 최소항이 묶어진 것이다.

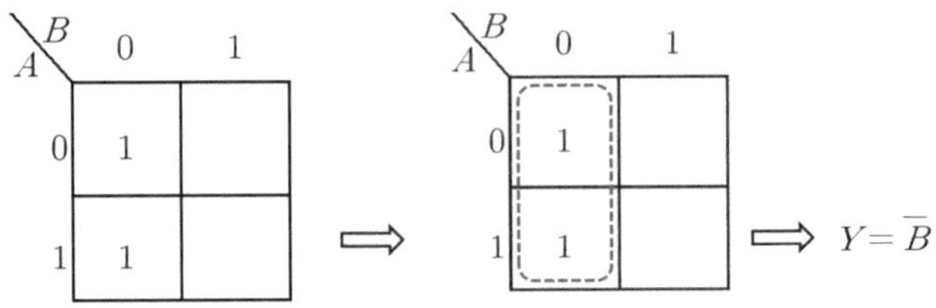

(a) 최소항 표기 (b) 인접한 1 묶음

그림 5-13 2비트인 경우 카르노 맵에 부울 함수 표시

윗 그림 (b)에서 묶음 내용을 보면 변수 B는 0으로 변함이 없고 변수 A는 0에서 1로 변하였다. 따라서 변수 B는 0으로 변함이 없기 때문에 $\overline{B}$가 되고, 변수 A는 $A+\overline{A}$ 형태를 갖기 때문에 1이 된다. 따라서 위 부울 함수는 $Y=\overline{B}$가 된다. 이를 증명해 보면, $Y=\overline{A}\,\overline{B}+A\overline{B}=\overline{B}(A+\overline{A})$가 된다.

최대항에 대하여 합의 곱 형태인 부울 함수 $Y=(A+B)(\overline{A}+B)=M_0+M_2=\Pi(0,2)$을 고려하자. 최대항은 최소항의 보수가 되기 때문에 부울 함수에 나타난 각 최대항에 대하여 그림 5-14와 같이 0으로 표시된다.

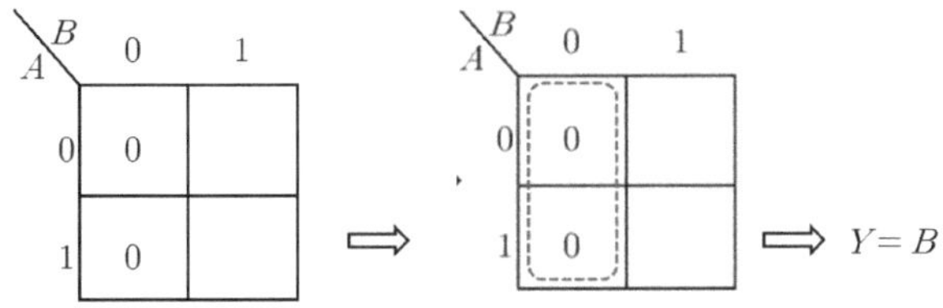

(a) 최소항 표기　　　(b) 인접한 1 묶음

그림 5-14 2비트인 경우 카르노 맵에 부울 함수 표시

카르노 맵에 표시된 부울 함수에 대하여 0으로 표시된 인접한 항 끼리 묶는다. 그림 b)에서는 묶음 내용을 보면 변수 B는 0으로 변함이 없고 변수 A는 0에서 1로 변하였다. 따라서 변수 B는 0으로 변함이 없기 때문에 B($\overline{B}$의 보수)가 된다. 변수 A는 $A+\overline{A}$ 형태를 갖기 때문에 1이 된다. 따라서 위 부울 함수는 $Y=B$ 가 된다. 이를 증명해 보면,

$Y=(A+B)(\overline{A}+B)=A\overline{A}+AB+\overline{A}B+BB=B(A+\overline{A}+1)=B$ 이다.

3 변수인 경우, 카르노 맵을 나타내기 위하여 $2^3=8$개의 사각형 셀이 필요하며, 각 셀은 하나의 최소항 또는 최대항에 해당된다. 3비트인 경우 최소항에 대하여 곱의 합 형태를 고려하면 그림 5-15와 같이 최소항 표기와 기호 표기로 나타낼 수 있다.

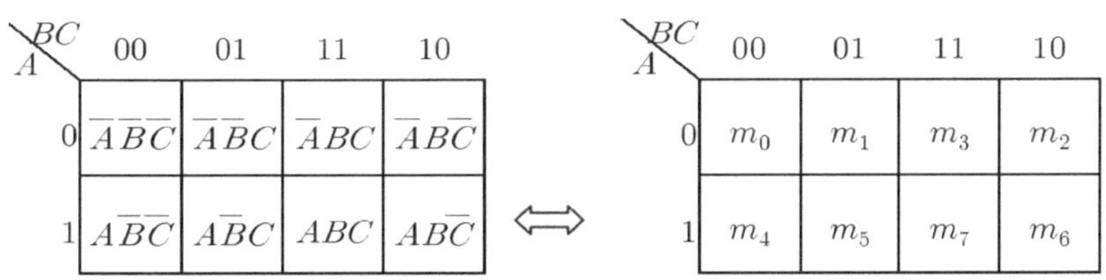

(a) 최소항 표기　　　(b) 기호 표기

그림 5-15 3변수(비트) 최소항에 대하여 곱의 합 형태

3비트인 경우 최대항에 대하여 합의 곱 형태를 고려하면 그림 5-16과 같이 최대

항 표기와 기호 표기로 나타낼 수 있으며, 최소항의 보수 형태를 가지고 있다.

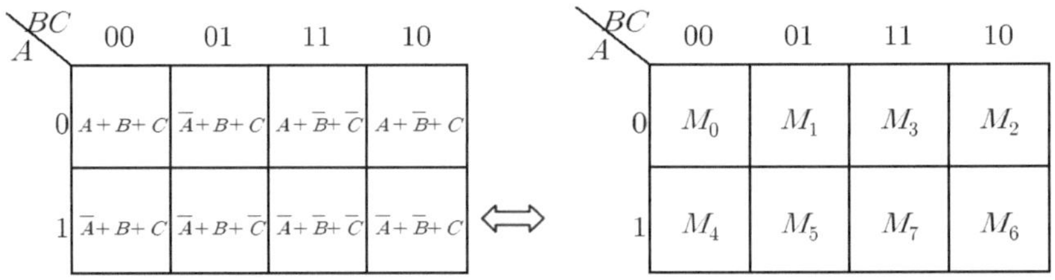

(a) 최대항 표기 (b) 기호 표기

그림 5-16 3변수(비트) 최대항에 대하여 합의 곱 형태

3비트인 경우 다음 부울 함수 $Y = A\overline{B}C + ABC = m_5 + m_7 = \Sigma(5,\ 7)$을 예를 들면, 그림 5-17과 같이 카르노 맵에 구성된다.

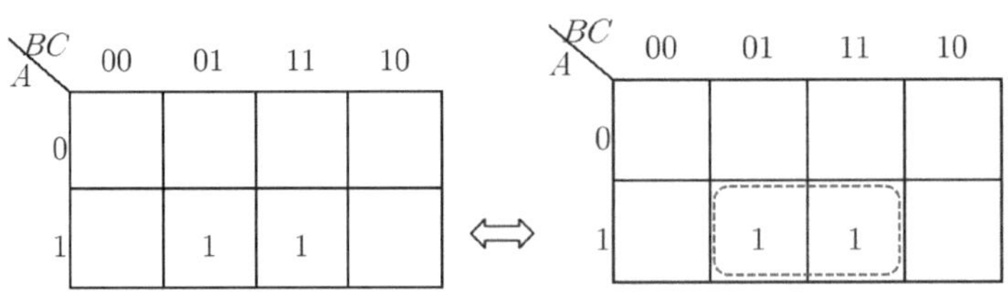

(a) 최소항 표기 (b) 인접한 1 묶음

그림 5-17 3비트인 경우 카르노 맵에 부울 함수 표시

윗 그림 (b)에서는 묶음 내용을 보면 변수 A는 1로 변함이 없고 변수 BC는 01에서 11인데, 변수 B는 0에서 1로 변하였고, 변수 C는 1로 변함이 없다. 따라서 변하지 않은 것만 곱의 형태로 쓰면 AC이다. 부울 함수는 $Y = AC$로 간소화 된다. 이를 증명해 보면, $Y = A\overline{B}C + ABC = AC(B + \overline{B}) = AC$가 된다.

또 다른 예로, $Y = \overline{A}\,\overline{B}\,\overline{C} + \overline{A}\,\overline{B}C + A\overline{B}\,\overline{C} + A\overline{B}C = m_0 + m_1 + m_4 + m_5 = \Sigma(0,\ 1, 4,\ 5)$ 을 카르노 맵을 이용하여 간소화하면, 그림 5-18과 같이 카르노

맵상에 구성된다.

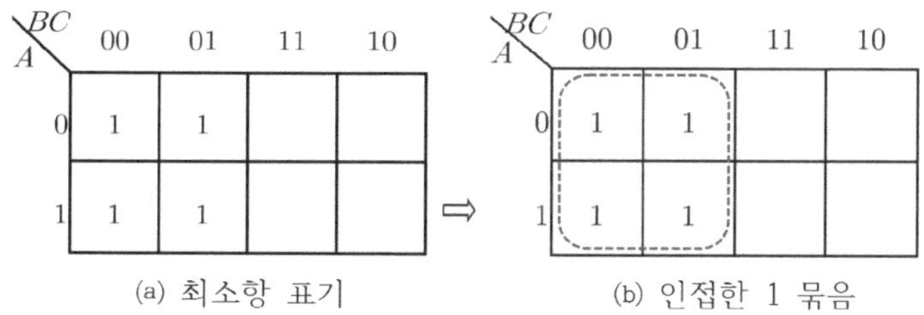

그림 5-18 3비트인 경우 카르노 맵에 부울 함수 표시

윗 그림 (b)에서는 4개의 사각형 셀을 묶었는데, 내용을 보면 변수 A는 0에서 1로 변하여서 $A+\overline{A}$ 형태를 가진다. BC는 00에서 01인데, 변수 B는 0으로 변함이 없고, 변수 C는 0에서 1로 변하였다. 따라서 변하지 않은 것만 곱의 형태로 쓰면 $\overline{B}$이다. 불식은 $Y=\overline{B}$로 간소화 된다.

예제 5-7

회로 동작이 다음 진리표와 같이 주어졌을 때 출력 부울 함수를 카르노 맵을 이용하여 간소화 하시오.

표 5-11 진리표

입력	출력
$A\ B\ C$	Y
0 0 0	1
0 0 1	0
0 1 0	1
0 1 1	1
1 0 0	1
1 0 1	0
1 1 0	1
1 1 1	1

해답

이 회로의 출력 부울 함수는 $Y(A,\ B,\ C) = \sum(0,\ 2,\ 3, 4,\ 6,\ 7)$ 으로 카르노 맵에 표기를 하면 그림 5-19와 같으며, 두 개의 묶음이 생성되었다. 묶음 (1)을 보면 변수 A는 0에서 1로 변하였고, 변수 B는 0에서 1로 변하였고, 변수 C는 0으로 변함이 없다. 묶음 (2)를 보면 변수 A는 0에서 1로 변하였고, 변수 B는 1로 변함이 없고, 변수 C는 0에서 1로 변하였다. 각 묶음에서 변하지 않은 것을 곱의 형태로 표현하고 각 묶음에 대한 항을 합의 형태로 한다. 따라서 묶음 (1)은 $\overline{C}$이고, 묶음 (2)는 B로 간소화된 부울 함수는 $Y(A,\ B,\ C) = B + \overline{C}$ 이다.

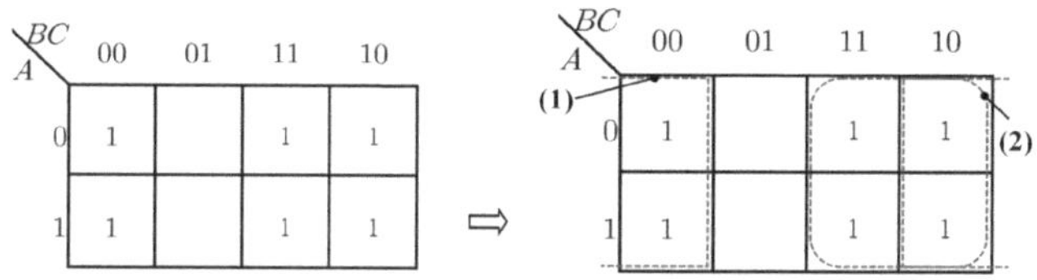

(a) 최소항 표기 (b) 인접한 1 묶음

그림 5-19 3비트 예

예제 5-8

$Y(A,B,C)=\overline{A}\,\overline{B}\,\overline{C}+A\overline{B}C+A\overline{B}\,\overline{C}+AB\overline{C}+ABC$을 카르노 맵을 이용하여 간략화 하여라.

해답

3-변수 카르노 맵을 구성하여 곱의 항들을 해당하는 셀에 "1"을 표기하여 인접하는 "1"들을 규칙에 따라 최대의 단위로 묶은 후 각각의 묶음에 대해 변화하지 않는 변수들을 찾아내어 곱의 합 형태로 나타낸다.

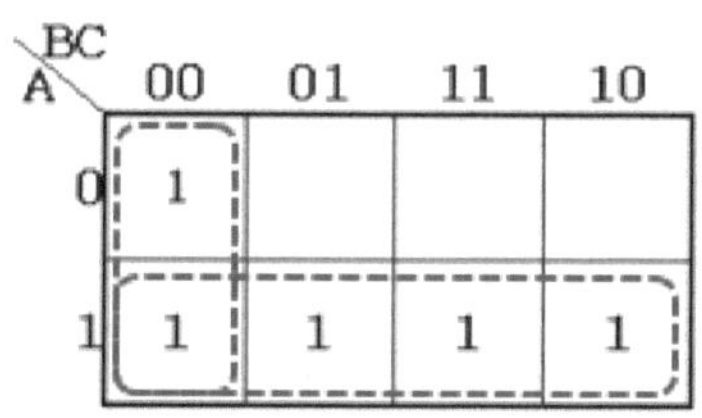

$Y(A,B,C)=A+\overline{B}\,\overline{C}$

그림 5-20 3비트 카르노 맵 적용

4 비트인 경우, 카르노 맵을 나타내기 위하여 $2^4=16$개의 사각형 셀이 필요하며,

각 사각형 셀은 하나의 최소항 또는 최대항에 해당된다. 4비트의 최소항에 대하여 곱의 합 형태를 고려하면 그림 5-21과 같이 최소항 표기과 기호 표기로 나타낼 수 있다.

AB \ CD	00	01	11	10
00	$\overline{A}\,\overline{B}\,\overline{C}\,\overline{D}$	$\overline{A}\,\overline{B}\,\overline{C}D$	$\overline{A}\,\overline{B}CD$	$\overline{A}\,\overline{B}C\overline{D}$
01	$\overline{A}B\overline{C}\,\overline{D}$	$\overline{A}B\overline{C}D$	$\overline{A}BCD$	$\overline{A}BC\overline{D}$
11	$AB\overline{C}\,\overline{D}$	$AB\overline{C}D$	$ABCD$	$ABC\overline{D}$
10	$A\overline{B}\,\overline{C}\,\overline{D}$	$A\overline{B}\,\overline{C}D$	$A\overline{B}CD$	$A\overline{B}C\overline{D}$

(a) 최소항 표기

AB \ CD	00	01	11	10
00	m_0	m_1	m_3	m_2
01	m_4	m_5	m_7	m_6
11	m_{12}	m_{13}	m_{15}	m_{14}
10	m_8	m_9	m_{11}	m_{10}

(b) 기호 표기

그림 5-21 4(비트) 최소항에 대하여 곱의 합 형태

4비트인 경우 다음 부울 함수 $Y=\sum(0,\ 1,\ 2, 3,\ 4,\ 5,\ 6,\ 7,\ 9,\ 11,\ 13,\ 15)$ 을 예를 들면, 그림 5-22에서와 같이 카르노 맵에 구성된다.

AB \ CD	00	01	11	10
00	1	1	1	1
01	1	1	1	1
11		1	1	
10		1	1	

(a) 최소항 표기

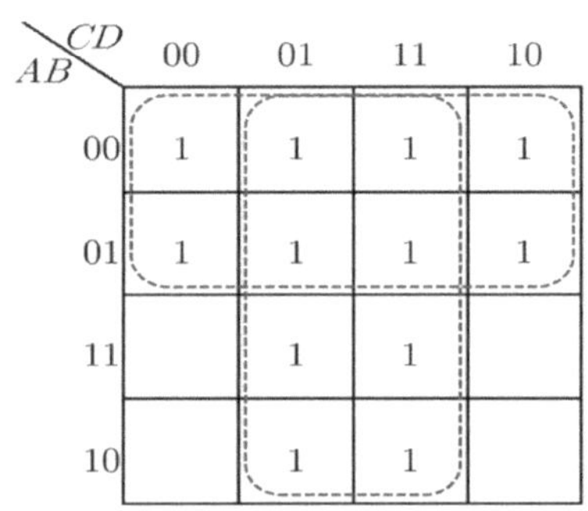

(b) 카노맵 표기

그림 5-22 4비트인 경우 카르노 맵 적용

위 그림 (b)에서 2개의 8개 사각형 셀을 묶었는데, 내용을 보면 우선 가로로 묶인 8개의 사각형 셀을 보면, 변수 AB는 00에서 01로 변하는데, 변수 A는 0으로 변하지 않고, 변수 B는 0에서 1로 변하였다. 변수 CD는 00→01→11→10으로 변하고 있는데, 변수 C는 0→0→1→1 로 변하고, 변수 D는 0→1→1→0로 변한다. 즉, 변수 C와 D 각각은 0→1 또는 1→0으로 변한다. 세로로 묶인 8개의 사각형 셀을 보면, 변수 AB는 00→01→11→10으로 변하고 있다. 이 경우 변수 A는 0→0→1→1 로 변하고 변수 B는 0→1→1→0로 변한다. 즉, 변수 A와 B 각각은 0→1 또는 1→0으로 변한다. 그리고 변수 CD는 01에서 11로 변하는데, 변수 C는 0에서 1로 변하고, 변수 D는 1로 변하지 않는다. 따라서 변하지 않는 것만 곱의 합 형태로 표현하면, 가로로 묶인 8개의 사각형 셀은 $\overline{A}$이고, 세로로 묶인 8개의 사각형 셀은 D이다. 간략 화된 부울 함수 $Y=\overline{A}+D$ 이다.

예제 5-9

부울 함수가 카르노 맵에 다음과 같이 표기 되었을 때 이를 간소화 하시오.

AB \ CD	00	01	11	10
00	1			1
01	1	1	1	1
11		1	1	
10	1			1

그림 5-23 카르노 맵상에 부울 함수 표기

해답

카르노 맵에 표기된 출력 부울 함수를 2^n의 항으로 묶어서 정리하면, 그림 5-24에서와 같이 3개의 묶음이 생성된다. 묶음 (1)에서, 변수 AB는 01로 변함이 없고, 변수 CD는 00→01→11→10으로 변하고 있는데, 변수 C는 0→0→1→1 로 변하고, 변수 D는 0→1→1→0로 변한다. 즉, 변수 C와 D 각각은 0→1 또는 1→0으로 변한다. 따라서 변수 C와 D는 각각 $(C+\overline{C})$와 $(D+\overline{D})$ 형태를 취한다. 묶음 (2)에서, 변수 AB는 01에서 11로 변화하는데, 변수 A는 0에서 1로 변하였고, 변수 B는 1로 변함이 없다. 변수 CD는 01에서 11로 변화하는데, 변수 C는 0에서 1로 변하였고, 변수 D는 1로 변함이 없다. 사각형의 모서리로 구성된 묶음 (3)에서, 변수 AB는 00에서 10으로 변화하는데, 변수 A는 0에서 1로 변하고, 변수 B는 0으로 변함이 없다. 변수 CD는 00에서 10으로 변화하는데, 변수 C는 0에서 1로 변하고, 변수 D는 0으로 변함이 없다. 각 묶음에서 변하지 않은 변수를 곱의 형태로 표현하면, 묶음 (1)은 $\overline{A}B$, 묶음 (2)는 BD, 그리고 묶음 (3)은 $\overline{B}\overline{D}$가 되며, 각 묶음의 간소화된 항을 합의 형태로 표현하면 $Y=\overline{A}B+BD+\overline{B}\overline{D}$가 된다.

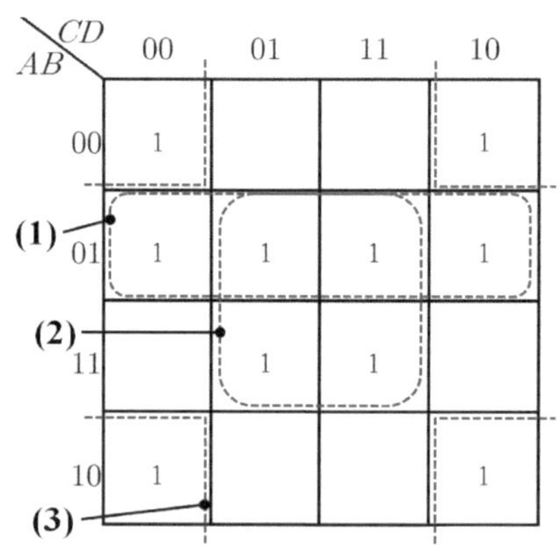

그림 5-24 카르노 맵상에 묶음 구성

예제 5-10

$Y(A,B,C,D)+\overline{A}B\overline{C}D+\overline{A}BCD+A\overline{B}\,\overline{C}D+A\overline{B}CD$을 카르노 맵을 이용하여 간략화 하여라.

해답

4-변수 카르노 맵을 구성하여 인접하는 1들을 각각 2개 단위로 묶은 후 각각의 묶음에 대해 변화하지 않는 변수들을 찾아내어 곱의 합 형태로 나타낸다.

AB \ CD	00	01	11	10
00				
01		1	1	
11				
10		1	1	

$$Y(A,B,C,D)=\overline{A}BD+A\overline{B}D=$$
$$=(\overline{A}B+A\overline{B})D=(A\oplus B)D$$

그림 5-25 카르노 맵에 의한 간략화된 식

예제 5-11

다음 식을 카르노 맵을 이용하여 간략화 하여라.

$$Y(A,B,C,D)=\overline{A}\,\overline{B}\,\overline{C}\,\overline{D}+\overline{A}B\overline{C}\,\overline{D}+AB\overline{C}\,\overline{D}+A\overline{B}\,\overline{C}\,\overline{D}+\overline{A}\,\overline{B}C\overline{D}$$
$$+\ \overline{A}BC\overline{D}+ABC\overline{D}+A\overline{B}C\overline{D}+\overline{A}\,\overline{B}CD+\overline{A}BCD$$

해답

4-변수 카르노 맵을 구성하여 인접하는 1들을 규칙에 따라 4개 및 8개의 단위로 묶은 후 각각의 묶음에 대해 변화하지 않는 변수들을 찾아내어 곱의 합 형태로 나타낸다.

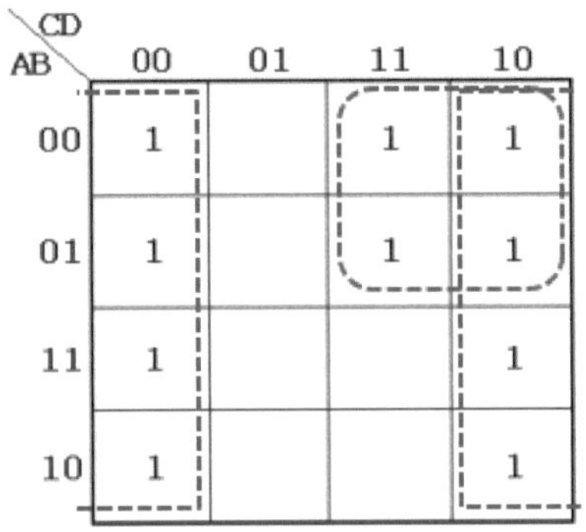

$$Y(A,B,C,D) = \overline{D} + \overline{A}C$$

그림 5-26 카르노 맵에 의한 간략화된 식

예제 5-12

다음 식을 카르노 맵을 이용하여 간략화 하여라.

$$Y(A,B,C,D) = \overline{A}\,\overline{B}\,\overline{C}\,\overline{D} + \overline{B}CD + A\overline{B}\,\overline{C}\,\overline{D} + A\overline{B}C\overline{D} + \overline{A}\,\overline{B}C\overline{D}$$

해답

4-변수 카르노 맵을 구성하여 인접하는 1들을 규칙에 따라 4개 단위로 묶은 후 각각의 묶음에 대해 변화하지 않는 변수들을 찾아내어 곱의 합 형태로 나타낸다.

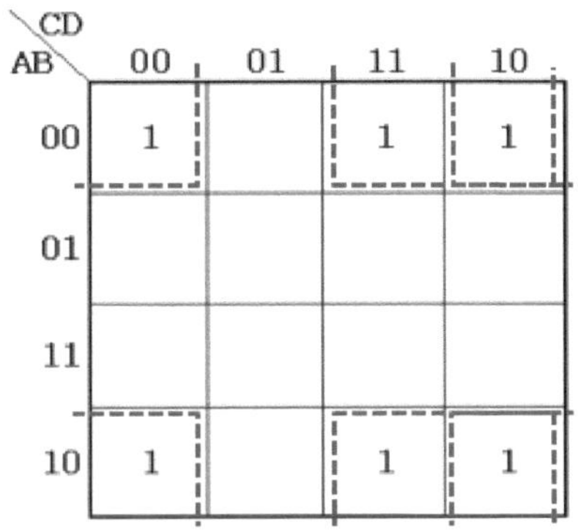

$$Y(A,B,C,D) = \overline{B}\,\overline{D} + \overline{B}C = \overline{B}(\overline{D} + C)$$

그림 5-27 카르노 맵에 의한 간략화된 식

5.5.4 무의항(Don't Care)을 적용한 카르노 맵

부울 함수 표현에서 어떤 입력 조합에 대하여 출력이 명시되지 않는 부울 함수는 불 완전하게 명시된 함수라 한다. 이와 같이 부울 함수에서 명시되지 않은 최소항을 무의항 (Don't Care) 조건이라 한다. 이와 같은 Don't Care는 특정 최소항이 출력 Y를 0또는 1이 되게 할 수 있는 것으로 카르노 맵에서 X로 표시하며, 카르노 맵에서 인접한 1의 묶음에 무의항이 포함될 수도 또는 되지 않을 수도 있다. 또한 이 조건은 논리 회로의 간소화에 중요한 역할을 수행한다.

그림 5-28은 부울 함수 $Y = \Sigma(0,\ 2,\ 4, 6,\ 8) + d(10,\ 11,\ 12,\ 13,\ 14, 15)$ 을 보여주고 있다. 이 부울 함수는 무의항 m_{10}, m_{11}, m_{12}, m_{13}, m_{14}, m_{15}을 포함하고 있다. 그림 5-28의 (b)에서와 같이 무의항을 포함하여 묶음을 만든다. 무의항은 출력에 아무런 영향을 미치지 않기 때문에 부울 함수를 간소화하는데 효율적으로 사용될 수 있다. 무의항을 포함하여 간소화된 결과는 $Y(A,\ B,\ C,\ D) = \overline{D}$ 이다.

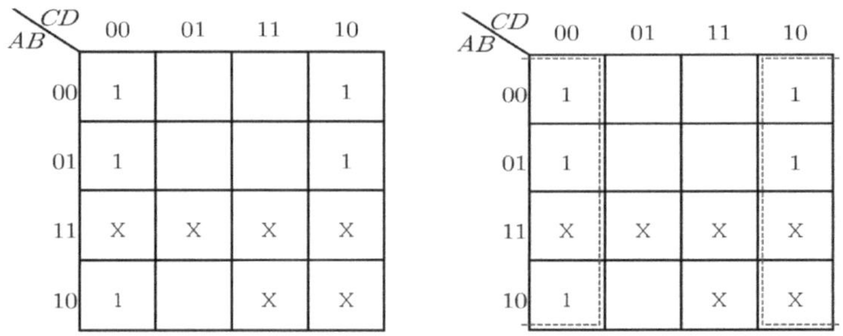

(a) 카노맵에 Don't care 표시 (b) Don't Care 적용

그림 5-28 카르노 맵에 Don't Care 적용 예

예제 5-13

$F(A, B, C, D) = \sum(1, 3, 7, 11, 15) + d(0, 2, 5)$ 을 카르노 맵을 이용하여 간소화 하라.

해답

Don't Care를 포함한 부울 함수를 카르노 맵에 표현하면 그림 5-29 (a)와 같고, 무의항을 포함하여 묶음을 구성해 간소화를 해보면 그림 5-29의 (b), (c)와 같이 될 수 있다.

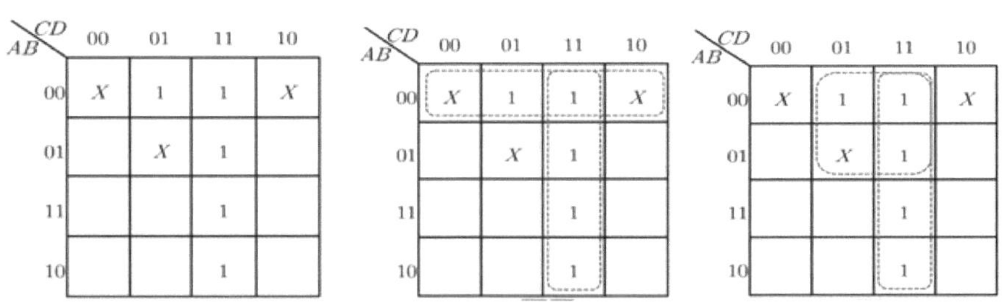

(1) 무의항 표시 (2) $F = \overline{A}\,\overline{B} + CD$ (3) $F = \overline{A}D + CD$

그림 5-29 Don't Care 적용 예

예제 5-14

다음 BCD 코드 중 짝수가 입력되는 경우 해당 LED가 점등되는 회로를 구현하라.

표 5-12 BCD 코드 예

입력				출력	입력				출력
A	B	C	D	Y	A	B	C	D	Y
0	0	0	0	1	1	0	0	0	1
0	0	0	1	0	1	0	0	1	0
0	0	1	0	1	1	0	1	0	X
0	0	1	1	0	1	0	1	1	X
0	1	0	0	1	1	1	0	0	X
0	1	0	1	0	1	1	0	1	X
0	1	1	0	1	1	1	1	0	X
0	1	1	1	0	1	1	1	1	X

해답

출력은 $Y = \Sigma(0,\ 2,\ 4, 6,\ 8) + d(10,\ 11,\ 12,\ 13,\ 14, 15)$ 이다. BCD코드는 0~9까지이고, 나머지 6개 (1010, 1011, 1100, 1101, 1110, 1111)는 사용되지 않기 때문에 출력에 영향을 미치지 않는다. 이와 같이 출력에 영향을 미치지 않은 것을 무의항으로 처리한다. 이 출력 부울 함수를 카르노 맵에 표현하면 그림 5-30 (a)와 같고, 무의항을 포함하여 묶음을 구성해 간소화해 보면 그림 5-30 (b)와 같다.

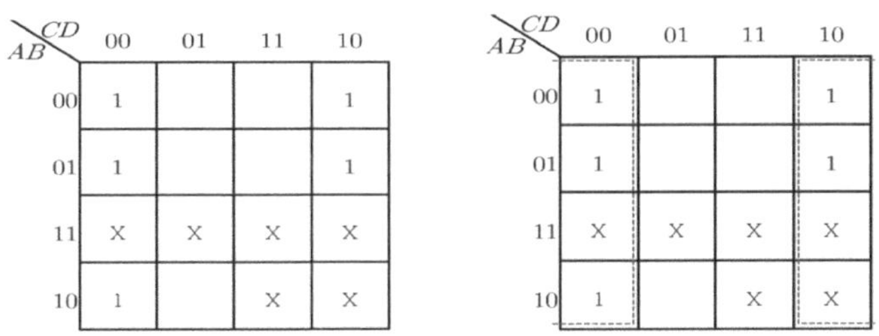

(a) 카노맵에 Don't care 표시　　(b) $Y = \overline{D}$

그림 5-30 BCD 코드 적용 예

5.5.5 카르노 맵에서 부울 함수 최적화

부울 함수를 카르노 맵의 사각형 셀에 표기한 후 인접한 1을 묶는 방법에 따라 같은 간략화된 부울 함수도 다양하다. 인접한 1을 묶을 때 중복하여 묶을 수 있기 때문에 서로 다른 묶음에 동일 셀에 있는 1이 서로 다른 묶음에 겹칠 수도 있고 그러지 않을 수도 있다.

그림 5-31는 3비트 부울 함수에 대한 카르노 맵을 보여주고 있다. 이 그림에서는 2개의 묶음 (1)과 (2)가 생성되었다. 이와 같은 각각의 묶음을 주항(Prime Applicant)이라 한다. 원으로 표시된 1은 주항 (1)과 (2)에 모두 속해 있고, 육각형으로 표시된 1은 주항 (1)과 (2)에 각각 독립적으로 존재한다. 따라서 원으로 표시된 1은 주항 1 또는 2에서 사용되기 때문에 어느 주항에서는 반드시 포함하지 않아도 된다. 그러나 육각형으로 표시된 1은 각각의 주항에 반드시 포함되어야 하는 항이다. 이와 같은 항을 필수항(Essential Term)이라하며, 필수항을 포함하고 있는 주항을 필수 주항(Essential Prime Applicant)이라 하며 부울 함수에 반드시 포함되어야 한다. 따라서 이 경우는 부울 함수가 간소화된 두 개의 항으로 구성되며, $Y=\overline{A}C+\overline{B}C$가 된다.

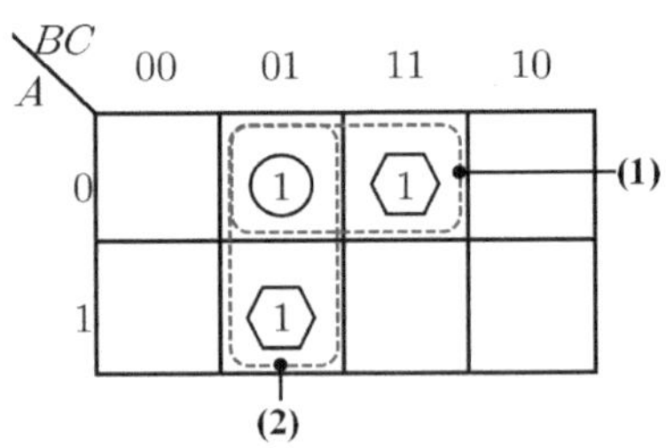

그림 5-31 카르노 맵에서 2개의 필수 주항이 있는 경우

또 $F(A, B, C) = \overline{A}\,\overline{B}\,\overline{C} + \overline{A}\,\overline{B}C + \overline{A}B\overline{C} + \overline{A}BC + A\overline{B}\,\overline{C} + A\overline{B}C + AB\overline{C}$을 예를 들면, 그림 5-32는 이 부울 함수에 대한 카르노 맵을 보여준다. 이 그림에서는 3개의 주항 (1)(2)(3)이 생성되었다. 원으로 표시된 1은 각 주항에 독립적으로 포함되고, 나머지 1은 다른 주항과 중복된다. 결과적으로 $Y(A, B, C) = \overline{A} + \overline{B} + \overline{C}$로 3개의 항으로 표현된다.

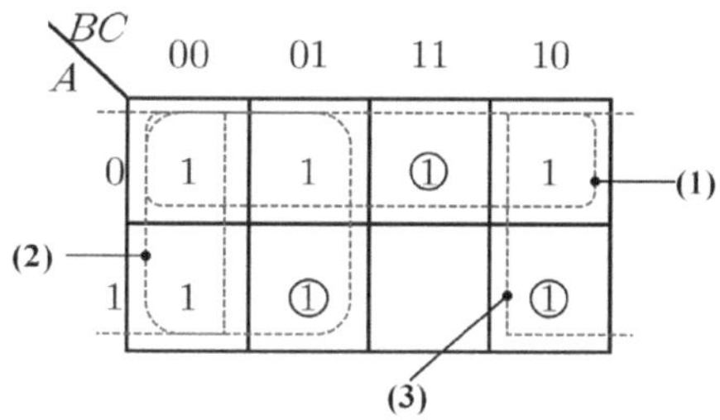

그림 5-32 카르노 맵에서 3개의 필수 주항이 있는 경우

또 $F(A, B, C) = \overline{A}\,\overline{B}\,\overline{C} + \overline{A}\,\overline{B}C + \overline{A}B\overline{C} + \overline{A}BC + A\overline{B}\,\overline{C} + A\overline{B}C + AB\overline{C}$을 예를 들면, 그림 5-33은 이 부울 함수에 대한 카르노 맵이며, 5개의 주항 (1)(2)(3)(4)(5)이 생성되었다. 이 경우 모든 1은 다른 주항과 겹치고 있어, 필수 항이 없게 되어 필수 주항도 없는 상태이다.

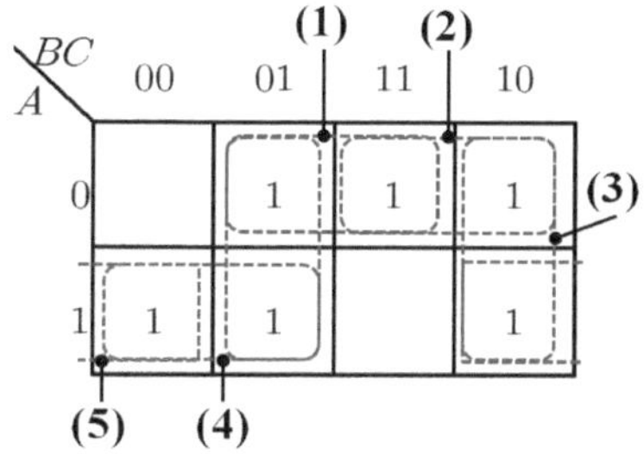

그림 5-33 카르노 맵에서 필수항과 필수주항이 없는 경우

따라서 필수 주항도 없는 경우 그림 5-34과 같이 여러 방법으로 묶어서 간소화할 수 있다. 이와 같은 경우 동작은 같지만 부울 함수가 달리 표현되며, 둘 중 하나를 사용하면 된다.

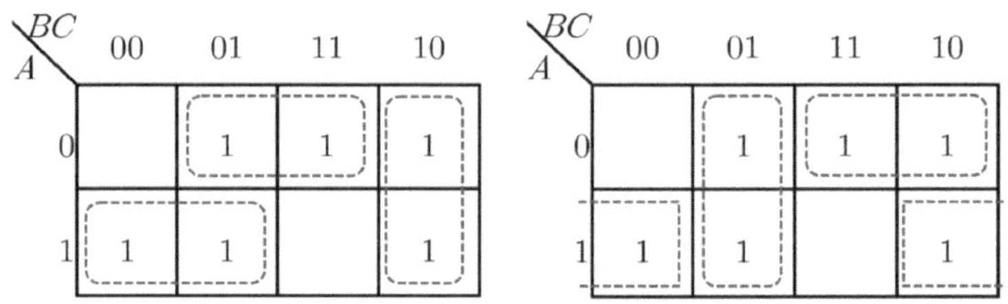

(a) $F=\overline{A}C+A\overline{B}+B\overline{C}$ (b) $F=\overline{A}B+A\overline{C}+\overline{B}C$

그림 5-34 필수주항이 없는 경우 간소화

5.5.6 표준형 카르노 맵에 표시하기

표준형으로 표현된 부울 함수는 함수를 구성한 각 항에 변수가 모두 포함되지 않는 경우를 말한다. 표준형을 정규형으로 변환하기 위해선 표준형의 각항에 빠져있는 변수의 모든 경우의 수를 고려하여 전개하면 된다.

예를 들어 $Y(A,\ B,\ C)=A+B\overline{C}$ 을 고려하면, 첫 항에는 변수 B와 C가 빠져있다. 빠져있는 변수가 가질 수 있는 경우의 수를 모두 고려하면 $\overline{B}\,\overline{C}$, $\overline{B}C$, $B\overline{C}$, 그리고 BC이다. 그리고 두 번째 항에는 변수 A가 빠져있다. 빠져 있는 변수가 가질 수 있는 경우의 수를 모두 고려하면 $\overline{A}$와 A이다. 이를 고려하여 부울 함수를 정규형으로 표현하면, $Y(A,\ B,\ C)=A\overline{B}\,\overline{C}+A\overline{B}C+AB\overline{C}+ABC+\overline{A}B\overline{C}$ 로 표현된다. 이를 카르노 맵을 통하여 표시해 보면 다음과 같다. 첫 번째 항에서 변수 A는 1을 갖는다. 따라서 카르노 맵에서 변수 A가 1인 항을 고려하고 빠져있는 변수 B

와 C는 $\overline{B}\overline{C}$, $\overline{B}C$, $B\overline{C}$, 그리고 BC를 갖는다. 이를 카르노 맵에 표시해 보면 (1)과 같다. 그리고 두 번째 항에서 변수 B와 C는 1과 0을 갖는다. 따라서 변수 $BC=10$ 영역에서, 빠져있는 변수 A은 1 또는 0을 갖는다. 이를 카르노 맵에 표현하면 (2)와 같다.

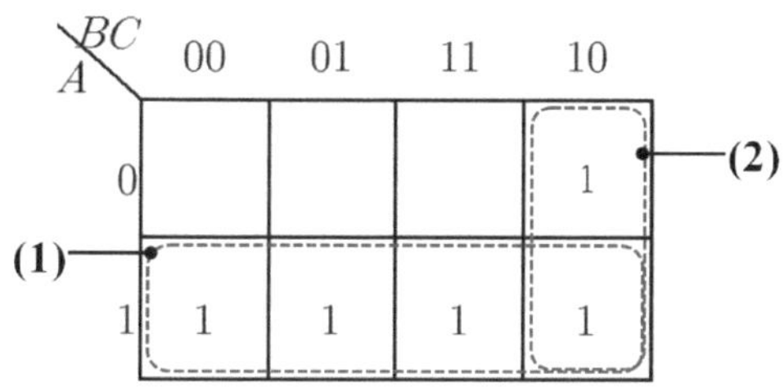

그림 5-35 카르노 맵에 표준형 표시 (최소항)

예제 5-15

다음 표준형으로 표현된 부울 함수를 카르노 맵에 표시하라.

$Y(A,\ B,\ C)=(A+\overline{B})(A+C)$

해답

첫 번째 최대항에는 변수 C가 빠져있다. 따라서 변수 C가 가질 수 있는 경우의 수는 0($\overline{C}$)과 1(C)이다. 그리고 두 번째 최대항에는 변수 B가 빠져있다. 따라서 변수 B가 가질 수 있는 경우의 수도 0($\overline{B}$)과 1(B)이다. 이를 반영하여 부울 함수를 정리하면, $Y(A,\ B,\ C)=(A+\overline{B}+\overline{C})(A+\overline{B}+C)(A+B+C)$이다. 표준형을 카르노 맵상에 표현해 보면, 첫 번째 최대항은 변수 $A=0$(보수), $B=1$(보수)을 가지고 변수 C는 0또는 1를 갖는다. 이를 카르노 맵에 표현하면 (1)과 같다. 두 번째 최대항은 변수 $A=0$(보수), $C=0$(보수)가지고 변수 B는 0또는 1를 갖는다. 이를 카르노 맵에 표현하면 (2)과 같다.

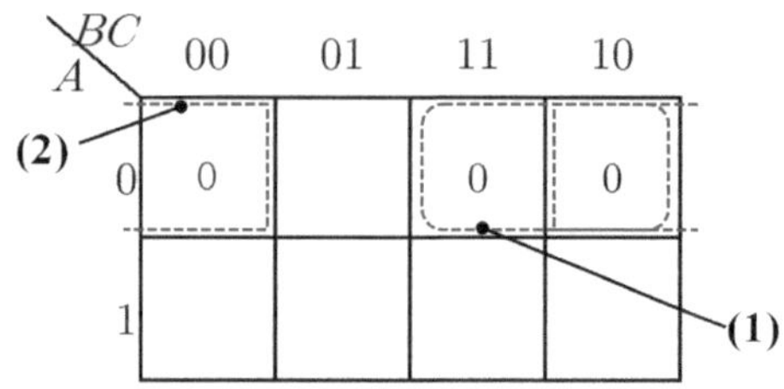

그림 5-36 카르노 맵에 표준형 표시(최대항)

5.6 Quine-McClusky 방법

부울 함수를 간소화시키는 방법으로 부울 대수 규칙을 이용한 방법, 카르노 맵을 이용하는 방법을 알아보았다. 카르노 맵은 변수가 2개, 3개, 그리고 4개일 때 사용할 수 있으며, 변수가 5개 이상일 때 사각형 셀이 급격히 늘어나 인접한 1을 묶는 과정상 어려움이 있다. 따라서 이를 극복하기 위한 것으로 Tabular Method 방법인 Quine-McClusky(QM) 방법을 사용한다. 이는 입력 변수가 5개 이상인 경우 도표를 이용하여 $\overline{A}+A=1$형태를 찾아 부울 함수를 간소화시켜 나가는 방법이다.

QM 방법은 다음과 같이 카르노 맵에서와 같은 특징을 가지고 있다.

(1) 인접한 1을 $2^n(n=0,\ 1,\ 2,\ ....)$의 개수로 묶는다. 이를 PI(Prime Implicants)라 한다.

(2) PI중 다른 PI와 중복되지 않은 한 개 이상의 최소항을 보유하는 PI가 있으면,

이 PI를 EPI(Essential Prime Implicants)라 한다. 이 PI는 부울 함수에 반드시 포함되어야 한다.

다음은 QM 방법을 통하여 부울 함수를 간소화 시키는 과정을 나타낸 것이다.

(1) 단계 1 : 주어진 부울 함수의 최소항에서 같은 개수의 1을 가진 최소항을 같은 그룹으로 분류한다. 즉, 4변수 최소항 $A\overline{B}C\overline{D}$는 1의 개수가 2개로 구성된다. 이와 같이 같은 개수의 1을 가진 최소항을 같은 그룹으로 분류한다.

(2) 단계 2 : Matching 단계로 상하 그룹에 있는 모든 최소항을 서로 비교하여 1개의 변수만 다른 것이 있으면 이들 최소항을 결합시키고 체크 표시(√)를 한다. 이는 상하 그룹에서 $\overline{A}+A=1$ 행태를 찾아 간소화시켜 나가는 과정이다. 이때 1개의 변수가 간소화된다.

(3) 단계 3 : 단계 2를 통하여 생성된 새로운 그룹의 상하를 비교하여 같은 위치에 제거된 변수가 있는 항 끼리 비교하여 1개의 변수만 다르면 이 두 개항을 결합하고 체크 표시를 한다.

(4) 단계 3을 결합되는 항이 없을 때까지 반복하여 수행한다.

(5) 더 이상 결합되지 않는 경우 결합 과정에서 결합되지 않은 항 모두 PI가 되며, 이를 부울 함수로 나타낸다.

$Y=\overline{A}\,\overline{B}\,\overline{C}\,\overline{D}+\overline{A}\,\overline{B}C\overline{D}+\overline{A}B\overline{C}\,\overline{D}+\overline{A}B\overline{C}D+\overline{A}BC\overline{D}+\overline{A}BCD+A\overline{B}\,\overline{C}\,\overline{D}+ABC\overline{D}$
$+ABCD$을 예를 들면, 다음과 같은 순서를 통하여 구해진다.

① 우선 최소항의 변수의 1의 개수별로 그룹을 나눈다. 즉, 1이 없는 것, 1개인

것, 2개인 것, 3개인 것, 그리고 4개인 것으로 그룹을 나눈다.

② 첫 번째 간소화를 위하여 나누어진 그룹중 인접한 그룹에서 한 비트만 다른 것을 찾는다. 이는 $A+\overline{A}=1$의 형태가 있는 지 체크하기 위한 것이다. 일치되는 항은 체크 표시(√)를 한다.

③ 두 번째 간소화를 위하여 첫 번째 간소화된 부분에서 상하 그룹에서 같은 위치에 제거된 변수가 있는 항 끼리 비교하여 한 비트만 다른 것을 찾는다. 일치되는 항은 체크 표시(√)를 한다.

④ 더 이상 간소화할 수 없으면, 간소화중 또는 마지막에 체크되지 않은 항을 부울 함수로 표시한다. 간소화되어 중복되는 경우 하나만 취급한다. 이와 같은 항이 주항이 되며, $Y=\overline{B}\,\overline{C}\,\overline{D}+\overline{A}\,\overline{D}+\overline{A}B+BC$가 된다.

표 5-13 QM 방법을 이용한 부울 함수 간소화

그룹		최소항	체크	첫 번째 간소화		체크	두 번째 간소화		체크
1의 개수	항	$A\ B\ C\ D$		일치	$A\ B\ C\ D$		일치	$A\ B\ C$	
0	0	0 0 0 0	√	(0,2) (0,4) (0,8)	0 0 _ 0 0 _ 0 0 _ 0 0 0	√ √ *	(0,2,4,6) (0,4,2,6)	0 _ _ 0 0 _ _ 0	*
1	2 4 8	0 0 1 0 0 1 0 0 1 0 0 0	√ √ √	(2,6) (4,5) (4,6)	0 _ 1 0 0 1 0 _ 0 1 _ 0	√ √ √	(4,5,6,7) (4,6,5,7)	0 1 _ _ 0 1 _ _	*
2	5 6	0 1 0 1 0 1 1 0	√ √	(5,7) (6,7) (6,14)	0 1 _ 1 0 1 1 _ _ 1 1 0	√ √ √	(6,7,14,15) (6,14,7,15)	_ 1 1 _ _ 1 1 _	* *
3	7 14	0 1 1 1 1 1 1 0	√ √	(7,15) (14,15)	_ 1 1 1 1 1 1 _	√ √			
4	15	1 1 1 1	√						

위에서 구한 것을 카르노 맵을 이용하여 검증하면 다음과 같다. 위에서 주어진 부울 함수를 진리표로 표현 하면 표 5-14과 같다. 진리표를 카르노 맵에 표시하고 인접한 1의 항을 묶으면 그림 5-37에서와 같이 4개의 묶음이 생성된다. 묶음 (1)에서 항 $m_5(\overline{A}B\overline{C}D)$가 어느 묶음과도 중복되지 않고, 묶음 (2)에서는 항 $m_{14}(ABC\overline{D})$와 $m_{15}(ABCD)$가 어느 다른 묶음과도 중복되지 않고, 묶음 (3)에서 항 m_2가 어느 다른 묶음과도 중복되지 않고, 묶음 (4)에서는 항 m_8이 어느 묶음과도 중복되지 않는다. 이와 같이 중복되지 않는 최소항을 포함하는 주항을 필수주항으로 간소화되는 부울 함수에 반드시 포함되어야 한다. 따라서 결과는 $Y=\overline{B}\,\overline{C}\,\overline{D}+\overline{A}\,\overline{D}+\overline{A}B+BC$가 된다.

표 5-14 진리표

입력	출력
$A\ B\ C\ D$	Y
0 0 0 0	1
0 0 0 1	0
0 0 1 0	1
0 0 1 1	0
0 1 0 0	1
0 1 0 1	1
0 1 1 0	1
0 1 1 1	1
1 0 0 0	1
1 0 0 1	0
1 0 1 0	0
1 0 1 1	0
1 1 0 0	0
1 1 0 1	0
1 1 1 0	1
1 1 1 1	1

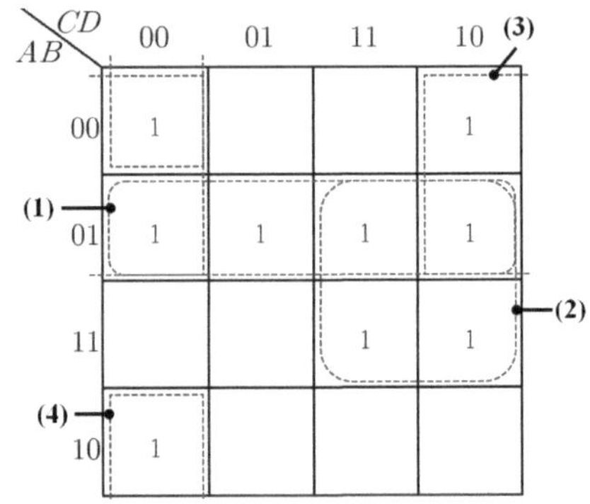

그림 5-37 카르노 맵에 부울 함수 표시

예제 5-16

부울 함수 $Y = \Sigma(0,1,5,8,9,12,13) + d(10,11,14,15)$를 QM방법을 이용하여 간소화하라.

해답

일단 부울 함수에서 1의 개수에 따라 최소항을 그룹화하고, 인접 그룹간 일치 여부를 체크한다. 이때 일치 여부는 최소항 사이에 단지 1비트만 차이가 나는 항을 찾는 것이다. 이와 같은 과정을 통하여 비교되어 일치되는 항에 체크 표시(√)를 하여 첫 번째 간소화를 하고, 두 번째 간소화도 첫 번째 간소화된 영역에서 그룹간 일치 여부를 체크한다. 이때 상하 그룹에서 같은 위치에 제거된 변수가 있는 항 끼리 비교하여 한 비트만 다른 것을 찾는다.

표 5-15 QM 방법을 이용한 부울 함수 간소화(1단계)

그룹		최소항	체크	첫 번째 간소화		체크	두 번째 간소화		체크
1의 개수	항	*A B C D*		일치	*A B C D*		일치	*A B C D*	
0	0	0 0 0 0	√	(0,1) (0,8)	0 0 0 _ _ 0 0 0	√ √	(0,1,8,9) (0,8,1,9)	_ 0 0 _ _ 0 0 _	
1	1 8	0 0 0 1 1 0 0 0	√ √	(1,5) (1,9) (8,9) (8,10) (8,12)	0 _ 0 1 _ 0 0 1 1 0 0 _ 1 0 _ 0 1 _ 0 0	√ √ √ √ √	(1,5,9,13) (1,9,5,13) (8,9,10,11) (8,9,12,13) (8,10,9,11) (8,10,12,14) (8,12,9,13) (8,12,10,14)	_ _ 0 1 _ _ 0 1 1 0 _ _ 1 _ 0 _ 1 0 _ _ 1 _ _ 0 1 _ 0 _ 1 _ _ 0	
2	5 9 10 12	0 1 0 1 1 0 0 1 1 0 1 0 1 1 0 0	√ √ √ √	(5,13) (9,11) (9,13) (10,11) (10,14) (12,13) (12,14)	_ 1 0 1 1 0 _ 1 1 _ 0 1 1 0 1 _ 1 _ 1 0 1 1 0 _ 1 1 _ 0	√ √ √ √ √ √ √	(9,11,13,15) (9,13,11,15) (10,11,14,15) (10,14,11,15) (12,13,14,15) (12,14,13,15)	1 _ _ 1 1 _ _ 1 1 _ 1 _ 1 _ 1 _ 1 1 _ _ 1 1 _ _	
3	11 13 14	1 0 1 1 1 1 0 1 1 1 1 0	√ √ √	(11,15) (13,15) (14,15)	1 _ 1 1 1 1 _ 1 1 1 1 _	√ √ √			
4	15	1 1 1 1	√						

두 번째 간소화된 부분에서 중복된 것을 하나로 고려해서 다시 정리 하면 다음과 같다. 따라서 체크되지 않은 필수주항을 나열하면 $Y = A + \overline{B}\overline{C} + \overline{C}D$ 이다.

표 5-16 QM 방법을 이용한 부울 함수 간소화(2단계)

두 번째 간소화		체크	세 번째 간소화		체크
일치	*A B C D*				
(0,1,8,9) (0,8,1,9)	. 0 0 _	*			
(1,5,9,13) (1,9,5,13) (8,9,10,11) (8,10,9,11) (8,9,12,13) (8,12,9,13) (8,10,12,14) (8,12,10,14)	. . 0 1 1 0 . _ 1 . 0 _ 1 . . 0	* √ √ √	(8,9,10,11),(12,13,14,15) (8,9,12,13),(10,11,14,15) (8,10,12,14),(9,11,13,15)	1 . . _ 1 . . _ 1 . . _	*
(9,11,13,15) (9,13,11,15) (10,11,14,15) (10,14,11,15) (12,13,14,15) (12,14,13,15)	1 . . 1 1 . 1 _ 1 1 . _	√ √ √			

연습 문제

1. 다음 부울 식을 간략화 하라.

(1) $AB + A\overline{B}$ (2) $A(AB + A\overline{B})$

(3) $ABC + AB + A\overline{B}C$ (4) $BC + AB + \overline{A}C$

(5) $(A + B)(\overline{A} + B)$ (6) $A + \overline{A}B$

(7) $(C + A\overline{C})(ABC + \overline{A}BC)$

(8) ABCD + ($\overline{A}$ + $\overline{B}$)CD + $ABCD + (\overline{A} + \overline{B})CD + AB\overline{C}\overline{D}$

(9) $(\overline{A + B + C}) + \overline{A}\overline{B}C + \overline{A}BC$

2. 다음 부울 식에 대해 드모르강의 정리를 적용하여라.

(1) $\overline{\overline{A}B\overline{C}}$ (2) $\overline{A + \overline{B} + C}$

(3) $\overline{AB(C + \overline{D})(\overline{E + F})}$ (4) $\overline{\overline{A}\,\overline{B}\,\overline{C}(\overline{DEF + GHI})}$

3. 다음 부울 함수를 카르노 맵을 이용하여 간소화 하시오.

(1) $Y(A,\ B,\ C,\ D) = \Sigma(3,\ 4,\ 6,7,\ 10,\ 11,\ 14,\ 15)$

(2) $Y(A,\ B,\ C,\ D) = \Sigma(0,\ 2,\ 6,7,\ 8,\ 9,\ 13,\ 15)$

(3) $Y(A,\ B,\ C,\ D) = \Pi(4,\ 6,\ 8,10,\ 12,\ 15)$

(4) $Y(A,\ B,\ C,\ D) = \Pi(0,\ 2,\ 4,6,\ 8,\ 10)$

4. 다음 부울 함수를 카르노 맵에 표시하시오.

(1) $Y(A, B, C) = \sum(1, 2, 7) + d(4, 5)$

A \ BC	00	01	11	10
0				
1				

(2) $Y(A, B, C, D) = \overline{A}C + A\overline{B}\overline{C}D + \overline{A}BD + AB\overline{C}$

AB \ CD	00	01	11	10
00				
01				
11				
10				

5. 다음 카르노 맵에서 최소항의 합(SOP)을 구하시오.

(1)

AB \ CD	00	01	11	10
00		1		
01		1		
11		1	1	1
10		1		1

(2)

AB \ CD	00	01	11	10
00	1	1		
01	1	1	1	1
11			1	1
10	1	1		

6. 다음 카르노 맵에서 최대항의 곱(POS)을 구하시오.

(1)

AB \ CD	00	01	11	10
00	0	0	0	0
01			0	
11		0	0	0
10		0		

(2)

AB \ CD	00	01	11	10
00				
01	0	0	0	
11		0	0	0
10				0

7. 다음 카르노 맵에 표시된 부울 함수를 간소화 하시오.

(1) 최소항의 합(SOP)으로 표현 하시오.

(2) 최대항의 곱(POS)으로 표현 하시오.

AB \ CD	00	01	11	10
00	0	0	0	0
01	1	1	1	1
11	1	1	1	1
10	0	0	1	0

8. 무의항을 포함하고 있는 다음 부울 함수를 카르노 맵을 이용하여 간소화 하시오.

(1) $Y(A,\ B,\ C,\ D) = \sum(2,\ 3,\ 4, 5,\ 13,\ 15) + d(8,\ 9, 10,\ 11)$

(2) $Y(A,\ B,\ C,\ D) = \sum(1,\ 5,\ 7, 9,\ 13,\ 15) + d(8,\ 10,\ 11,\ 14)$

9. 다음 표준형을 카르노 맵에 표시하고 간소화하라.

(1) $Y(A,\ B,\ C) = \overline{A} + B\overline{C} + ABC$

(2) $Y(A, B, C, D) = \overline{B}\overline{D} + \overline{C}D + A\overline{B}C$

(3) $Y(A, B, C) = (A + C)(\overline{A} + B)(\overline{B} + C)$

(4) $Y(A, B, C, D) = (A + B + C)(A + \overline{C} + D)(A + \overline{B} + C + \overline{D})$

10. 다음 BCD 진리표에 대하여 다음을 구하시오.

(1) 최소항의 합으로 표현 하시오.

(2) 최대항의 곱으로 표현 하시오.

입력	출력
$A\ B\ C\ D$	Y
0 0 0 0	0
0 0 0 1	1
0 0 1 0	0
0 0 1 1	1
0 1 0 0	0
0 1 0 1	1
0 1 1 0	0
0 1 1 1	1
1 0 0 0	0
1 0 0 1	1

11. 다음 부울 함수 $Y(A, B, C, D) = \Sigma(0, 1, 2, 3, 7, 11, 12, 13, 14, 15)$ 을 Quine-McClusky 방법과 카르노 맵 방법을 통하여 간소화하고 결과를 비교하라.

12. 다음 부울 함수 $Y(A, B, C, D) = \Sigma(2, 3, 7, 9, 11, 13, 14) + d(1, 10, 15)$ 을 Quine-McClusky 방법을 통하여 간소화하시오.

제6장

조합논리 회로 응용

조합 논리회로는 단지 현재 입력값에 의존하여 출력값이 결정되는 회로로서, 회로에 입력 신호가 인가되는 순간 이들을 조합하여 한 개 또는 그 이상의 출력을 발생한다. 그림 6-1은 조합 논리회로 블록도이다. n개의 입력 변수가 조합 논리회로에서 처리된 후 2^n개의 2진 조합이 가능하다.

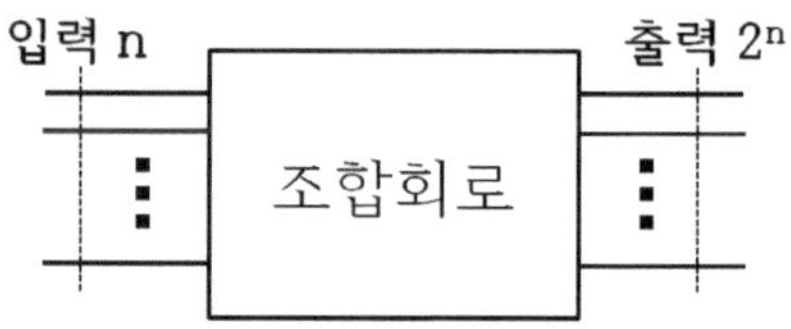

그림 6-1 조합 논리회로 블럭도

조합논리회로를 설계하는 절차는 다음과 같다.

① 구현하고자 하는 회로를 구상한다.

② 구현될 회로의 입.출력 개수 및 이에 대한 이름을 정의한다.

③ 정의된 입력을 통해서 수신된 신호를 처리한 후 정의된 출력으로 내보내는 동작을 진리표를 통하여 정의한다.

④ 정의된 진리표에서 출력 부울 함수를 구한다.

⑤ 출력 부울 함수를 카르노 맵 또는 기타 간소화 방법을 통하여 간소화 한다.

⑥ 간소화된 출력 부울 함수를 논리게이트를 통하여 설계한다.

⑦ 진리표에 정의된 동작대로 회로가 동작하는지 확인한다.

조합 논리회로 구현시 부울 함수를 간소화하는 이유는 입력 수를 최소화하며, 사용될 게이트 수를 최소화 하고, 상호 연결되는 선을 최소화하기 때문이다. 이를 통하여 비용도 절감하고 회로 크기도 작게 하고, 그리고 구현될 조합 논리회로의 전파지연 시간을 줄여줄 수 있다.

조합 논리회로는 논리게이트를 통하여 구현되는데, 기본 논리 게이트는 NOT, OR, 그리고 AND 게이트가 있으며, 기본 논리 게이트 확장으로 NOR, NAND, XOR, 그리고 NXOR 게이트가 있다. NOR와 NAND 게이트는 만능 논리소자로 사용되며 OR, AND, NOT 연산을 수행하기 위해 조합되어 사용된다. XOR와 NXOR 게이트는 주로 비교 연산하는데 사용된다.

조합 논리회로에는 가산기, 감산기, 코드 변환기, 패리티 발생기, 인코터, 디코더, 다중화기, 그리고 역다중화기 등이 있다.

6.1 가산기 (Adder)

컴퓨터는 덧셈, 뺄셈, 곱셈, 그리고 나눗셈을 수행한다. 가산기는 덧셈 연산을 수행하는 조합 회로이다. 가산기는 자리올림수(Carry)의 수용 여부에 따라 반가산기와 전가산기로 나누어진다. 그림 6-2는 반가산기와 전가산기의 개념을 보여주고 있다. 여기서 자리올림수 까지 고려한 가산기가 전가산기이고 고려하지 않은 가산기가 반가산기이다. 그리고 반가산기와 전가산기는 한 비트만 고려한 것이다. 그러나 컴퓨터 시스템에서는 한 비트만 고려하는 것이 아니라 여러 비트로 구성된 비트열을 다루게 된다. 따라서 두 개의 입력 단자에 비트열이 입력되어 덧셈연산을 수행하는 경우 여러 비트를 동시에 덧셈하여야 한다. 이를 위하여 전가산기를 여러 개 수용하여 동시에 여러 비트에 대한 덧셈 연산을 수행하는 병렬가산기가 있다.

	1	1	0	1	⟸ 자리올림수
		1	1	0	1
+		0	1	0	1
		0	0	1	0

그림 6-2 반가산기와 전가산기 개념

6.1.1 반가산기(Half Adder)

반가산기는 단지 한 비트씩의 데이터 A와 B를 2진 덧셈으로 수행한 후, 그 결과를 자리올림수와 합으로 출력한다. 반가산기를 설계하기 위해서는 먼저 입력과 출력 변수를 포함하는 모든 표현 가능한 입력 조합과 출력의 형태를 나타내는 진리표를 작성해야 한다. 표 6-1은 A와 B 2개의 입력과 2개의 출력의 C와 S를 갖는 반가산기의 진리표를 나타낸다.

표 6-1 반가산기 진리표

입력		출력	
A	B	S	C
0	0	0	0
0	1	1	0
1	0	1	0
1	1	0	1

반가산기는 진리표에서 SUM과 Carry를 구해보면,

$S=\overline{A}B+A\overline{B}=A\oplus B, \qquad C=AB$

그림 6-3은 반가산기 회로도와 심볼을 보여준다. 2개의 입력과 2개의 출력을 갖

는 반가산기 회로는 한 개의 XOR 게이트와 한 개의 AND 게이트로 구성된다. 반가산기는 입력되는 2개의 비트를 더하여 합과 자리올림수를 결정하지만, 실제 가산기는 여러 비트를 가진 비트열을 더하는 것이기 때문에 현재 위치에서 더한 결과 합과 자리올림수가 발생한다. 이때 자리올림수는 다음위치에 있는 2비트의 입력과 함께 가산 처리가 되어야 한다, 따라서 가산기는 현재 위치에서 입력되는 2비트와 이전 위치에서 자리올림 비트를 더하여야 하고, 결과는 합과 다음 상위위치에 자리올림을 제공하여야 한다.

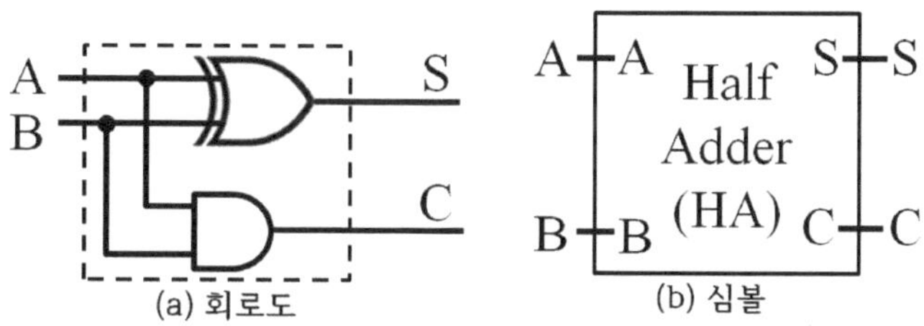

그림 6-3 반가산기 회로 및 심볼

6.1.2 전가산기(Full Adder)

반가산기는 아래 자리에서 올라온 자리올림 수를 고려하지 않지만, 전 가산기는 이를 고려하여 3개의 입력이 더해지는 것이다. 따라서 전가산기는 입력 데이터 A와 B, 그리고 아래 자리에서 발생되어 올라오는 자리올림수 C_i 등 3개의 데이터를 동시에 2진 덧셈으로 처리 한 후, 그 결과를 자리 올림수 C_{i+1}, 합 S로 출력할 수 있는 회로이다. 전가산기 또한 설계를 위해서는 다음과 같은 과정이 요구된다. 먼저 입력과 출력 변수를 포함하는 모든 표현 가능한 입력 조합과 출력의 형태를 나타내는 진리표를 작성해야 한다. 표 6-2는 전가산기 진리표를 나타낸다.

진리표는 A와 B, 그리고 C_i 등 3개의 입력과 2개의 출력 C_o과 S를 갖는 전가산기의 진리표를 나타낸다. 예를 들어 $A=0$, $B=1$, $C_i=1$인 경우, 2진 덧셈을 수행하면 자리올림수 C_o는 1이 되고, 합 S도 1이 된다.

표 6-2 전가산기 진리표

입력			출력	
A	B	C_i	S	C_o
0	0	0	0	0
0	0	1	1	0
0	1	0	1	0
0	1	1	0	1
1	0	0	1	0
1	0	1	0	1
1	1	0	0	1
1	1	1	1	1

표 6-3의 진리표로부터 전가산기를 설계하기 위한 출력 함수들을 다음과 같다.

$$
\begin{aligned}
S &= \overline{A}\,\overline{B}C_i + \overline{A}B\overline{C_i} + A\overline{B}\,\overline{C_i} + ABC_i \\
&= \overline{C_i}(\overline{A}B + A\overline{B}) + C_i(\overline{A}\,\overline{B} + AB) \\
&= \overline{C_i}(A \oplus B) + C_i(A \odot B) \\
&= \overline{C_i}(A \oplus B) + C_i(\overline{A \oplus B}) \qquad (\overline{X}Y + X\overline{Y} \text{ 형태}) \\
&= C_i \oplus (A \oplus B) \\
&= A \oplus B \oplus C_i
\end{aligned}
$$

$$
\begin{aligned}
C_O &= \overline{A}BC_i + A\overline{B}C_i + AB\overline{C_i} + ABC_i \\
&= C_i(\overline{A}B + A\overline{B}) + AB(\overline{C_i} + C_i) \\
&= C_i(A \oplus B) + AB \\
&= AB + C_i(A \oplus B)
\end{aligned}
$$

그림 6-4는 전가산기 회로도와 심볼을 보여준다. 전가산기는 2개의 반가산기와 OR 게이트로 구성되며, 3개의 입력 (A, B, C_i)과 2개의 출력(S, C_o)를 갖는다.

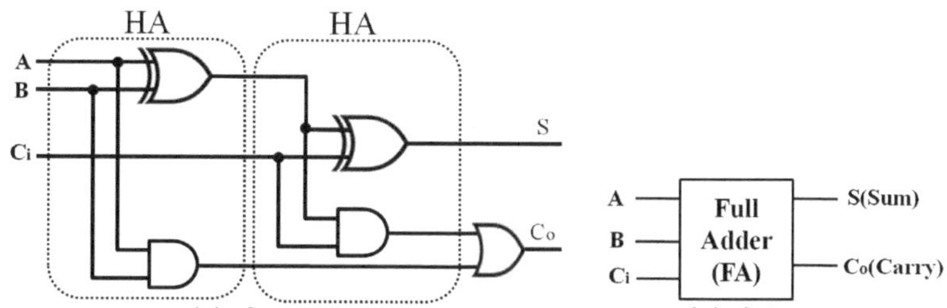

(a) 회로도 (b) 심볼

그림 6-4 전가산기 회로 및 심볼

그림 6-5는 2개의 반가산기와 OR 게이트로 구성된 전 가산기를 보여주고 있다.

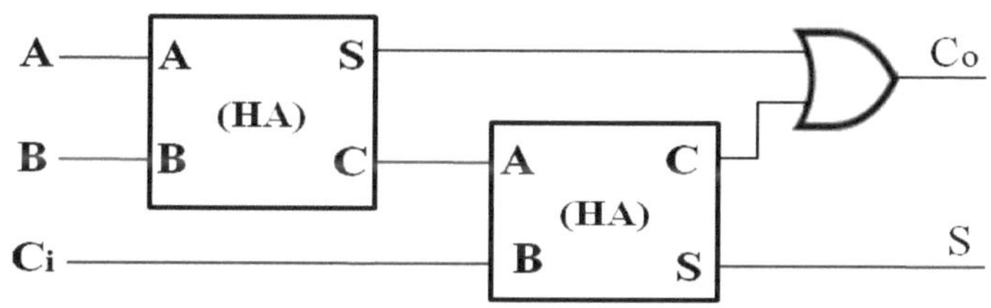

그림 6-5 반가산기와 OR 게이트로 구성된 전가산기

6.2 감산기(Subtracter)

감산기는 뺄셈 연산을 수행하는 조합회로로서, 가산기와 반대로 상위 자리에서 빌려온 수(Borrow)의 수용 여부에 따라 반감산기와 전감산기로 나누어진다.

6.2.1 반감산기(Half Subtracter)

반감산기는 두 개의 입력 단자를 통하여 1비트씩 입력되는 2진수에 대하여 뺄셈을 수행 한 후 차(d)와 자리 빌림(b)을 발생시킨다. 표 6-3은 반감산기 진리표를 나타낸다.

반감산기는 반가산기와 유사한 형태로 동작하며, 단지 한 비트씩의 데이터 피감수(Minuend) A와 감수(Subtrahend) B의 2진 뺄셈을 수행하는 논리 회로이다. 이때 A, B의 감산에 의해 얻어지는 차(difference)와 한 비트 윗자리로 부터 빌려오는 자리 빌림수(Borrow)가 발생한다. 반감산기를 설계하기 위해서는, 먼저 입력과 출력 변수를 포함하는 모든 표현 가능한 입력 조합과 출력의 형태를 나타내는 진리표를 작성해야 한다. 표 6-3은 2개 입력 A와 B, 2개의 출력 d와 b를 갖는 반감산기의 진리표를 나타낸다. 예를 들어 $A=1$, $B=0$인 경우, 2진 뺄셈을 수행하면 자리 빌림수의 발생이 필요 없기 때문에 B가 0이 되고, 차 d는 1이 되고, 자리 빌림수 b는 0이 된다. 그러나 $A=0, B=1$의 경우, 2진 뺄셈을 수행하면 자리 빌림수의 발생이 요구되어 b 1이 되며, 차 d 또한 1이 된다.

표 6-3 반감산기 진리표

입력		출력	
A	B	d	b
0	0	0	0
0	1	1	1
1	0	1	0
1	1	0	0

반가산기는 진리표에서 d과 b를 구해보면,

$$d = \overline{A}B + A\overline{B} = A \oplus B$$
$$b = \overline{A}B$$

그림 6-6은 반감산기 회로도와 심볼을 보여준다. 반감산기는 XOR 게이트와 AND 게이트로 구성된다. 반감산기 회로는 반가산기 회로와 아주 유사한 형태로 표현된다. 2개의 입력과 2개의 출력을 갖는 반감산기 회로는 다음 그림 6-6과 같이 한 개의 Exclusive-OR 게이트와 한 개의NOT 게이트, 그리고 한 개의 AND 게이트를 사용하여 구성할 수 있다.

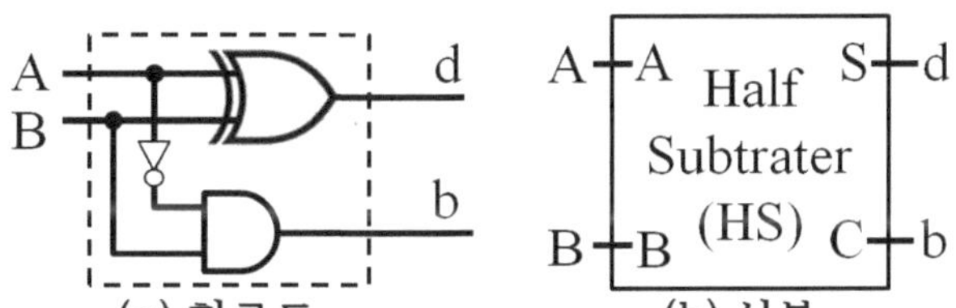

그림 6-6 반감산기 회로 및 심볼

6.2.2 전감산기(Full Subtracter)

반감산기는 윗자리에서 내려온 자리 빌림수를 고려하지 않지만, 전감산기는 이를 고려하여 3개의 입력에 대하여 뺄셈연산이 수행되는 것이다. 따라서 전감산기는 두 개의 입력 비트 A, B, 그리고 윗자리에서 내려온 자리 빌림수(Borrow)를 고려하여 3비트에 대하여 동시에 2진 뺄셈 연산을 수행하는 논리 회로이다. 즉 피감수 A와 감수 B, 그리고 한 비트 윗 자리로부터 자리 빌림수 b_i 등을 입력하고, 이들을 입력으로 하여 감산을 하였을 때, 얻어지는 차 d와 한 비트 윗자리(i+1)의 자리에서 자리 빌림수가 필요한가의 여부를 나타내는 b_o을 출력으로 하는 회로이다. 전감산기 또한 설계를 위해서는 다음과 같은 과정이 요구된다. 먼저 입력과 출력 변수를 포함하는 모든 표현 가능한 입력 조합과 출력의 형태를 나타내는 진리표를 작성해야 한다. 표 6-4는 A와 B, 그리고 b_i 등 3개의 입력과 2개의 출력 b_o과 d을 갖는 전감산기의 진리표를 나타낸다. 예를 들어 $A=1$, $B=0$, $b_i=0$인 경우, 2진 뺄셈을 수행하면 윗자리로부터 빌려오는 자리 빌림수 b_i는 필요 없게 되어 0이 되고, 차 d는 1이 된다. 그러나 $A=0$, $B=1$, b_i=0인 경우, 자체적으로 뺄셈이 불가능하기 때문에 윗자리로 부터 자리 빌림수 b_o가 필요하다. 따라서 b_o은 1이 되고, 차 d도 1이 된다. A와 B만을 감산하면 쉽게 처리할 수 있지만 윗 자리로 부터 자리 빌림수가 요구되기 때문에 연쇄적으로 윗자리로부터 자리 빌림수의 요건이 발생된다. 따라서 감산의 결과는 다음과 같이 된다. 즉b_o은 1이 되며, 차 d 또한 1이 된다.

표 6-4 전감산기 진리표

입력			출력	
A	B	b_i	d	b_o
0	0	0	0	0
0	0	1	1	1
0	1	0	1	1
0	1	1	0	1
1	0	0	1	0
1	0	1	0	0
1	1	0	0	0
1	1	1	1	1

전감산기에 대한 차(d)와 자리 빌림수(b_o)를 진리표 통하여 구해보면,

$$
\begin{aligned}
d &= \overline{A}\,\overline{B}b_i + \overline{A}B\overline{b_i} + A\overline{B}\,\overline{b_i} + ABb_i \\
&= \overline{b_i}(\overline{A}B + A\overline{B}) + b_i(\overline{A}\,\overline{B} + AB) \\
&= \overline{b_i}(A \oplus B) + b_i(A \odot B) \\
&= \overline{b_i}(A \oplus B) + b_i(\overline{A \oplus B}) \qquad (\overline{X}Y + X\overline{Y} \text{ 형태}) \\
&= b_i \oplus (A \oplus B) \\
&= A \oplus B \oplus b_i
\end{aligned}
$$

$$
\begin{aligned}
b_O &= \overline{A}\,\overline{B}b_i + \overline{A}B\overline{b_i} + \overline{A}Bb_i + ABb_i \\
&= (\overline{A}\,\overline{B} + AB)b_i + \overline{A}B(b_i + b_i) \\
&= \overline{(A \oplus B)}b_i + \overline{A}B
\end{aligned}
$$

그림 6-7은 전감산기 회로도와 심볼을 보여준다. 전감산기는 2개의 반감산기와 OR 게이트로 구성되며, 3개의 입력과 2개의 출력을 갖는 전감산기 회로는 전가산기와 아주 유사하며 단지 NOT 게이트 2개가 더 첨가된 형태로 다음 그림 6-7과 같은 논리 회로로 구성된다.

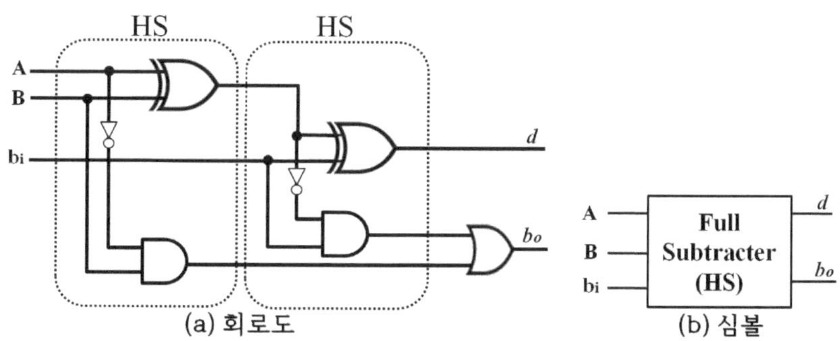

그림 6-7 전감산기 회로 및 심볼

그림 6-8은 2개의 반감산기와 OR 게이트로 구성된 전감산기를 보여주고 있다.

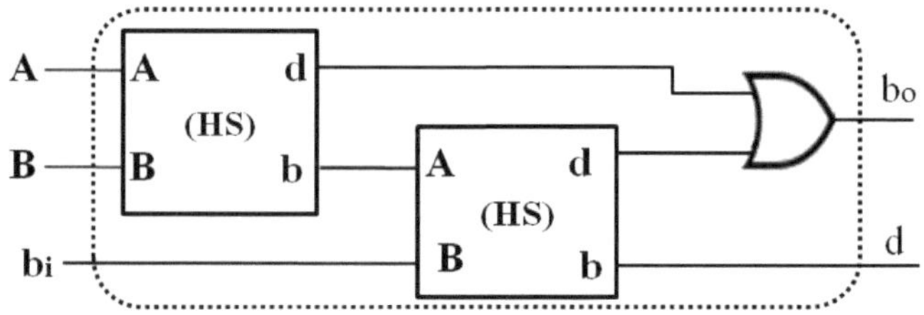

그림 6-8 반감산기와 OR 게이트로 구성된 전가산기

6.3 병렬 가산기(Parallel Adder)

실제 디지털 시스템에서는 한 비트에 대해서가 아니라 여러 개의 비트로 구성된 2진수에 대하여 덧셈 연산을 수행하게 된다. 따라서 이를 수행하기 위하여 다수의 전가산기로 구성된 병렬 가산기가 필요하다. 이 경우 입력되는 2개의 비트열의 동일 자릿수끼리 동시에 덧셈을 수행한다. 이때 한 전가산기에서 생긴 캐리는 다음 단의 전가산기에 입력되는 방법으로 n비트 2진수를 덧셈을 수행하는 병렬 가산기는 n개의 전가산기(LSB에 해당하는 전가산기의 캐리입력은 0으로 함) 또는 1개의 반가산기(LSB는 캐리 입력이 없음)와 n-1개의 전가산기로 구성된다. 그림 6-9는 4비트 2진 병렬가산기를 보여주고 있다. 4개의 전가산기를 사용하였으며 LSB에는 입력 캐리가 없기 때문에 반가산기를 사용할 수 있지만, 전가산기의 입력 캐리 C_0=0으로 하여 구성하였다. 이와 같이 다수 비트에 대하여 동시에 덧셈 연산을 수행하는 병렬 가산기는 연산 시간이 빠르지만 더 하는 비트수 만큼 전가산기가 필요하므로 회로가 복잡하다.

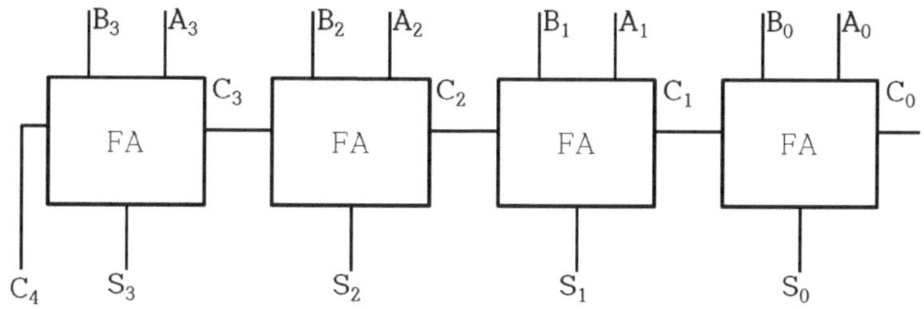

그림 6-9 4비트 2진수 병렬가산기

그림 6-10은 4비트 2진 병렬가산기의 덧셈 연산을 보여주고 있다. 입력은 $A=A_3A_2A_1A_0$와 $B=B_3B_2B_1B_0$로 구성되는데, 예에서는 A=1001와 B=1011이다. LSB에 있는 전가산기는 입력 캐리가 없기 때문에 $C_0=0$으로 하던지 반가산기를 사용하면 된다.

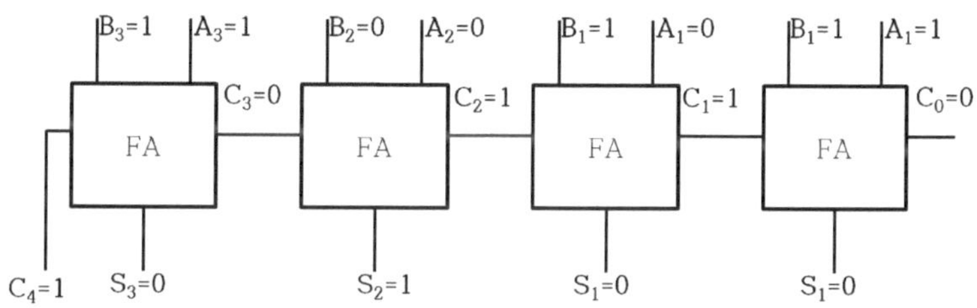

그림 6-10 4비트 2진수 병렬가산기 덧셈 예

그림 6-11은 4비트 2진 병렬가산기와 4비트 2진 병렬감산기를 선택신호(Select)에 따라 선택하여 사용할 수 있는 회로를 보여주고 있다. 선택신호 Select가 '1'인 경우, MSB의 전가산기를 예를 들어 설명하면, MSB에 있는 XOR 입력 A_3가 '0'인 경우 XOR 출력이 '1'이고, XOR 입력 A_3가 '1'인 경우 XOR 출력이 '0'이 되기 때문에 입력 A_3의 1의 보수가 생성되기 때문에 병렬감산기로 동작하고, 선택신호 Select가 '0'인 경우, MSB에 있는 XOR 입력 A_3가 '0'인 경우 XOR 출력이 '0'이

고, XOR 입력 A_3가 '1'인 경우 XOR 출력이 '1'가 되기 때문에 입력 A_3가 그대로 전가산기에 입력되어 병렬가산기로 동작한다.

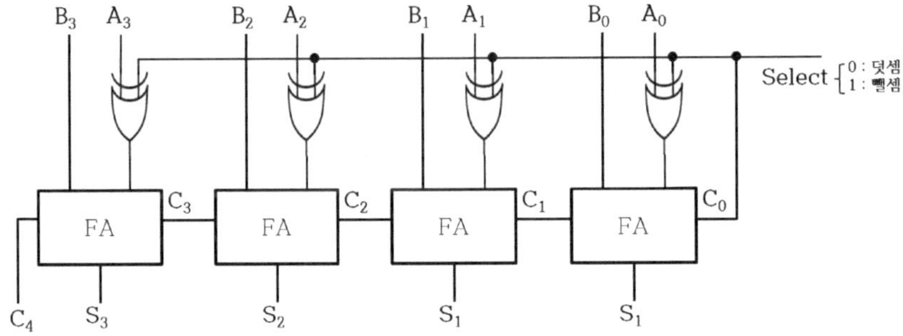

그림 6-11 4비트 2진수 병렬감가산기

병렬가산기에서 전가산기(예를 들어 i번째)는 전 단의 전가산기($i-1$ 번째)에서 계산이 완료되어야 만 캐리를 입력 받아 덧셈을 수행한 후 위 단의 전가산기($i+1$ 번째)로 캐리를 올려 보내기 때문에 전체적으로 덧셈을 수행하는 시간이 많이 걸린다는 단점이 있다. 이와 같은 병렬 가산기를 Ripple Carry Adder이라 한다.

이와 같은 문제점을 개선하기 위하여 Look Ahead Carry 라는 회로를 이용하여 캐리를 미리 예측하여 결정함으로써 덧셈 연산 시간을 단축시킬 수 있다. 이와 같은 Look Ahead Carry 회로를 사용한 병렬가산기를 Carry Look Ahead Adder이라 하며 대부분의 컴퓨터 시스템에 사용되고 있다.

캐리의 전달지연시간이 전체 회로의 속도 지연을 유발하는 주요 요소이다. 따라서 가산기의 캐리 전달 지연시간을 줄이는 것이 매우 중요하다. 병렬 가산기에서 캐리가 발생할 수 있는 경우는 첫 번째 더하고자 하는 두 비트 A_i와 B_i 모두 '1'일 때, 두 번째는 두 비트 중 하나가 '1'이고 전 단에서 올라온 캐리가 '1'일 때 이다.

n비트로 구성된 두 개의 비트열 $A = A_{n-1} \cdots A_1 A_0$ 와 $A = B_{n-1} \cdots B_1 B_0$ 을 고려하면 그림 6-12는 이 경우 발생 할 수 있는 상황을 보여주고 있다. 마지막 합 S_n 은 $n-1$번째 전가산기에서 계산된 캐리 C_n이 된다.

자릿수 ➡		$n-1$	.....	i	.....	1	0
캐리 ➡	C_n	C_{n-1}	.....	C_i	.....	C_1	C_0
		A_{n-1}	.....	A_i	.....	A_1	A_0
+		B_{n-1}	.....	B_i	.....	B_1	B_0
합 ➡	S_n	S_{n-1}	.....	S_i	.....	S_1	S_0

그림 6-12 n 비트로 구성된 두 개의 비트열 덧셈 과정

i 번째 전가산기를 고려하면 그림 6-13과 같다. i 번째 전가산기의 내부 회로에 있는 신호 K_i와 Q_i를 고려하면,

$K_i = A_i \oplus B_i$: 내부 캐리 전파 신호

$Q_i = A_i B_i$: 내부 캐리 생성

$S_i = A_i \oplus B_i \oplus C_i = K_i \oplus C_i$: 외부 합 발생

$C_{i+1} = Q_i + K_i C_i$: 외부 캐리 발생

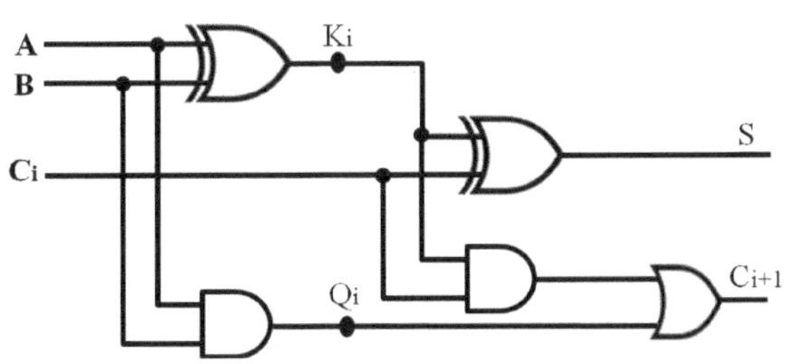

그림 6-13 i 번째 전가산기 구성

여기서 K_i는 캐리 전파 신호이다. 왜냐하면 $K_i = 1$일 때 언제나 입력 캐리 C_i가 출력 캐리 C_{i+1}로 전파되기 때문이다. 그리고 $K_i = 1$일 때 $Q_i = 0$이다. Q_i는 캐리 발생신호이다. 왜냐하면 출력 캐리 C_{i+1}은 $Q_i = 1$일 때 입력 캐리 C_i와 관계없이 언제나 발생되기 때문이다. K_i와 Q_i는 회로와 내부 신호의 관계로부터 알 수 있듯이 입력 연산자 A_i와 B_i에만 의존한다. i=0인 경우,

$$S_0 = A_0 \oplus B_0 \oplus C_0 \text{ ------------------------ } (1)$$

$$C_1 = A_0 B_0 + C_0 (A_0 \oplus B_0) \text{ ------------------------ } (2)$$

여기서 $K_0 = A_0 \oplus B_0$ 이고, $Q_0 = A_0 B_0$ 이다. 따라서 식 (1)(2)을 다시 쓰면 다음과 같다.

$$S_0 = K_0 \oplus C_0, \qquad C_1 = Q_0 + C_0 K_0$$

이를 통하여 캐리를 차례대로 계산해 보면 다음과 같다.

$$C_2 = Q_1 + K_1 C_1$$

$$C_3 = Q_2 + K_2 C_2 = Q_2 + K_2 (Q_1 + K_1 C_1) = Q_2 + K_2 Q_1 + K_2 K_1 C_1$$

$$\begin{aligned} C_4 &= Q_3 + K_3 C_3 = Q_3 + K_3 (Q_2 + K_2 Q_1 + K_2 K_1 C_1) \\ &= Q_3 + K_3 Q_2 + K_3 K_2 Q_1 + K_3 K_2 K_1 C_1 \end{aligned}$$

$$C_5 = Q_4 + K_4 C_4 \text{............}$$

이와 같은 방법으로 캐리를 구할 수 있으며 4비트 병렬 가산기의 Look Ahead Carry 회로는 그림 6-14와 같다.

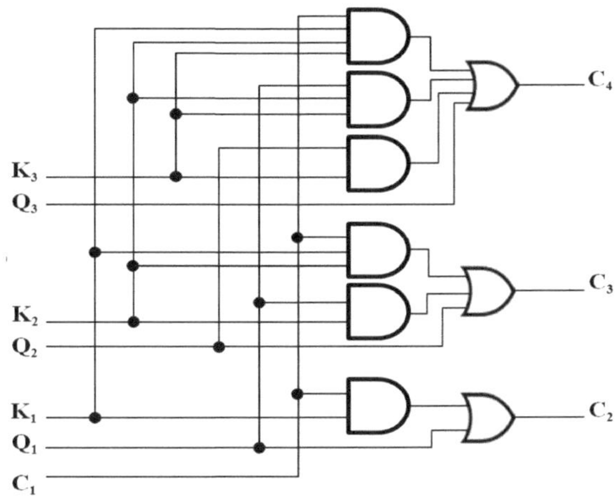

그림 6-14 4비트 병렬 가산기의 Look Ahead Carry 회로

Look Ahead Carry 회로를 가진 4비트 병렬 가산기는 그림 6-15와 같다. 각각의 전가산기에서 합 S_i, 캐리 전파 신호 K_i, 그리고 캐리 발생신호 Q_i를 발생시키고, 위에서 언급한 Look Ahead Carry 회로로 구성된다.

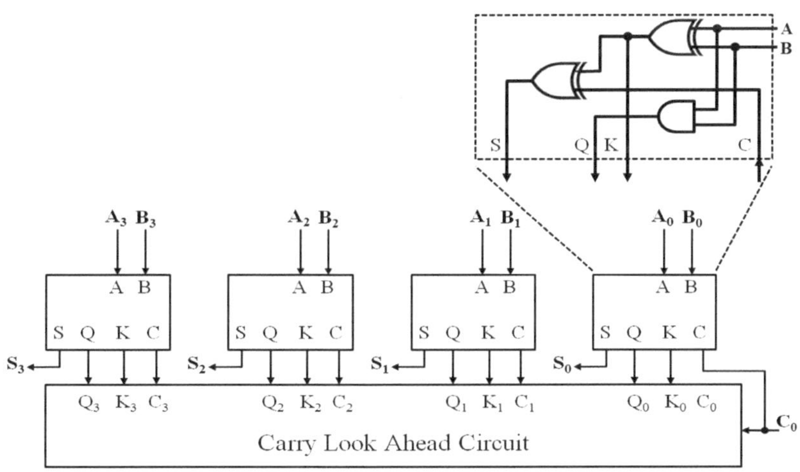

그림 6-15 Look Ahead Carry 회로를 가진 4비트 병렬 가산기

6.4 크기 비교기(Magnitude Comparator)

크기 비교기는 입력되는 두 수 A와 B의 크기를 비교하여 어느 수가 큰지 또는 같은지 나타내 주는 조합 논리회로이다. 입력되는 두 수가 한 비트로 이루어진 경우 진리표를 쉽게 작성할 수 있는 반면에, 입력되는 두 수가 n비트로 구성된 비트열인 경우 진리표 작성이 쉽지 않다. 예를 들어 두 수가 3비트로 구성된 경우, 입력이 총 6비트로 구성되고 이에 대한 경우의 수는 $2^6 = 64$로 엄청난 양이 되며, 설사 이와 같은 방법으로 진리표를 작성하였더라도 카르노 맵을 이용하여 간소화하는 과정이 용이하지 않다. 따라서 이 경우 다른 방법을 이용하여 구하여야 한다.

6.4.1 1비트 크기 비교기

1 비트로 구성된 두 수 A, B가 입력되는 경우 크기를 쉽게 비교할 수 있다. 표 6-5는 1비트로 구성된 두 수를 비교하는 진리표이다.

표 6-5 1비트 크기 비교기 진리표

입력		출력		
A	B	$O_G(A>B)$	$O_E(A=B)$	$O_L(A<B)$
0	0	0	1	0
0	1	0	0	1
1	0	1	0	0
1	1	0	1	0

진리표에서,

$O_G(A > B) = A\overline{B}$

$O_E(A = B) = \overline{A}\,\overline{B} + AB = \overline{A \oplus B} = A \odot B$

$O_L(A < B) = \overline{A}B$

그림 6-16은 1 비트로된 두 수의 크기 비교기를 나타낸다. 두 개의 AND 게이트와 하나의 XOR 게이트로 이루어진다.

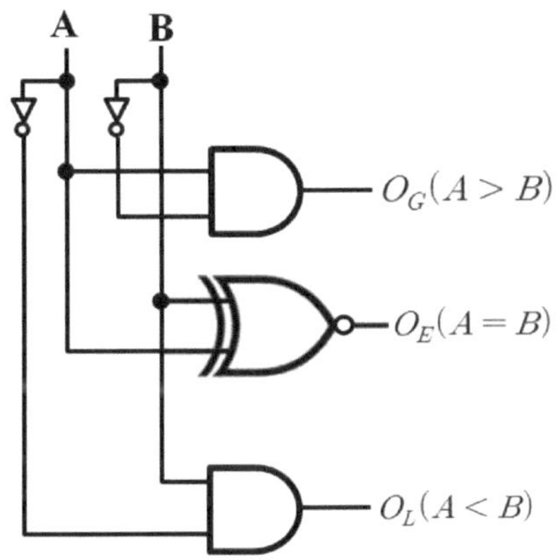

그림 6-16 1비트 크기 비교기

6.4.2 3비트 크기 비교기

입력되는 두 수 A와 B가 3비트인 경우, $A = A_2A_1A_0$, $B = B_2B_1B_0$인 경우이다. 이 경우 $A > B$, $A = B$, 그리고 $A < B$ 경우를 생각할 수 있다. $A = B$인 경우 같은 위치에 있는 비트가 같은 값을 가진 경우이다. 즉, $A_2 = B_2$, $A_1 = B_1$, 그리고 $A_0 = B_0$인 경우이다. $A > B$인 경우, $A_2 = 1$ 이고 $B_2 = 0$ 이거나, $A_2 = B_2$ 이면

서 $A_1=1$, $B_1=0$ 이거나, $A_2=B_2$, $A_1=B_1$ 이면서 $A_0=1$, $B_0=0$인 경우이다. 그리고 $A<B$인 경우는 $A_2=0$ 이고 $B_2=1$ 이거나, $A_2=B_2$ 이면서 $A_1=0$, $B_1=1$ 이거나, $A_2=B_2$, $A_1=B_1$ 이면서 $A_0=0$, $B_0=1$인 경우이다. 이 경우 진리표를 작성하면 입력되는 수가 6개가 되기 때문에 입력의 경우의 수가 64개이고 카르노 맵을 이용하여 출력을 구하기란 용이하지 않기 때문에 이와 같은 직관적인 방법을 이용하였다.

위에서 직관적으로 풀어쓴 내용을 이용하여 논리식을 만들어 보면 다음과 같다. 우선 n비트로 이루어진 두 수가 같다는 것은 두 수의 동일 위치에 있는 비트들이 같다는 것이므로,

$N_i=A_iB_i+\overline{A_i}\,\overline{B_i}$로 표현할 수 있다. 여기서 $i=2,\ 1,\ 0$이 된다.

여기서 i는 i번째 위치에 있는 비트를 말한다. $N_i=1$인 된다는 것은 $A_i=B_i=0$ 또는 $A_i=B_i=1$이 되어야 한다. 따라서 3비트로 된 두 수가 같다는 것은, $O_E(A=B)=N_2N_1N_0$로 표현할 수 있다. $O_E(A=B)=1$이 되기 위하여 $N_2=N_1=N_0=1$이어야 한다.

두 번째로 $A>B$인 경우, $O_G(A>B)=A_2\overline{B_2}+N_2A_1\overline{B_1}+N_2N_1A_0\overline{B_0}$ 이다.

세 번째로 $A<B$인 경우, $O_L(A<B)=\overline{A_2}B_2+N_2\overline{A_1}B_1+N_2N_1\overline{A_0}B_0$ 이다.

그림 6-17은 3비트로 구성된 두 수의 크기 비교기 회로를 보여준다.

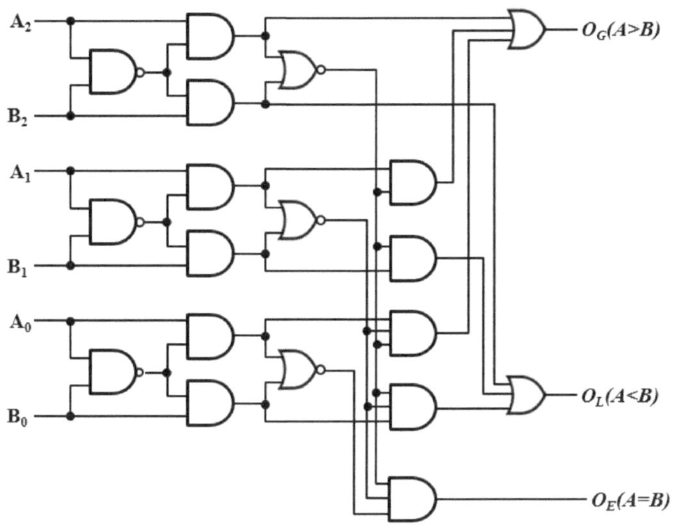

그림 6-17 3비트 로 구성된 두 수 비교기

6.5 코드 변환기 (Code Converter)

디지털 시스템에서는 다양한 코드 시스템을 사용하고 있다. 이런 코드 시스템은 보안 등 여러 가지 이유 때문에 사용되고 있으며, BCD 코드, 3초과 코드, 그리고 그레이 코드 등과 같이 독특한 특성을 가지고 있다. 따라서 서로 다른 코드 시스템을 사용하고 있는 디지털 시스템 끼리 원활한 상호 동작을 위하여 코드 변환이 필요하다.

6.5.1 BCD-to-3 초과 코드 변환기

BCD는 십진수 0~9까지 표현 하고 3초과 코드는 BCD에 3을 더한 코드이다. 따라서 이 코드끼리 변환하기 위해서 중간에 변환회로가 필요하다. 그림 6-18은

BCD-to-3 초과 코드 변환기 블록도를 보여주고 있다. 십진수(0~9)를 입력하면 BCD 코드로 변환되고, 다음에 BCD 코드가 3초과 코드로 변환된다.

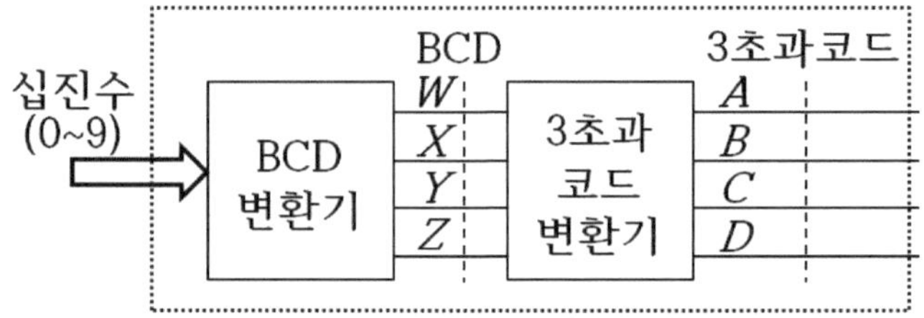

그림 6-18 BCD-to-3 초과코드 변환기

표 6-6은 BCD-to-3 초과코드 변환 동작을 나타내는 진리표이다. 십진수 입력, BCD로 변환, 그리고 3초과 코드 변환으로 구성된다.

표 6-6 BCD-to-3 초과코드 변환기 진리표

십진수	BCD 코드(입력)	3초과 코드(출력)
	W X Y Z	A B C D
0	0 0 0 0	0 0 1 1
1	0 0 0 1	0 1 0 0
2	0 0 1 0	0 1 0 1
3	0 0 1 1	0 1 1 0
4	0 1 0 0	0 1 1 1
5	0 1 0 1	1 0 0 0
6	0 1 1 0	1 0 0 1
7	0 1 1 1	1 0 1 0
8	1 0 0 0	1 0 1 1
9	1 0 0 1	1 1 0 0

진리표에 의하여 각 출력을 구해 보면 그림 6-19와 같다.

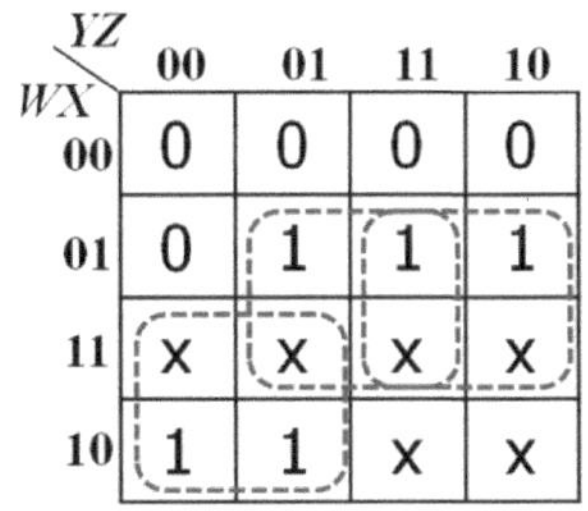

(a) $A = X(Y+Z) + W\overline{Y}$

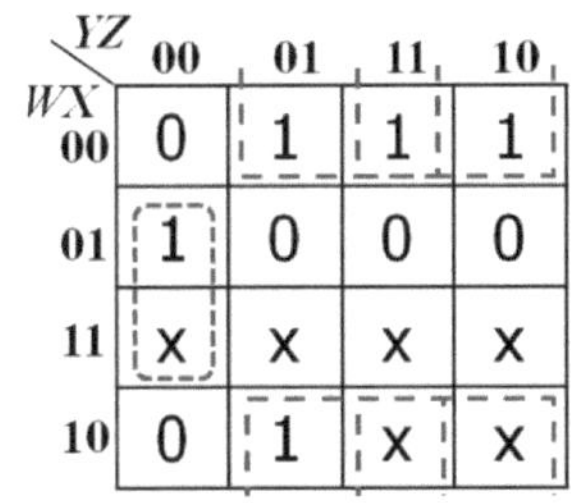

(b) $B = \overline{X}(Y+Z) + X\overline{Y}\,\overline{Z}$

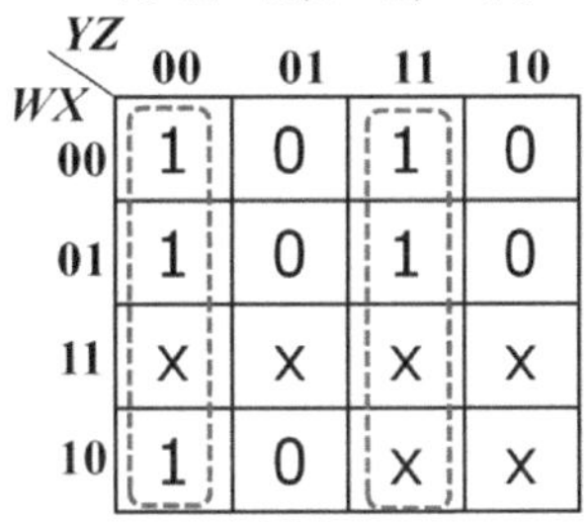

(c) $C = \overline{Y}\,\overline{Z} + YZ = Y \odot Z$

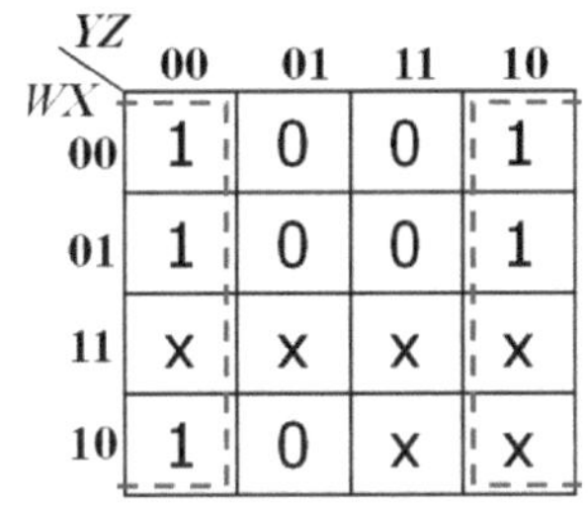

(d) $D = \overline{Z}$

그림 6-19 BCD-to-3 초과코드 변환기 출력

그림 6-20은 BCD-to-3 초과 코드 변환기 회로도를 보여준다.

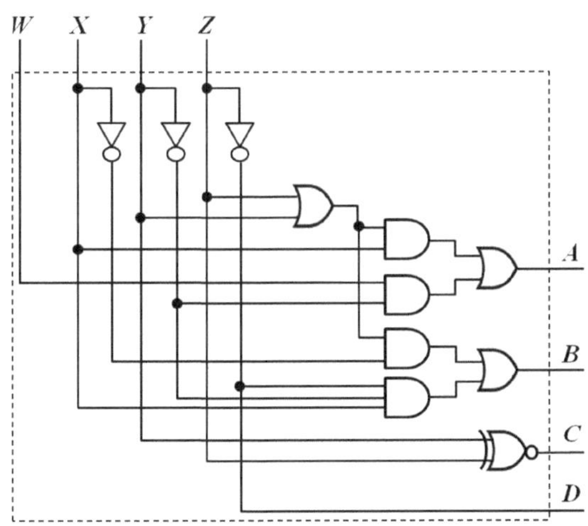

그림 6-20 BCD-to-3 초과코드 변환기

6.5.2 이진-to-Gray 코드 변환기

그레이 코드는 가중치가 없는 대표적인 코드이며 주로 아날로그/디지털 변환기나 입출력 장치에 사용되는 코드이다. 그레이 코드 특징은 인접한 코드는 단지 한 비트만 다르다는 것이다. 이진 코드는 그레이 코드로 쉽게 변환된다. 그림 6-21은 이진-to-Gray 코드 변환기 블록도를 보여주고 있다. 십진수(0~9)을 입력하면 이진 코드로 변환되고, 다음에 이진 코드가 Gray 코드로 변환된다.

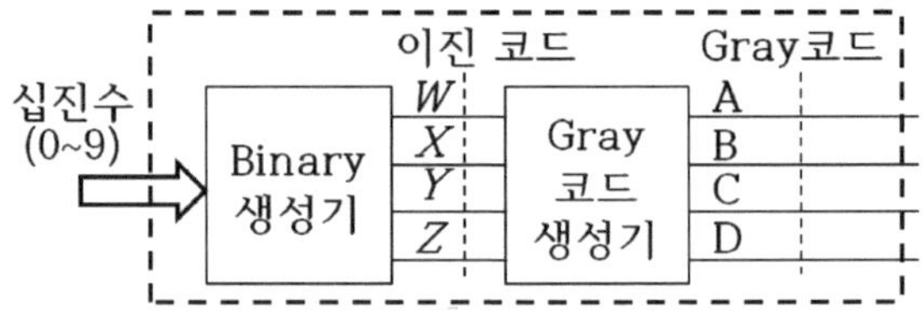

그림 6-21 이진-to-Gray 코드 변환기

표 6-7은 이진-to-Gray 코드 변환 동작을 나타내는 진리표이다. 십진수 입력, 이진수로 변환, 그리고 Gray 코드 변환으로 구성된다.

표 6-7 이진-to-Gray 코드 변환기 진리표

십진수	입력(Binary)	출력(Gray코드)
D	$W\ X\ Y\ Z$	$A\ B\ C\ D$
0	0 0 0 0	0 0 0 0
1	0 0 0 1	0 0 0 1
2	0 0 1 0	0 0 1 1
3	0 0 1 1	0 0 1 0
4	0 1 0 0	0 1 1 0
5	0 1 0 1	0 1 1 1
6	0 1 1 0	0 1 0 1
7	0 1 1 1	0 1 0 0
8	1 0 0 0	1 1 0 0
9	1 0 0 1	1 1 0 1
10	1 0 1 0	1 1 1 1
11	1 0 1 1	1 1 1 0
12	1 1 0 0	1 0 1 0
13	1 1 0 1	1 0 1 1
14	1 1 1 0	1 0 0 1
15	1 1 1 1	1 0 0 0

진리표에 의하여 각 출력을 구해 보면 그림 6-22와 같다.

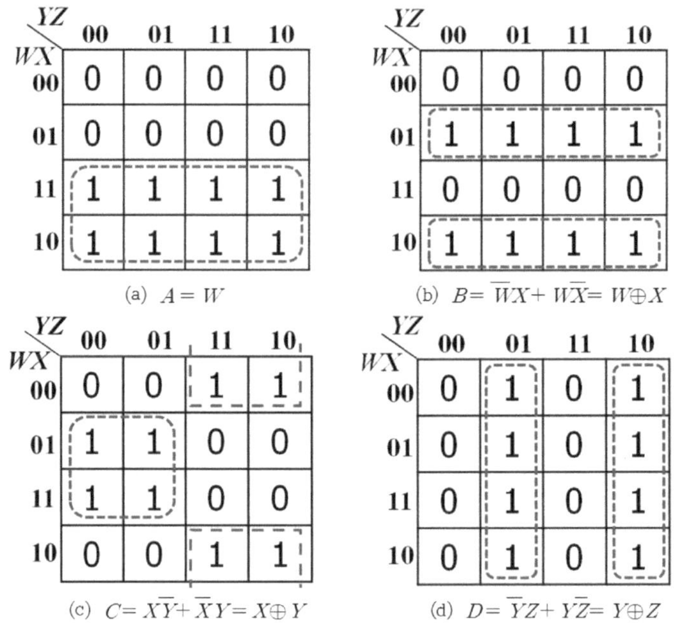

그림 6-22 이진-to-Gray 코드 변환기 출력

그림 6-23은 이진-to-Gray 코드 변환기 회로도를 보여준다.

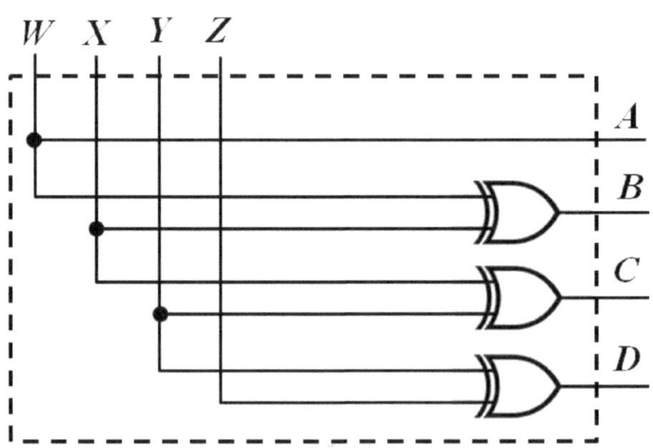

그림 6-23 이진-to-Gray 코드 변환기 회로도

6.5.3 Gray-to-이진 코드 변환기

그림 6-24는 Gray-to-이진 코드 변환기 블록도를 보여주고 있다. 십진수(0~9)을 입력하면 Gray 코드로 변환되고, 다음에 Gray 코드가 이진 코드로 변환된다.

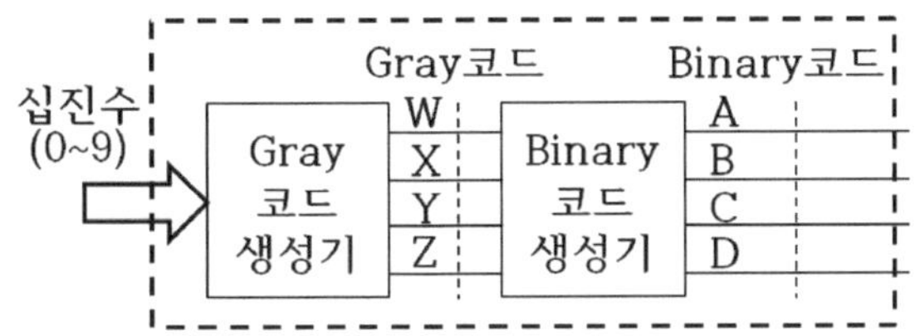

그림 6-24 Gray-to-이진 코드 변환기 블럭도

표 6-8은 Gray-to-이진 코드 변환 동작을 나타내는 진리표이다. 십진수 입력, Gray 코드로 변환, 그리고 이진 코드 변환으로 구성된다.

표 6-8 Gray-to-이진 코드 변환기 진리표

십진수	Gray코드	Binary코드	십진수	Gray코드	Binary코드
D	W X Y Z	A B C D	D	W X Y Z	A B C D
0	0 0 0 0	0 0 0 0	10	1 1 1 1	1 0 1 0
1	0 0 0 1	0 0 0 1	11	1 1 1 0	1 0 1 1
2	0 0 1 1	0 0 1 0	12	1 0 1 0	1 1 0 0
3	0 0 1 0	0 0 1 1	13	1 0 1 1	1 1 0 1
4	0 1 1 0	0 1 0 0	14	1 0 0 1	1 1 1 0
5	0 1 1 1	0 1 0 1	15	1 0 0 0	1 1 1 1
6	0 1 0 1	0 1 1 0			
7	0 1 0 0	0 1 1 1			
8	1 1 0 0	1 0 0 0			
9	1 1 0 1	1 0 0 1			

진리표에 의하여 각 출력을 구해 보면 그림 6-25와 같다.

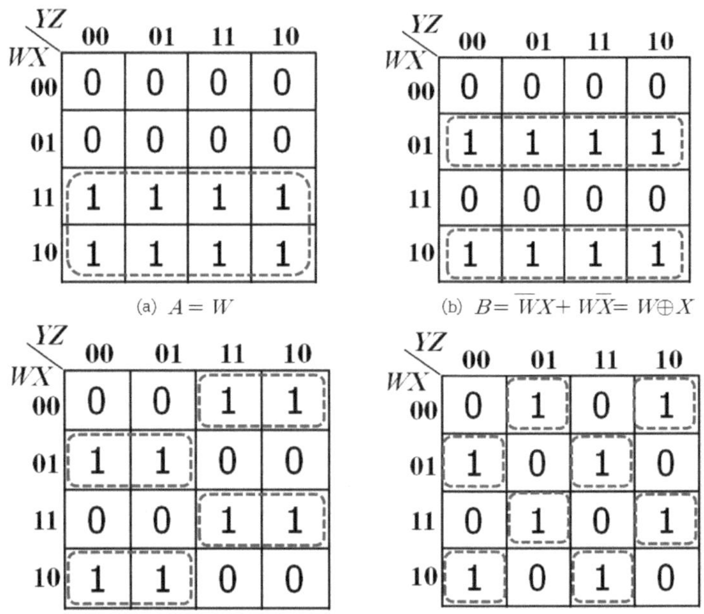

(a) $A = W$ (b) $B = \overline{W}X + W\overline{X} = W \oplus X$

(c) $C = W \oplus X \oplus Y$ (d) $D = W \oplus X \oplus Y \oplus Z$

그림 6-25 Gray-to-이진 코드 변환기 출력

$$\begin{aligned} C &= \overline{W}\,\overline{X}Y + \overline{W}X\overline{Y} + WXY + W\overline{X}\,\overline{Y} \\ &= \overline{W}(\overline{X}Y + X\overline{Y}) + W(XY + \overline{X}\,\overline{Y}) \\ &= \overline{W}(X \oplus Y) + W(\overline{X \oplus Y}) \\ &= W \oplus X \oplus Y \end{aligned}$$

$$\begin{aligned}
D &= \overline{W}\,\overline{X}\,\overline{Y}Z + \overline{W}\,\overline{X}Y\overline{Z} + \overline{W}X\overline{Y}\,\overline{Z} + \overline{W}XYZ \\
&\quad + WX\overline{Y}Z + WXY\overline{Z} + W\overline{X}\,\overline{Y}\,\overline{Z} + W\overline{X}YZ \\
&= \overline{W}\,\overline{X}(\overline{Y}Z + Y\overline{Z}) + \overline{W}X(\overline{Y}\,\overline{Z} + YZ) \\
&\quad + WX(\overline{Y}Z + Y\overline{Z}) + W\overline{X}(\overline{Y}\,\overline{Z} + YZ) \\
&= \overline{W}\,\overline{X}(Y \oplus Z) + \overline{W}X(\overline{Y \oplus Z}) \\
&\quad + WX(Y \oplus Z) + W\overline{X}(\overline{Y \oplus Z}) \\
&= (Y \oplus Z)(\overline{W}\,\overline{X} + WX) + (\overline{Y \oplus Z})(\overline{W}X + W\overline{X}) \\
&= (Y \oplus Z)(\overline{W \oplus X}) + (\overline{Y \oplus Z})(W \oplus X) \\
&= W \oplus X \oplus Y \oplus Z
\end{aligned}$$

그림 6-26은 Gray-to-이진 코드 변환기 회로도를 보여준다. 3개의 XOR 게이트로 구성된다.

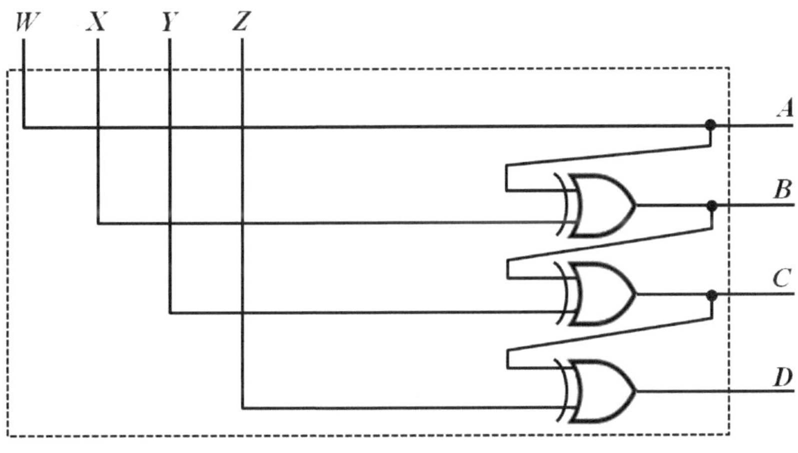

그림 6-26 Gray-to-이진 코드 변환기 회로도

6.6 패리티 비트 발생기/검사기

송신측에서 비트열로 구성된 정보에 비트를 첨가하여 전체 '1'의 개수를 홀수 또는 짝수로 만들어 전송 후 수신단에서 약속된 규칙(정보내의 '1'의 개수가 짝수 또는 홀수)을 위배했는지 검사하는 것이다. 이와 같이 수신단에서 패리티 비트를 첨가하는 것을 패리티 비티 발생기라하고, 수신단에서 이를 검사하는 것을 패리티 비트 검사기라 한다.

6.6.1 홀수 3비트 패리티 비트 발생기

예를 들어 홀수 3비트 패리티 비트 발생기를 고려하면, 보내고자 하는 정보의 비트수는 3비트로 되어 있고, 한 비트의 패리티 비트가 첨가되어 총 4비트가 전송된다. 표 6-9는 홀수 3비트 패리티 비트 발생기 진리표를 보여주고 있다. 입력은 WXY이고 패리티 비트는 P이다. 홀수 패리티이기 때문에 패리티 피트를 포함해서 1의 개수가 홀수가 되어야 한다.

표 6-9 홀수 3비트 패리티 비트 발생기 진리표

입력	패리티 비트
W X Y	P
0 0 0	1
0 0 1	0
0 1 0	0
0 1 1	1
1 0 0	0
1 0 1	1
1 1 0	1
1 1 1	0

그림 6-27은 홀수 3비트 패리티 비트 발생기 진리표에서 패리티 비트 P을 카르노 맵에 나타낸 것으로 P을 구해보면 다음과 같다.

W \ XY	00	01	11	10
0	1	0	1	0
1	0	1	0	1

그림 6-27 홀수 3비트 패리티 비트 발생기 출력

$$
\begin{aligned}
P &= \overline{W}\,\overline{X}\,\overline{Y} + \overline{W}XY + W\overline{X}Y + WX\overline{Y} \\
&= \overline{W}(\overline{X}\,\overline{Y} + XY) + W(\overline{X}Y + X\overline{Y}) \\
&= \overline{W}(\overline{X \oplus Y}) + W(X \oplus Y) \\
&= W \odot (X \oplus Y)
\end{aligned}
$$

그림 6-28은 홀수 3비트 패리티 비트 발생기 회로도를 나타낸다. 하나의 XOR 게이트와 하나의 NXOR 게이트로 구성된다.

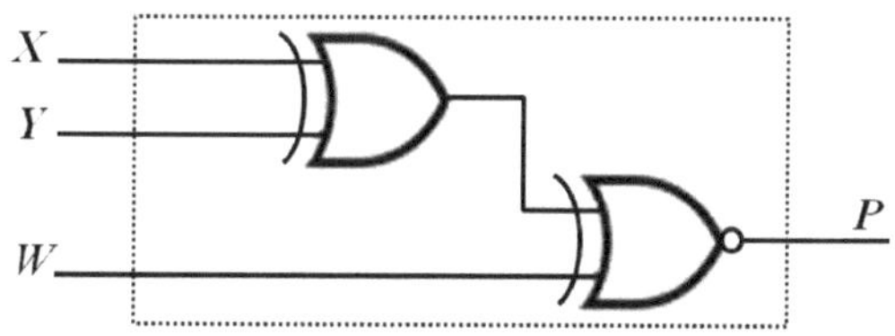

그림 6-28 홀수 3비트 패리티 비트 발생기

6.6.2 홀수 4비트 패리티 비트 검사기

수신단에서 입력되는 정보는 3비트의 정보와 1비트의 홀수 패리티 비트로 구성된다. 이를 각각의 정보에 에러가 있는지 여부를 검사하기 위하여 홀수 4비트 패리티 검사를 실시한다. 표 6-10은 홀수 4비트 패리티 비트 검사기 진리표를 보여주고 있다. 입력은 $WXYP$이고 패리티 검사 비트는 C이다. 홀수 패리티이기 때문에 입력 $WXYP$로 구성된 비트열의 '1'의 개수가 홀수 이어야하고 홀수가 되지 않으면 패리티 검사 비트는 C는 '1'이 된다.

표 6-10 홀수 4비트 패리티 비트 검사기 진리표

입력	패리티 비트
W X Y P	C
0 0 0 0	1
0 0 0 1	0
0 0 1 0	0
0 0 1 1	1
0 1 0 0	0
0 1 0 1	1
0 1 1 0	1
0 1 1 1	0
1 0 0 0	0
1 0 0 1	1
1 0 1 0	1
1 0 1 1	0
1 1 0 0	1
1 1 0 1	0
1 1 1 0	0
1 1 1 1	1

그림 6-29는 홀수 4비트 패리티 비트 검사기 진리표에서 패리티 검사 비트 C을 카르노 맵에 나타낸 것으로 C을 구해보면 다음과 같다.

WX \ YP	00	01	11	10
00	1	0	1	0
01	0	1	0	1
11	1	0	1	0
10	0	1	0	1

그림 6-29 홀수 4비트 패리티 비트 검사기 출력

$$
\begin{aligned}
C &= \overline{W}\,\overline{X}\,\overline{Y}\,\overline{P} + \overline{W}\,\overline{X}YP + \overline{W}X\overline{Y}P + \overline{W}XY\overline{P} \\
&\quad + WX\overline{Y}\,\overline{P} + WXYP + W\overline{X}\,\overline{Y}P + W\overline{X}Y\overline{P} \\
&= \overline{W}\,\overline{X}(\overline{Y}\,\overline{P} + YP) + \overline{W}X(\overline{Y}P + Y\overline{P}) \\
&\quad + WX(\overline{Y}\,\overline{P} + YP) + W\overline{X}(\overline{Y}P + Y\overline{P}) \\
&= \overline{W}\,\overline{X}(\overline{Y \oplus P}) + \overline{W}X(Y \oplus P) \\
&\quad + WX(\overline{Y \oplus P}) + W\overline{X}(Y \oplus P) \\
&= (\overline{Y \oplus P})(\overline{W}\,\overline{X} + WX) + (Y \oplus P)(\overline{W}X + W\overline{X}) \\
&= (\overline{Y \oplus P})(\overline{W \oplus X}) + (Y \oplus P)(W \oplus X) \\
&= (Y \oplus P) \odot (W \oplus X)
\end{aligned}
$$

그림 6-30은 홀수 4비트 패리티 비트 검사기 회로도를 나타낸다. 두 개의 XOR 게이트와 하나의 NXOR 게이트로 구성된다.

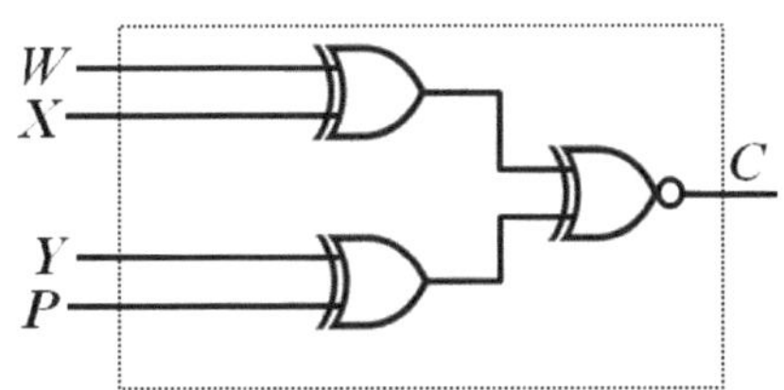

그림 6-30 홀수 4비트 패리티 비트 검사기 회로도

그림 6-31은 홀수 3비트 패리티 비트 발생기와 홀수 4비트 패리티 비트 검사기 구성을 나타낸다. 송신측에서 홀수 패리티를 생성하여 전송하고 수신단에서 홀수 패

리티 비트를 검사한다. 이를 통하여 전송 중에 여러 가지 이유 때문에 에러가 발생한 비트 유무를 확인할 수 있다.

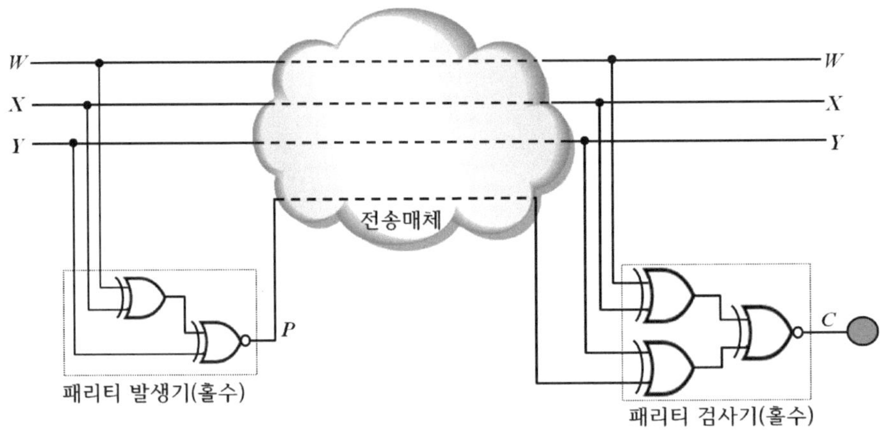

그림 6-31 홀수 패리티 시스템 구성도

6.7 인코더(Encoder)

인코더는 디지털 회로에서 정보를 디지털 시스템이 인식할 수 있는 이진코드로 만들어주는 회로이다. 인코더는 그림 6-32에서와 같이 최대 2^n개의 신호를 입력 받아 n개의 출력 신호를 만들어내는 조합논리회로이다. 2^n개의 입력 중 한 개의 입력이 인가되면 그에 대응되는 n비트 코드가 출력된다.

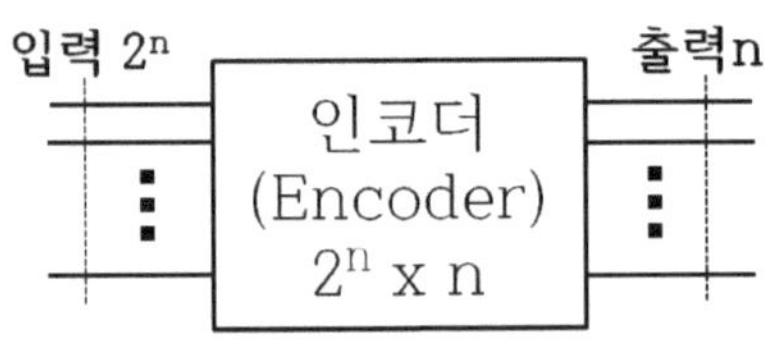

그림 6-32 인코더 블럭도

6.7.1 4x2 인코더

4x2 인코더를 구성해 보면 표 6-11과 같다. 입력중 하나가 '1'이면 나머지는 '0' 이고, 출력별로 OR 게이트로 구성된다.

표 6-11 4x2 인코더 진리표

입력 (2^n)				출력	
D_0	D_1	D_2	D_3	A	B
1	0	0	0	0	0
0	1	0	0	0	1
0	0	1	0	1	0
0	0	0	1	1	1

$$\begin{pmatrix} A = D_2 + D_3 \\ B = D_1 + D_3 \end{pmatrix}$$

4x2 인코더 회로와 심볼은 그림 6-33과 같다. 이 인코더에서 D_0는 연결되는 출력이 없고 OR 게이트 두 개로 구성된다.

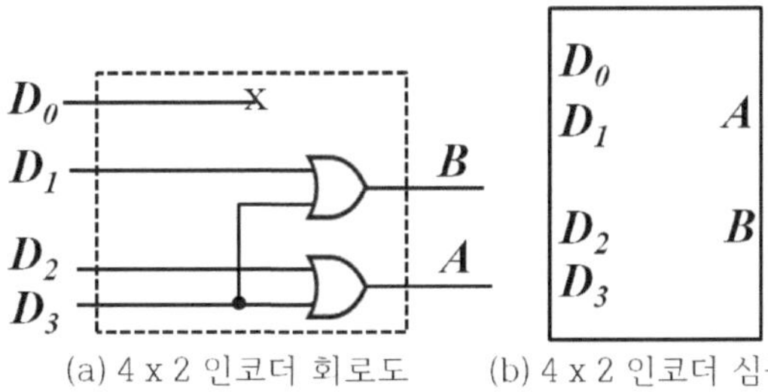

(a) 4 x 2 인코더 회로도 (b) 4 x 2 인코더 심볼

그림 6-33 4x2 인코더 회로도 및 심볼

다음은 8x3 인코더를 구성해 보기로 한다. 입력중 하나가 '1'이면 나머지는 '0'이고, 출력별로 OR 게이트로 구성된다. 표 6-12는 8x3 인코더 진리표를 나타낸다.

표 6-12 8x3 인코더 진리표

입력 (2^n)								출력		
I_0	I_1	I_2	I_3	I_4	I_5	I_6	I_7	A	B	C
1	0	0	0	0	0	0	0	0	0	0
0	1	0	0	0	0	0	0	0	0	1
0	0	1	0	0	0	0	0	0	1	0
0	0	0	1	0	0	0	0	0	1	1
0	0	0	0	1	0	0	0	1	0	0
0	0	0	0	0	1	0	0	1	0	1
0	0	0	0	0	0	1	0	1	1	0
0	0	0	0	0	0	0	1	1	1	1

진리표를 통하여 각각의 출력을 구해보면 다음과 같고, 회로도와 심볼은 그림 6-34에 나타나 있다. I_0는 연결되는 출력이 없으며 OR 게이트 3개로 구성된다.

$$A = I_4 + I_5 + I_6 + I_7$$
$$B = I_2 + I_3 + I_6 + I_7$$
$$C = I_1 + I_3 + I_5 + I_7$$

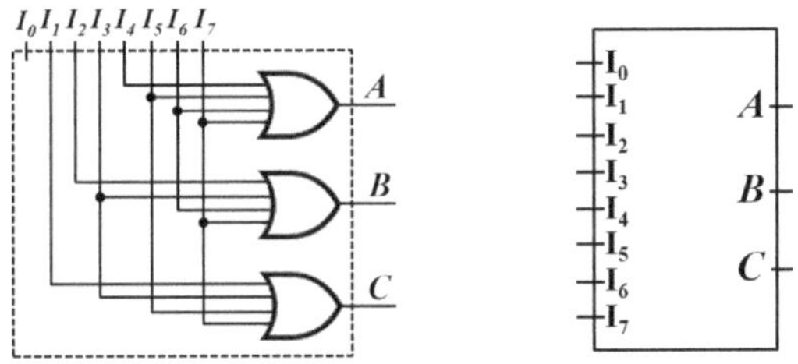

(a) 8x3 인코더 회로도 (b) 8x3 인코더 심볼

그림 6-34 8x3 인코더 회로도 및 심볼

6.7.2 10진-BCD 인코더

다음은 10진-BCD 인코더 회로를 구성해 보기로 한다. 표 6-13은 10진-BCD 인코더 진리표를 나타낸다.

표 6-13 10진-BCD 인코더 진리표

입력(십진수)	출력			
	A	B	C	D
0	0	0	0	0
1	0	0	0	1
2	0	0	1	0
3	0	0	1	1
4	0	1	0	0
5	0	1	0	1
6	0	1	1	0
7	0	1	1	1
8	1	0	0	0
9	1	0	0	1

진리표를 통하여 각각의 출력을 구해보면 다음과 같고, 그림 6-35는 10진-BCD 인코더의 회로도와 심볼을 나타낸다.

$$A = 8 + 9(MSB)$$
$$B = 4 + 5 + 6 + 7$$
$$C = 2 + 3 + 6 + 7$$
$$D = 1 + 3 + 5 + 7 + 9(LSB)$$

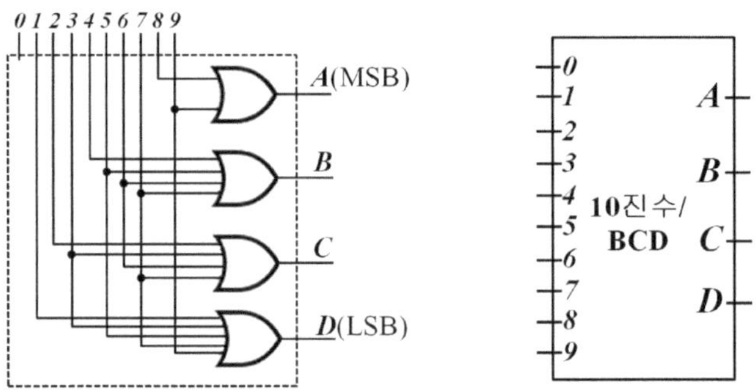

(a) 10진-BCD 인코더 회로도 (b) 10진-BCD 인코더 심볼

그림 6-35 10진-BCD 인코더

6.7.3 우선순위 (Priority) 인코더

잘못하여 입력키가 동시에 두 개가 눌려졌을 때 원하는 출력이 나오지 않을 수 있다. 이와 같은 문제점을 해결하기 위하여 두 개의 키가 동시에 눌려 졌을 때 큰 값을 가진 키가 눌려진 것으로 회로를 만들 수(반대도 가능) 있다. 예를 들어 4x2 인코더는 특정 순간에 여러 입력중 오직 하나만 '1'인 경우 정상적으로 동작하여야 한다. 예를 들어 입력 I_1과 I_2가 동시에 눌려진 경우, 마치 입력 I_3이 눌려진 것처럼 동작하게 된다. 이와 같은 문제를 해결하기 위해 입력들 사이에 값이 큰 것에 우선순위를 부여하여 회로를 설계하는 것이다. 이로써 입력키가 동시에 눌려졌을 때 값

이 큰 입력이 출력될 수 있도록 한다.

표 6-14 4x2 우선순위 인코더를 보여주고 있다. 입력 E_i 신호는 4x2 우선순위 인코더 Enable 신호로 논리 "1"일 때 4x2 우선순위 인코더가 정상적으로 동작하고, 논리 "0"일 때 ($E=0$) 4x2 우선순위 인코더는 입력 값에 무관하게 모든 출력이 '0'가 된다. 그리고 출력에서 G는 4개의 입력 중 어느 하나라도 '1'이면 '1'을 출력하고, 출력 E_o가 '1'일 때는 $E_i=1$이고 4x2 우선순위 인코더의 4개의 입력 모두 '0'이며 출력 A와 B은 모두 '0'으로 설정되는 것을 나타낸다.

표 6-14 4x2 우선순위 인코더 진리표

입력					출력			
E_i	I_0	I_1	I_2	I_3	G	E_o	A	B
0	X	X	X	X	0	0	0	0
1	0	0	0	0	0	1	0	0
1	X	X	X	1	1	0	1	1
1	X	X	1	0	1	0	1	0
1	X	1	0	0	1	0	0	1
1	1	0	0	0	1	0	0	0

진리표에 따라 출력을 구하면 다음과 같고, 그림 6-36은 4x2 우선순위 인코더의 회로도와 심볼을 나타낸다.

$$A=E_i(I_2+I_3)$$
$$B=E_i(I_3+\overline{I_2}I_1)$$
$$G=E_i(I_3+I_2+I_1+I_0)$$
$$E_0=E_i(\overline{I_0}\bullet\overline{I_1}\bullet\overline{I_2}\bullet\overline{I_3})$$

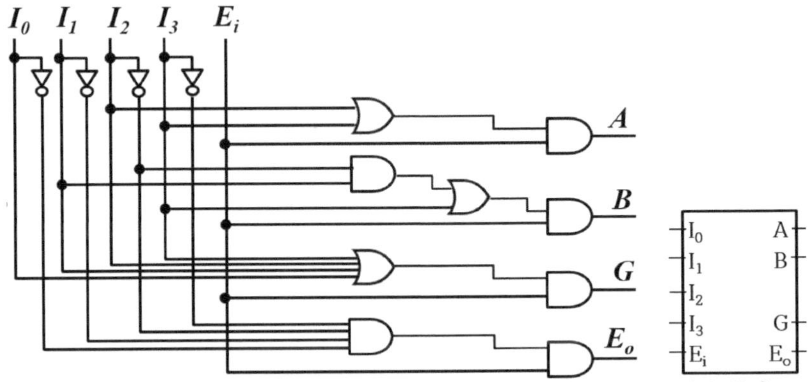

(a) 회로도 (b) 블럭도

그림 6-36 4x2 우선순위 인코더

6.8 디코더

디코더는 인코더와 반대로 디지털 회로에서 n비트의 입력 이진코드를 통하여 최대 2^n개의 서로 다른 출력을 생성할 수 있는 조합논리회로 이다. 디코더는 일명 해독기라 하며, 컴퓨터 시스템에서 사용되는 2진수를 인간이 쉽게 알아 볼 수 있는 10진수로 바꾸어 주는 역할을 한다. 그림 6-37은 디코더의 블록도를 보여주는데, n비트의 입력이 최대 2^n개의 서로 다른 정보를 출력한다. 디코더는 IC형으로 논리 회로에서 많이 사용한다.

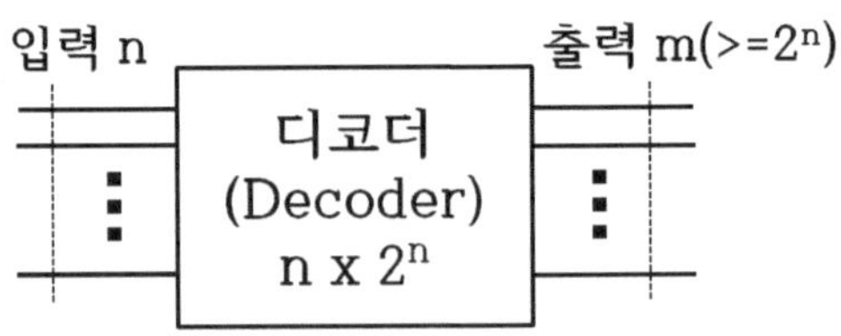

그림 6-37 디코더 블럭도

6.8.1 3x8 디코더

표 6-15는 3x8 라인 디코더의 진리표를 나타낸다. 이 디코더는 세 개의 입력 변수에 따른 모든 최소항을 발생한다. 출력선 중에 어느 하나는 입력 변수의 각 조합에 대해 정확히 1이 된다. 따라서 3x8 디코더는 3비트의 입력을 통하여 최대 8개의 서로 다른 출력을 생성해 주는 조합논리회로이다.

표 6-15 3x8 디코더 진리표

입력			출력							
A	B	C	Y_0	Y_1	Y_2	Y_3	Y_4	Y_5	Y_6	Y_7
0	0	0	1	0	0	0	0	0	0	0
0	0	1	0	1	0	0	0	0	0	0
0	1	0	0	0	1	0	0	0	0	0
0	1	1	0	0	0	1	0	0	0	0
1	0	0	0	0	0	0	1	0	0	0
1	0	1	0	0	0	0	0	1	0	0
1	1	0	0	0	0	0	0	0	1	0
1	1	1	0	0	0	0	0	0	0	1

진리표에 따라 출력을 구해보면 다음과 같고, 그림 6-38은 3×8 디코더의 회로도와 심볼을 보여준다.

$$Y_0 = \overline{A}\,\overline{B}\,\overline{C}$$
$$Y_1 = \overline{A}\,\overline{B}C$$
$$Y_2 = \overline{A}B\overline{C}$$
$$Y_3 = \overline{A}BC$$
$$Y_4 = A\overline{B}\,\overline{C}$$
$$Y_5 = A\overline{B}C$$
$$Y_6 = AB\overline{C}$$
$$Y_7 = ABC$$

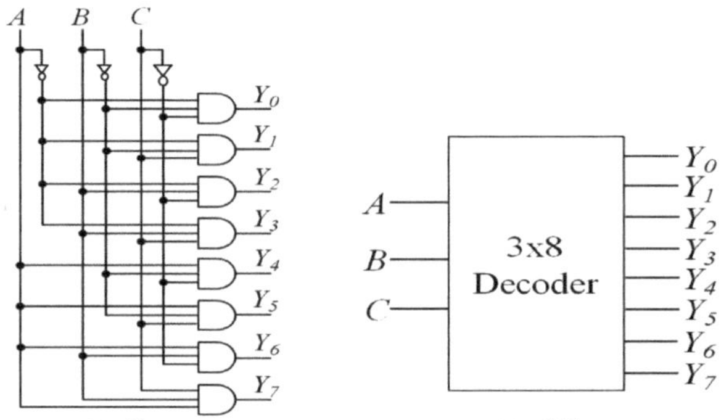

(a) 회로도　(b) 심볼

그림 6-38 3×8 디코더

6.8.2 BCD-to-Decimal 디코더

BCD-to-Decimal 디코더는 BCD 코드를 입력받아 BCD 코드에 해당하는 출력을 '1'로 한다. 표 6-16은 BCD-to-Decimal 디코더 진리표를 보여준다.

표 6-16 BCD-to-Decimal 디코더 진리표

입력				출력									
A	B	C	D	Y_0	Y_1	Y_2	Y_3	Y_4	Y_5	Y_6	Y_7	Y_8	Y_9
0	0	0	0	1	0	0	0	0	0	0	0	0	0
0	0	0	1	0	1	0	0	0	0	0	0	0	0
0	0	1	0	0	0	1	0	0	0	0	0	0	0
0	0	1	1	0	0	0	1	0	0	0	0	0	0
0	1	0	0	0	0	0	0	1	0	0	0	0	0
0	1	0	1	0	0	0	0	0	1	0	0	0	0
0	1	1	0	0	0	0	0	0	0	1	0	0	0
0	1	1	1	0	0	0	0	0	0	0	1	0	0
1	0	0	0	0	0	0	0	0	0	0	0	1	0
1	0	0	1	0	0	0	0	0	0	0	0	0	1

그림 6-39는 진리표에 있는 BCD-to-Decimal 디코더에 대한 출력을 카르노 맵에 표시한 것이다.

AB \ CD	00	01	11	10
00	Y_0	Y_1	Y_3	Y_2
01	Y_4	Y_5	Y_7	Y_6
11	X	X	X	X
10	Y_8	Y_9	X	X

그림 6-39 카르노 맵 출력

진리표에 따라 출력을 구해보면 다음과 같고, 그림 6-40은 BCD-to-Decimal 디코더의 회로도와 심볼을 보여준다. BCD 코드가 이 디코더의 입력 신호로 적응되면 출력 중의 어느 한 라인만이 “1:로 되어, 10진수에 대응되는 값을 나타내게 된다. 일반적으로 n x 2^n라인 디코더는 n개의 입력 변수에 대해 2^n개의 최소항(혹은 최대항)을 발생시킨다.

$$
\begin{aligned}
Y_0 &= \overline{A}\,\overline{B}\,\overline{C}\,\overline{D} \\
Y_1 &= \overline{A}\,\overline{B}\,\overline{C}D \\
Y_2 &= \overline{B}C\overline{D} \\
Y_3 &= \overline{B}CD \\
Y_4 &= B\overline{C}\,\overline{D} \\
Y_5 &= B\overline{C}D \\
Y_6 &= BC\overline{D} \\
Y_7 &= BCD \\
Y_8 &= A\overline{D} \\
Y_9 &= AD
\end{aligned}
$$

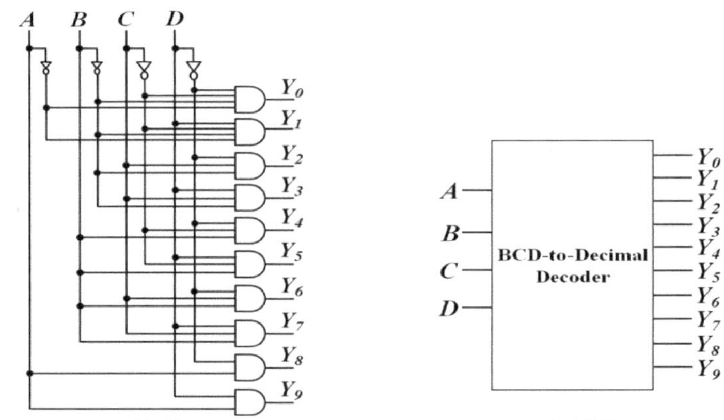

(a) 회로도 (b) 심볼

그림 6-40 BCD-to-Decimal 디코더

n입력 디코더는 n개의 입력 변수에 대해 모든 최소항들을 발생하기 때문에 n변수 함수들은 하나의 디코더로부터 나온 선택된 최소항 출력들과 함께 OR하면 실현시킬 수 있다. 디코더 출력이 반전된다면 다음 예에서 설명된 것 같이 NAND 게이트는 그 함수를 생성하는데 사용할 수 있다. 아래 함수를 그림 6-41의 디코더를 사용하여 실현해 보자. f_1과 f_2을 생성시킬 수 있다.

$$f_1(a,b,c,d) = m_1 + m_2 + m_4 \text{ 그리고, } f_2(a,b,c,d) = m_4 + m_7 + m_9$$

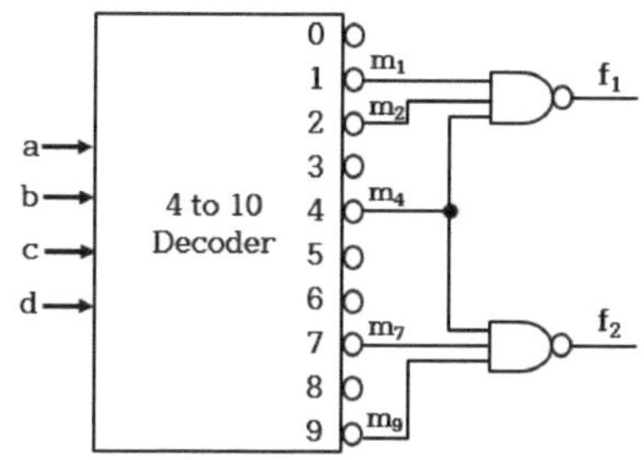

그림 6-41 디코더를 사용한 다중출력 논리 회로의 구현

6.8.3 Enable 신호를 가진 디코더

디코더에 Enable 신호($\overline{E_n}$)를 첨가하여 디코더를 제어할 수 있도록 한다. 이 신호가 Active($\overline{E_n}$= '0')가 되면 디코더가 정상적으로 동작하고, Not active인 경우 ($\overline{E_n}$= '1') 디코더 입력 중 어느 것도 출력으로 선택되지 않는다. 표 6-17은 Enable 신호를 가진 디코더의 진리표를 보여주고 있다.

표 6-17 Enable 신호를 가진 디코더 진리표

$\overline{E_n}$ A B	D_0	D_1	D_2	D_3
1 X X	1	1	1	1
0 0 0	0	1	1	1
0 0 1	1	0	1	1
0 1 0	1	1	0	1
0 1 1	1	1	1	0

진리표에 의하여 Enable 신호를 가진 디코더의 회로도와 심볼은 그림 6-42와 같다. 인에이블 신호가 '1'이면 입력 A와 B와 관계없이 모든 출력(D_0, D_1, D_2,

D_3)이 '1'이 된다. 인에이블 신호가 '0'이면 디코더는 입력 A와 B의 값에 따라 정상적으로 동작한다.

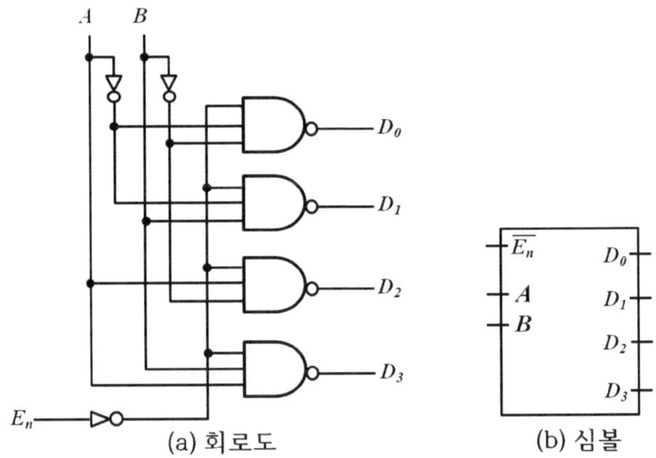

그림 6-42 Enable 신호를 가진 디코더

6.9 멀티플렉서/디멀티플렉서

멀티플렉서와 디멀티플렉서는 주로 통신망에서 많은 비용을 차지하는 전송선로에 많이 사용된다. 고가의 전송선로를 통하여 송신측과 수신측을 일대일로 연결하는 경우 그 선로가 항상 이용되지 않기 때문에 사용 효율이 열악한 특성을 가지고 있다. 멀티플렉서는 여러 개의 저속 신호를 하나의 고속 선로로 다중화하여 전송하고 디멀티플렉서는 다중화된 신호를 다시 원래의 여러 신호로 분배하여 전송한다. 그림 6-43은 멀티플렉서와 디멀티플렉서를 보여주고 있다. 멀티플렉서는 2^n개의 저속 신호를 고속의 전송선로 Y로 다중화 하여 전송하고, 디멀티플렉서는 다중화된 신호 I를 2^n개의 저속 신호로 분리하여 전송해 준다.

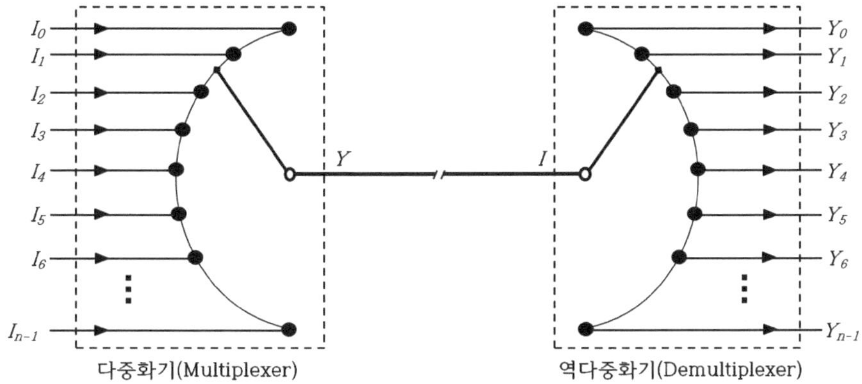

그림 6-43 멀티플렉서/디멀티플렉서

6.9.1 멀티플렉서

멀티플렉서는 여러 곳의 소스로부터 입력되는 데이터(디지털 정보) 중에서 하나를 선택하여 하나의 출력 단으로 보내는 장치이다. 이를 위하여 기본적인 멀티플렉서는 여러 개의 데이터 입력선과 하나의 출력선, 그리고 입력 데이터 중에서 어떤 데이터를 출력할 것인지를 선택하여 데이터 선택선을 갖고 있다. 일반적으로 멀티플렉서는 2^n개의 입력선과 n개의 선택선으로 구성되어 있는데, 이 선택선의 비트조합에 의하여 어느 입력이 선택될 것인가를 결정한다.

표 6-18은 4x1 멀티플렉서의 진리표를 보여주고 있다. 2^2개의 입력신호 I_0, I_1, I_2, I_3중 하나를 선택하여 전송선로 Y로 다중화시켜 준다. 이때 선택신호 S_1, S_0에 따라 입력신호가 선택되어 출력 Y로 전송된다.

표 6-18 4x1 멀티플렉서

선택신호		출력
S_1	S_0	Y
0	0	I_0
0	1	I_1
1	0	I_2
1	1	I_3

그림 6-44은 4x1 멀티플렉서 회로를 보여주고 있다. 멀티플렉서는 4개의 AND게이트, 두 개의 인버터, 그리고 하나의 OR게이트로 구성된다. 각각의 AND 게이트 입력은 선택신호 S_1, S_0, 그리고 입력 I로 구성된다. 선택신호 S_1, S_0에 의하여 선택된 입력(I_0, I_1, I_2, I_3 중 하나)이 출력 Y로 전송된다. 이와 같이 4x1 멀티플렉서는 4개의 입력이 하나의 전송선로 Y을 공유하고 있다. 그리고 그림 6-44 (b)는 4×1 멀티플렉서를 심볼을 나타낸 것이다. 4개의 입력 데이터중 하나를 선택할 수 있도록 하려면, 두 개의 선택 비트(select bit, S_1, S_0)를 위한 두 개의 데이터 선택선이 필요하다.

데이터 선택선에 2진 $0(S_1=0, S_0=0)$이 입력되면 입력 데이터 중에서 I_0가 데이터 출력선 Y로 출력된다. 2진 값 $1(S_1=0,\ S_0=1)$이 입력되면 Y_1이 출력되고, 2진 값 $2(S_1=1, S_0=0)$가 입력되면 I_2가 출력선 Y로 출력된다. 마찬가지로, 2진 값 $3(S_1=1, S_0=1)$이 입력되면 D_3이 데이터 출력선 Y로 출력된다.

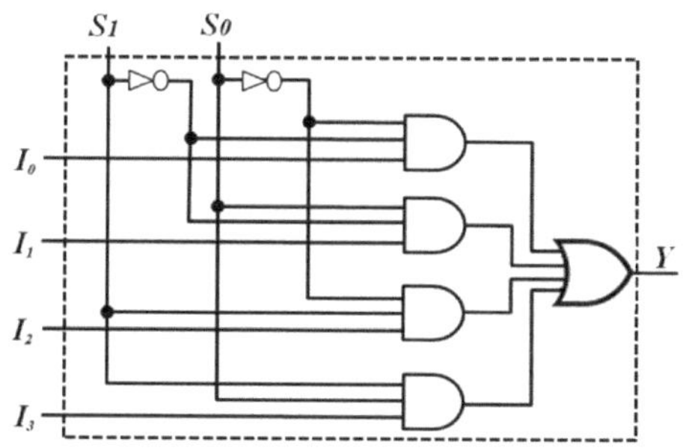

(a) 회로도

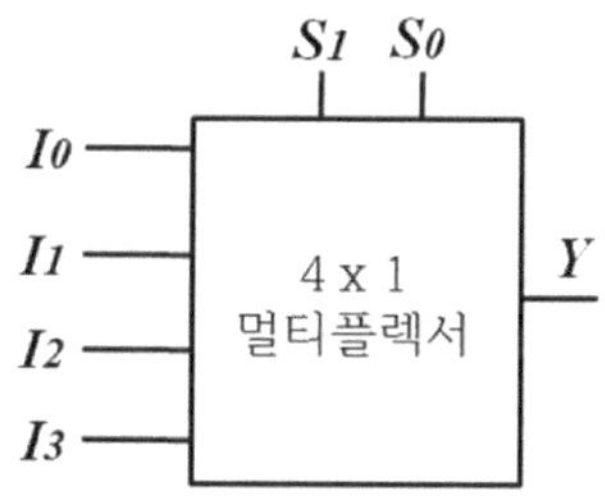

(b) 심볼

그림 6-44 4x1 멀티플렉서

멀티플렉서의 동작을 구현하는데 필요한 논리 회로를 알아보면, 출력 데이터는 선택된 입력 데이터와 같다. 입력 데이터와 선택 입력 항을 사용하면 출력에 대한 논리식은

$$Y=\overline{S_0}\,\overline{S_1}I_0+S_0\overline{S_1}I_1+\overline{S_0}S_1I_2+S_0S_1I_3$$

일반적으로 $2^n\times1$ 멀티플렉서는 각 AND게이트에 대해 하나씩 2^n개의 입력선을 첨가함으로써 $n\times2^n$ 디코더로 구성된다. AND게이트의 출력은 단일 OR게이트에 인가되어 1선로의 출력을 이루게 된다. 멀티플렉서는 흔히 약자로 MUX라고 한다.

멀티플렉서(혹은 데이터 선택기)는 일반적으로 데이터 입력 그룹과 제어 입력 그룹을 갖는다. 제어 입력은 입력 데이터들 중에 하나를 선택하는데 쓰이고, 선택된 입력이 출력 단자에 연결된다. 그림 6-45는 4×1 멀티플렉서, 8×18 멀티플렉서 그리고 $2^n\times1$ 멀티플렉서의 블록도를 나타낸다.

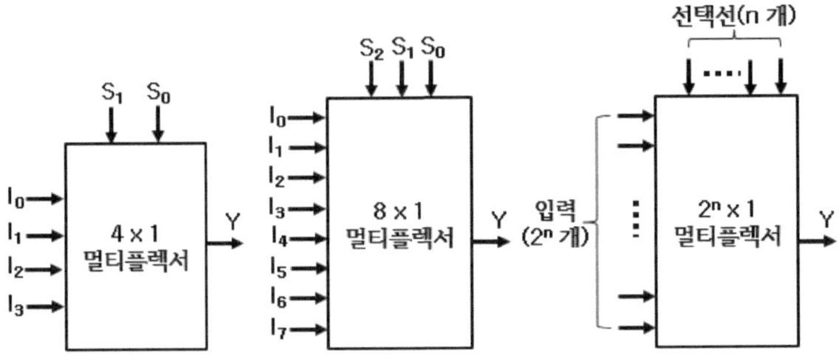

그림 6-45 여러 가지 멀티플렉서

4 x 1 멀티플렉서는 다음 식으로 설명된다.

$$Y = \overline{A}\overline{B}I_0 + \overline{A}BI_1 + A\overline{B}I_2 + ABI_3 \quad \text{-----------------------------} \quad (6\text{-}1)$$

제어 입력 AB가 "00"이면 출력은 I_0이고, 제어 입력이 "01, 10, 11"이면 각각 출력은 I_1, I_2, I_3가 된다. 또한 8 x 1 MUX는 다음 식으로 설명된다.

$$Y = \overline{A}\overline{B}\overline{C}I_0 + \overline{A}\overline{B}CI_1 + \overline{A}B\overline{C}I_2 + \overline{A}BCI_3 \quad \text{------------------------} \quad (6\text{-}2)$$
$$+ A\overline{B}\overline{C}I_4 + A\overline{B}CI_5 + AB\overline{C}I_6 + ABCI_7$$

제어 입력 ABC가 "011"일 때, 출력은 I_3이 되며, 다른 출력 관계들도 이와 같은 방법으로 나타낼 수 있다. 그림 6-46은 8 x 1 MUX의 내부 구조를 보여 주고 있다. 보통 n개 제어 입력을 갖는 멀티플렉서는 2^n개의 데이터 입력 중 어느 하나를 선택하는데 사용된다. n개 제어 입력과 2^n개의 데이터 입력을 갖는 MUX 출력 방정식은 다음과 같다.

$$Y = \sum_{k=0}^{2^{n-1}} m_k I_k$$

여기서 m_k는 n개의 제어 변수 중 하나의 최소항이고, I_k는 어느 하나의 데이터 입력을 나타낸다.

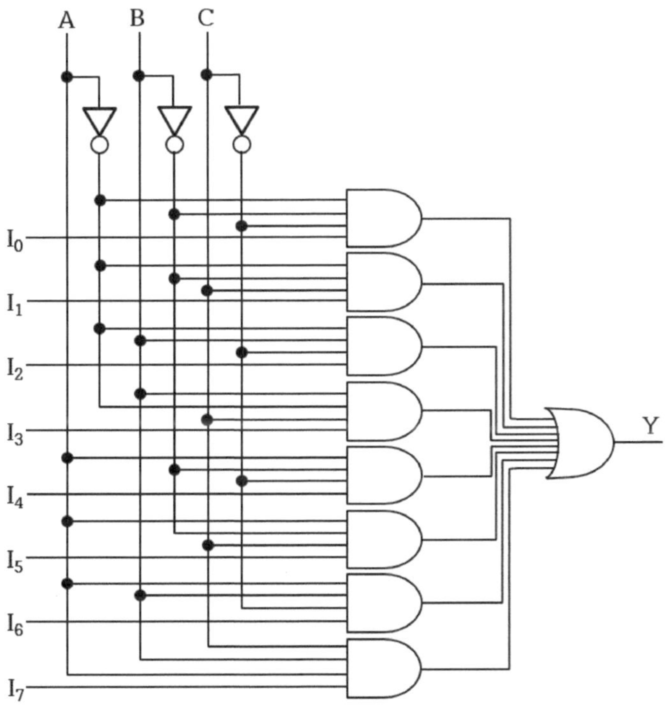

그림 6-46 8 x 1 멀티플렉서 논리 회로

멀티플렉서는 디지털 시스템 설계 시 저장될 데이터를 선택하는데 흔히 사용된다. 그림 6-47은 네 개(Quadruple)의 2 x 1 MUX로 두개의 4 비트 데이터 워드 중에 하나를 선택하는데 사용되는 방법을 나타내고 있다. 제어 입력이 $A=0$이면,

X_0, X_1, X_2, X_3의 값이 출력 F_0, F_1, F_2, F_3에 나타나고, $A=1$이면 Y_0, Y_1, Y_2, Y_3의 값이 출력에 나오게 된다. 또한 멀티플렉서는 조합 논리 회로의 구현에도 사용된다. 4 x 1 MUX는 어떤 논리 게이트의 추가 없이 3-변수 함수를 실현하는데 쓸 수 있다.

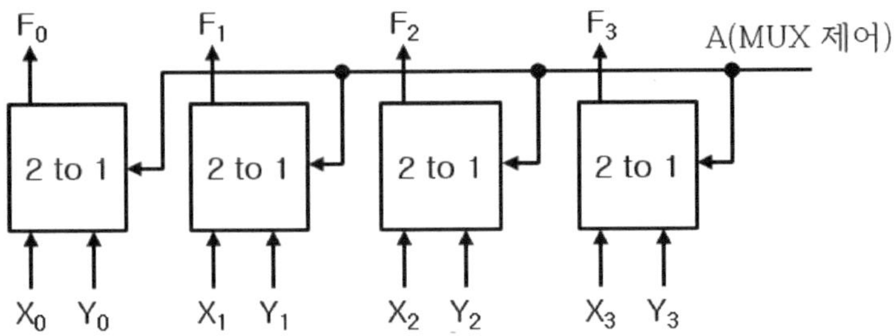

그림 6-47 데이터 선택에 적용된 네 개의 멀티플렉서

예를 들며,

$$Y(A,B,C) = A\overline{B}\overline{C} + \overline{A}C + \overline{B}C \quad \text{(6-3)}$$

식 (6-3)을 2개의 선택 입력을 가진 4 x 1 멀티플렉서를 이용하여 구현해 보자. 모든 항에 두 제어입력 A와 B을 포함하도록 Y을 전개하면 다음과 같다.

$$\begin{aligned} Y(A,B,C) &= A\overline{B}\overline{C} + \overline{A}C + BC \quad \text{(6-4)} \\ &= A\overline{B}\overline{C} + \overline{A}C(\overline{B}+B) + BC(\overline{A}+A) \\ &= A\overline{B}\overline{C} + \overline{A}\overline{B}C + \overline{A}BC + \overline{A}BC + ABC \\ &= \overline{A}\overline{B}C + \overline{A}BC + A\overline{B}C + ABC \\ &= m_1 + m_3 + m_4 + m_7 = \sum(1,3,4,7) \end{aligned}$$

그리고 식 (6-4)의 진리표는 표 6-19와 같다. 여기서 2개의 입력 B와 C을 선택 입력으로 하여, 각각을 선택 신호 S_1과 S_0에 연결한다. 그리고 진리표에서 보면 선택 입력 $BC=00$인 경우, 입력 I_0가 선택된다. 이때 진리표에서 알 수 있듯이 $A=0$인 경우 출력 $Y=0$이 되고, $A=1$인 경우 출력 $Y=1$이 된다. 따라서 $Y=A$가 되기 때문에 입력 신호 I_0에 A을 연결하면 된다. 같은 방법으로 선택 입력 $BC=01$인 경우, 입력 I_1이 선택된다. 이때 진리표에서 알 수 있듯이 $A=0$인 경우 출력 $Y=1$이 되고, $A=1$인 경우 출력 $Y=0$이 된다. 따라서 $Y=\overline{A}$가 되기 때문에 입력 신호 I_1에 $\overline{A}$을 연결하면 된다. 또 선택 입력 $BC=10$인 경우, 입력 I_2가 선택된다. 이때 A가 1 또는 0인 경우 모두 출력 $Y=0$이 된다. 따라서 $Y=0$이 되기 때문에 입력 신호 I_2에 0을 연결하면 된다. 마지막으로 선택 입력 $BC=11$인 경우, 입력 I_3가 선택된다. 이때 A가 1 또는 0인 경우 모두 출력 $Y=1$이 된다. 따라서 $Y=1$이 되기 때문에 입력 신호 I_3에 1을 연결하면 된다. 이와 같은 방법을 통하여 불 식을 4 x 1 멀티플렉서로 표현한 것은 그림 6-48에 나타냈다.

표 6-19 식(6-4) 진리표

입력			최소항	출력
A	B	C	minterm	Y
0	0	0	m_0	0
0	0	1	m_1	1
0	1	0	m_2	0
0	1	1	m_3	1
1	0	0	m_4	1
1	0	1	m_5	0
1	1	0	m_6	0
1	1	1	m_7	1

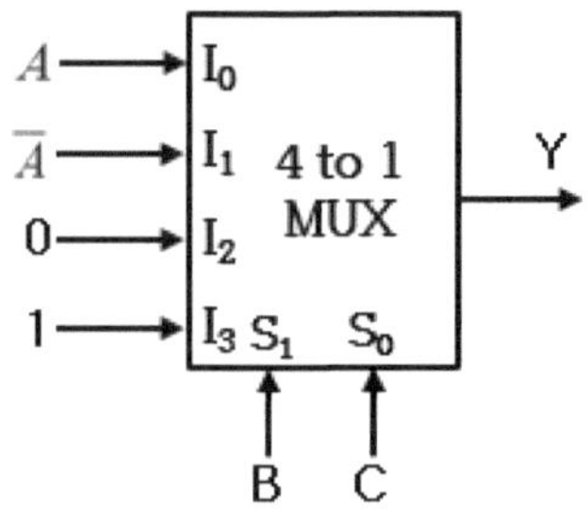

그림 6-48 4 x 1 멀티플렉서를 이용한 식 (6-4)의 구현

하나의 8 x 1 멀티플렉서로 4변수 함수를 별도의 게이트 추가 없이 실현할 수 있다. 네 개의 변수 중에 세 개는 멀티플렉서의 제어 입력으로 사용되고, 나머지 한 개의 변수는 데이터 입력에 사용된다. 예를 들어 그림 6-49(a)의 카르노 맵에 나타난 4변수 함수 Y을 설계해 보자. 먼저 A, B, C변수를 제어 입력으로 선택한 후, 입력 I_K들을 결정한다. 선택 입력 $ABC = 000$인 경우, $Y = I_0$가 된다. 이때 $D = 0$ 또는 $D = 1$인 경우 모두 $Y = 1$이므로 I_0에 1을 연결하면 된다. 그리고 $ABC = 001$인 경우, $Y = I_1$이 된다. 이때 $D = 0$인 경우 $Y = 0$이고 $D = 1$인 경우 $Y = 1$이므로 I_1 에 D을 연결하면 된다. 이와 같은 방법으로 진행하면 8 x 1 멀티플렉서의 입력을 구할 수 있다. 그림 6-48(a)의 카르노 맵 상에서 이런 방법을 실행하는 것은 I_0, I_1 등에 일치하는 곳을 블록화하는 것과 같다. 따라서 ABC의 변수값을 000으로 결정하면 4변수 맵이 1변수 맵으로 축소되어 그림 6-48(a)에서 I_0로 명시된다. 마찬가지로 $ABC = 001$로 두면 맵의 $AB = 00$열과 $C = 1$인 행이 선택되어 I_1로 분류된 1변수 맵이 주어진다. 각각의 경우에 대해 A, B, C값을 지정하면, 각 1변수 맵은 D 변수의 항으로 I_K의 값을 결정하게 된다. 맵의 $I_0 = 1$ 이 되고, I_1 영역에서는 D 값이 1인 영역에서만 1이므로 $I_1 = D$ 가 된다. I_K의 다른 값들도 위와 같은 방법으로 다음과 같이 결정할 수 있다.

$$ABC = 000 \quad Y = I_0 = 1 \quad ABC = 100 \quad Y = 1_4 = \overline{D}$$

$$ABC = 001 \quad Y = I_1 = D \quad ABC = 101 \quad Y = 1_5 = D$$

$$ABC = 010 \quad Y = I_2 = 0 \quad ABC = 110 \quad Y = 1_6 = \overline{D}$$

$$ABC = 011 \quad Y = I_3 = 1 \quad ABC = 111 \quad Y = 1_7 = \overline{D}$$

그림 6-49(c)는 8 x 1 멀티플렉서를 사용하여 Y을 최종 구현한 결과이다.

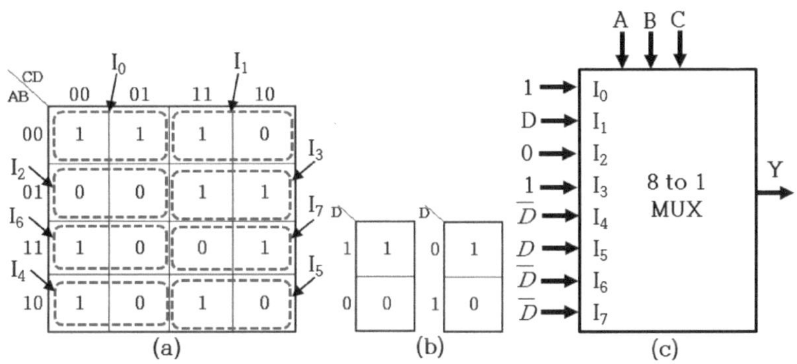

그림 6-49 4-입력 함수의 MUX 실현

멀티플렉서에 대해 제어 입력을 달리 선택하면 그에 따라 맵의 블록 영역 위치도 바뀌게 된다. 그림 6-50은 제어 입력을 ABD로 선택했을 경우에 대한 멀티플렉서와 구획을 보여준다. 이전과 같은 방법으로 $ABD = 000$으로 지정하면 I_0 영역이 되고, C 값이 0인 영역에서 1이 되므로 $I_0 = \overline{C}$가 되는 것을 알 수 있다. 이를 정리해 보면,

$$ABD = 000 \quad Y = I_0 = \overline{C} \quad ABD = 100 \quad Y = 1_4 = \overline{C}$$

$$ABD = 001 \quad Y = I_1 = 1 \quad ABD = 101 \quad Y = 1_5 = C$$

$$ABD = 010 \quad Y = I_2 = C \quad ABC = 110 \quad Y = 1_6 = 1$$

$$ABD = 011 \quad Y = I_3 = C \quad ABD = 111 \quad Y = 1_7 = 0$$

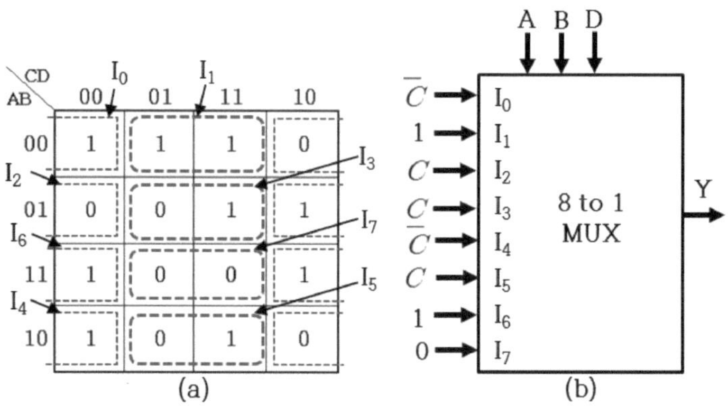

그림 6-50 선택 입력이 ABD인 경우 4-입력 함수의 멀티플렉서 구현

그림 6-50(a)에 있는 카르노 맵을 그림 6-51처럼 게이트를 추가한 4 x 1 멀티플렉서로 구현 할 수 있다. 제어 입력을 AB로 보면 다음과 같이 풀이할 수 있다. $AB = 00, 01, 10, 11$, 출력 $Y = I_0, I_1,\ I_2, I_3$ 로 표시하였다. 각 영역의 구획은 C와 D 변수의 값으로 I_K을 표현하는 2변수 맵이 된다.

따라서 $I_0 = \overline{C} + D$, $I_1 = C$, $I_2 = \overline{C}\,\overline{D} + CD = \overline{C \oplus D}$, 그리고 $I_3 = \overline{D}$ 가 되어 그림 6-51과 같이 구현된다.

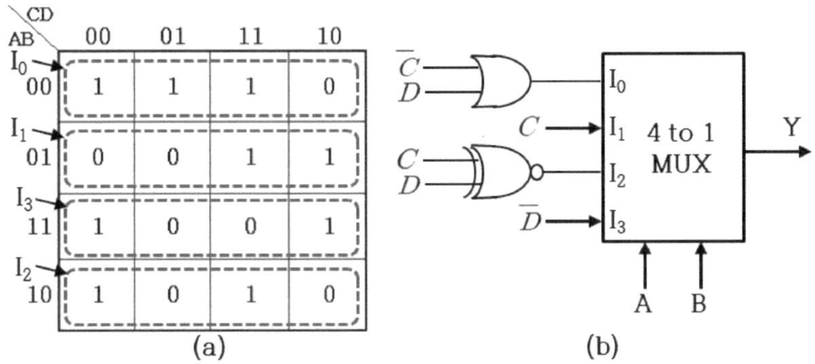

그림 6-51 멀티플렉서에 게이트를 추가하여 함수를 구현

디지털 시스템에서 데이터 선택의 우선 적용 외에도 조합 논리 회로를 구현하기 위해 멀티플렉서를 어떻게 쓸 것인가에 대해 알아보았다. 멀티플렉서는 다음 구조로 IC 패키지에 쉽게 이용할 수 있다. 네 개의 2 x 1, 두 개의 4 x 1, 8 x 1, 16 x 1 등 이미 알고 있는 바와 같이 4 x 1과 8 x 1 멀티플렉서는 3변수와 4변수 함수를 각각 실현하는 데 쓸 수 있다. 마찬가지로 4개의 제어 입력을 갖는 16 x 1 멀티플렉서는 별도의 게이트를 추가 할 필요 없이 임의의 5변수 함수를 실현하는 데 사용될 수 있다.

6.9.2 디멀티플렉서

디멀티플렉서(DMUX)는 멀티플렉서와 반대 기능을 한다. 디멀티플렉서는 하나의 입력선으로 데이터를 받아 이것을 여러 개의 출력선중 하나를 선택하여 출력한다. 이 때문에 디멀티플렉서를 데이터 분배기라도 하며, 디코더도 디멀티플렉서로 사용할 수 있다.

이와 같은 디멀티플렉서는 여러 신호가 다중화된 하나의 신호를 2^n개 신호로 분리하여 출력해 주는 회로로 멀티플렉서와 반대 기능을 수행한다. 표 6-20는 1x4 디멀티플렉서의 진리표를 보여주고 있다. 다중화된 입력신호 I가 출력 Y_0, Y_1, Y_2, Y_3 중 하나로 전송된다. 이때 선택신호 S_1, S_0에 따라 입력신호가 4개의 출력중 하나로 전송된다.

표 6-20 1x4 디멀티플렉서 진리표

선택신호		출력			
S_1	S_0	Y_0	Y_1	Y_2	Y_3
0	0	I	0	0	0
0	1	0	I	0	0
1	0	0	0	I	0
1	1	0	0	0	I

그림 6-52는 1x4 디멀티플렉서 회로를 보여주고 있다. 출력이 네 개이므로 선택선은 $4=2^2$로부터 두 개가 되어 입력 변수는 총 3개가 된다. 입출력 변수의 수가 많으므로 입력과 출력의 관계로부터 설계하는 것이 간단하다. 따라서 디멀티플렉서는 4개의 AND게이트와 두 개의 인버터로 구성된다. 각각의 AND 게이트 입력은 선택신호 S_1, S_0, 그리고 입력 I로 구성된다. 선택신호 S_1, S_0에 의하여 선택된 출력(Y_0, Y_1, Y_2, Y_3 중 하나)으로 입력 I가 전송된다. 이와 같이 1x4 디멀티플렉서는 하나의 다중화된 입력이 분리되어 선택된 4개의 출력중 하나로 전송된다. 두 개의 데이터 선택 신호(S_1, S_0)는 한 번에 한 게이트만 활성화 시켜준다. 이를 통하여 데이터 입력선 I로 입력된 데이터를 활성화된 게이트를 통하여 출력한다.

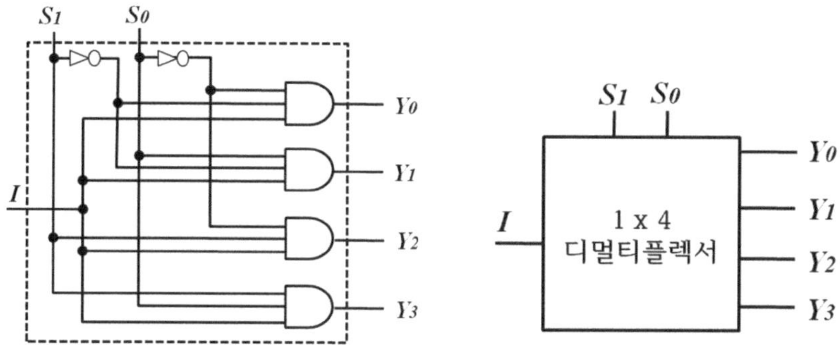

(a) 회로도 (b) 심볼

그림 6-52 1x4 디멀티플렉서

표 6-21은 enable신호를 가진 1x4 디멀티플렉서 진리표를 나타낸다. Enable신호가 '1'일 때 선택신호가 어떤 값을 갖더라도 모든 출력은 '0'이며, Enable신호가 '0' 일 때 디멀티플렉서는 선택신호 S_1, S_0에 따라 정상적으로 동작한다.

표 6-21 Enable신호를 가진 1x4 디멀티플렉서 진리표

Enable신호	선택신호		출력			
E	S_1	S_0	Y_0	Y_1	Y_2	Y_3
1	X	X	0	0	0	0
0	0	1	I	0	0	0
0	0	1	0	I	0	0
0	1	0	0	0	I	0
0	1	1	0	0	0	I

그림 6-53은 Enable신호를 가진 1x4 디멀티플렉서 회로와 심볼을 나타낸다. 이 디멀티플렉서는 4개의 AND게이트, 3개의 인버터로 구성된다. Enable 신호(E)가 '1' 일 때 디멀티플렉서 출력 Y_0, Y_1, Y_2, Y_3는 모두 '0'을 출력한다. Enable 신

호(E)가 '0' 일 때 선택신호 S_1, S_0에 따라 출력 Y_0, Y_1, Y_2, Y_3중 하나가 선택되어 입력신호 I가 선택된 AND 게이트를 통하여 출력된다.

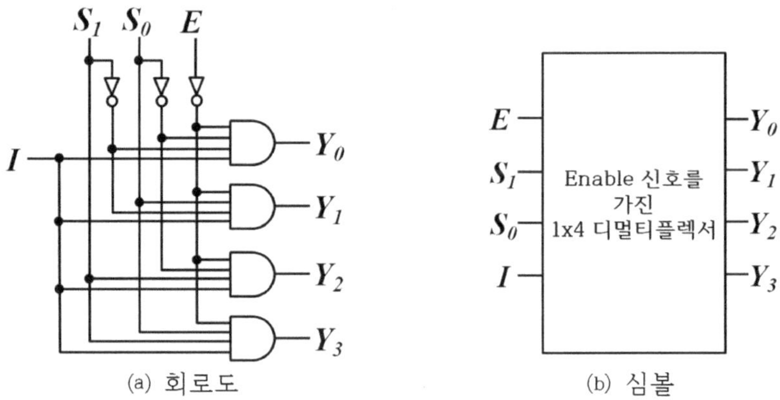

그림 6-53 Enable신호를 가진 1x4 디멀티플렉서

그림 6-54은 전송선로를 통하여 연결된 4x1 멀티플렉서 회로와 1x4 디멀티플렉서 회로의 구성을 보여주고 있다.

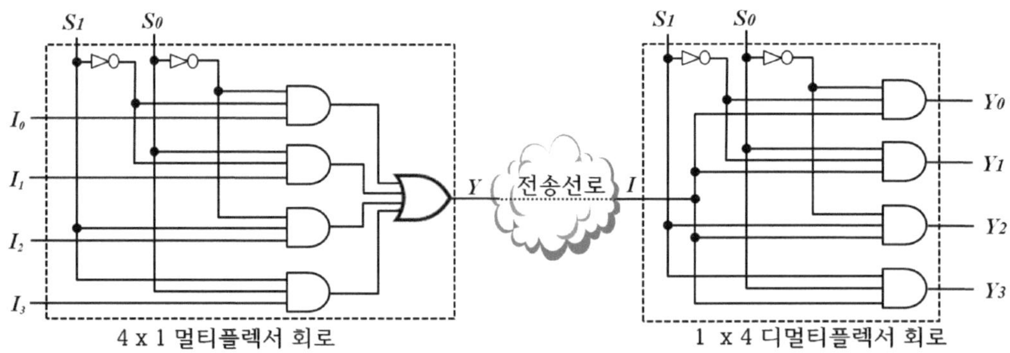

그림 6-54 4x1 멀티플렉서/1x4 디멀티플렉서 구성

6.10 BCD-to-7 Segment 디코더

7 세그먼트 표시기는 십진수를 디스플레이하기 위한 일종의 전자 표시장치로 FND(Flexible Numeric Display)라고도 한다. 7 세그먼트 표시기는 수치 정보를 나타내기 때문에 디지털시계, 전자 계측기, 그리고 기타 전자 소자 등에 광범위하게 사용되고 있다. 그림 6-55는 BCD-to-7 Segment 디코더 블록도를 나타낸다. 10진수에 친숙한 인간이 10진수를 입력하면 10진수를 BCD 코드로 변환해 주고 BCD 코드는 7 Segment 제어신호로 변환된다. 이를 통하여 10진수를 디지털 표시장치인 7 Segment에 표시된다.

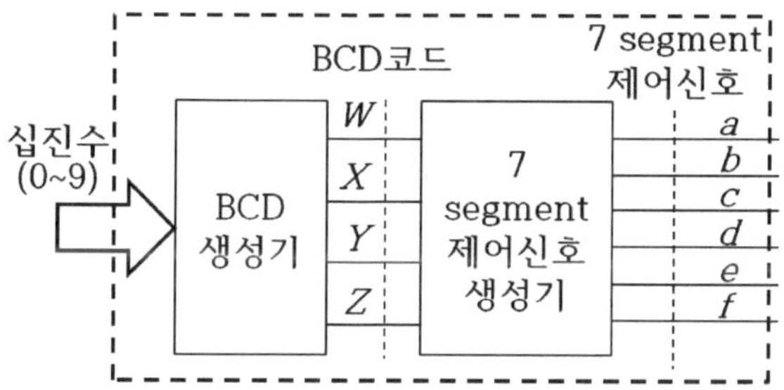

그림 6-55 BCD-to-7 Segment 디코더

7 세그먼트 표시기는 구성하는 방법은 두 가지가 있는데, 하나는 공통캐소드(Common Cathode) 타입이고, 다른 하나는 공통애노드(Common Anode) 타입이 있다. 그림 6-56은 7 Segment을 표시하는 두 가지 타입을 보여주고 있다. 그림 6-56의 (a)는 공통캐소드 타입으로 LED의 (-) 극성에 GND를 연결하고 (+) 극성에 신호가 입력된다. 따라서 입력 신호가 '0'이면 LED상에 전위차가 없기 때문에 LED가 OFF 상태가 되며, 입력 신호가 '1'이면 LED상에 전위차가 생겨 LED가

ON 상태가 된다. 그림 6-56의 (b)는 공통애노드 타입으로 LED의 (+) 극성에 VCC(5V)을 연결하고 (-) 극성에 신호가 입력된다. 따라서 입력 신호가 '1'이면 LED상에 전위차기 없기 때문에 LED가 OFF 상태가 되며, 입력 신호가 '0'이면 LED상에 전위차가 생겨 LED가 ON 상태가 된다.

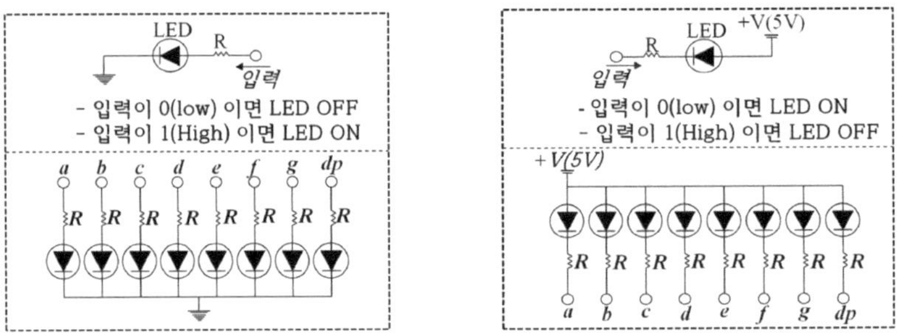

(a) 공통캐소드 타입 (b) 공통애노드 타입

그림 6-56 7 Segment의 두 가지 표시방법

그림 6-57은 7 세그먼트 표시기를 나타낸다. 7개의 LED a, b, c, d, e, f, g가 있는 것으로 입력되는 10진수에 따라 ON 상태가 되는 LED와 OFF 상태가 되는 LED가 발생한다. 그림 맨 왼편에는 7개의 LED를 보여주고 오른쪽에는 0부터 9까지 표시되는 것을 보여주고 있다.

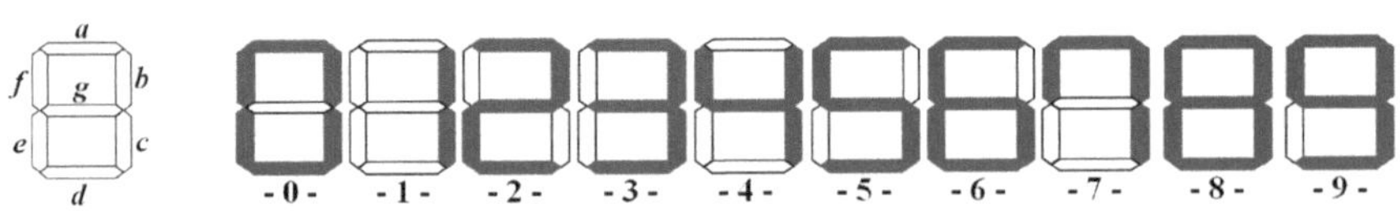

그림 6-57 7 Segment의 숫자 표시

표 6-22는 BCD-to-7 Segment 디코더 진리표를 나타낸다. 입력으로 BCD 코드가 있으며, 출력으로 7 Segment 제어신호가 생성되어 7 Segment에 해당 숫자

를 표시한다. 여기서는 공통캐소드 타입을 고려하였다.

표 6-22 BCD-to-7 Segment 디코더 진리표

십진수	BCD 코드				7 Segment 제어 신호						
D	W	X	Y	Z	a	b	c	d	e	f	g
0	0	0	0	0	1	1	1	1	1	1	0
1	0	0	0	1	0	1	1	0	0	0	0
2	0	0	1	0	1	1	0	1	1	0	1
3	0	0	1	1	1	1	1	1	0	0	1
4	0	1	0	0	0	1	1	0	0	1	1
5	0	1	0	1	1	0	1	1	0	1	1
6	0	1	1	0	1	0	1	1	1	1	1
7	0	1	1	1	1	1	1	0	0	1	0
8	1	0	0	0	1	1	1	1	1	1	1
9	1	0	0	1	1	1	1	1	0	1	1

그림 6-58은 7 Segment 제어신호를 카르노 맵을 이용하여 구한 것이다. 여기서 구하여진 7개의 부울 함수를 회로에 반영하면 BCD-to-7 Segment 디코더가 생성된다.

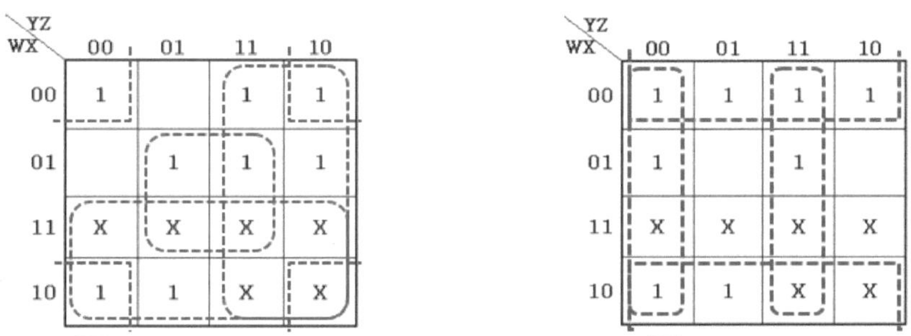

(a) $a = \sum m(0,2,3,5,6,7,8,9) + \sum d(10,11,12,13,14,15) = W + Y + XZ + \overline{X}\,\overline{Z} = W + Y + (X \odot Z)$

(b) $b = \sum m(0,1,2,3,4,7,8,9) + \sum d(10,11,12,13,14,15) = \overline{X} + \overline{Y}\,\overline{Z} + YZ = \overline{X} + (Y \odot Z)$

그림 6-58 7 Segment의 출력 부울 함수

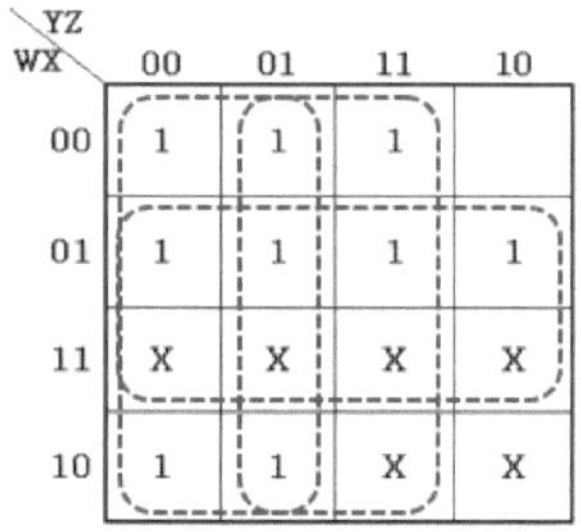

(**c**) $c = \sum m(0,1,3,4,5,6,7,8,9) + \sum d(10,11,12,13,14,15) = X + \overline{Y} + Z$

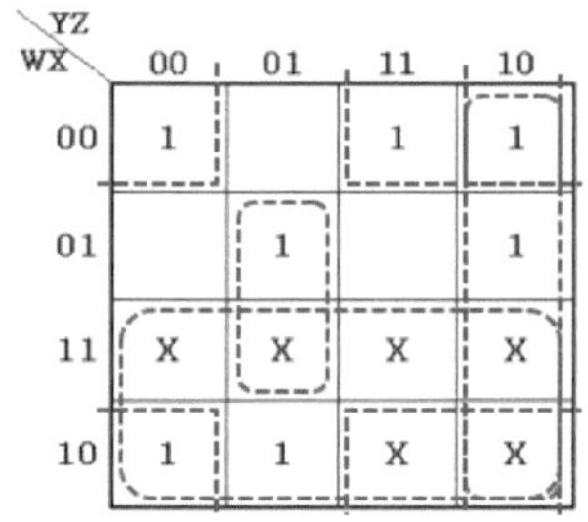

(**d**) $d = \sum m(0,2,3,5,6,8,9) + \sum d(10,11,12,13,14,15) = W + \overline{X}\,\overline{Z} + \overline{X}Y + Y\overline{Z} + X\overline{Y}Z$

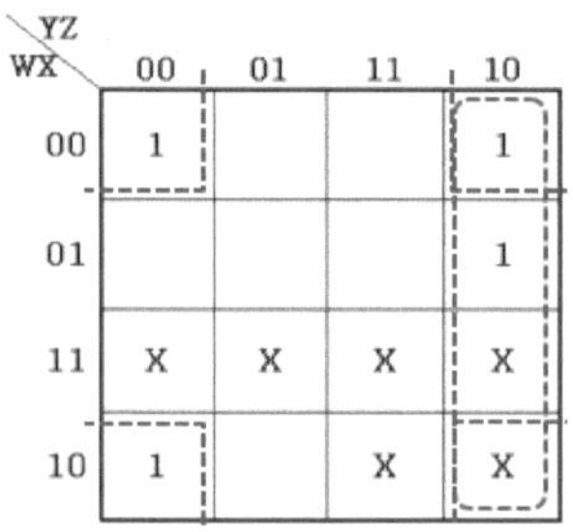

(**e**) $e = \sum m(0,2,6,8) + \sum d(10,11,12,13,14,15) = \overline{X}\,\overline{Z} + Y\overline{Z} = \overline{Z}(\overline{X} + Y)$

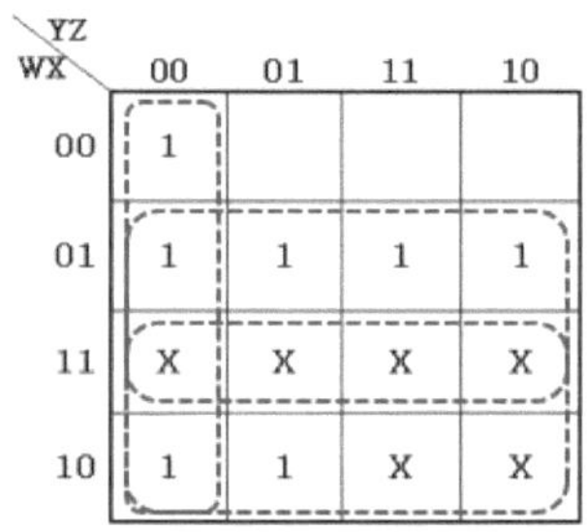

(**f**) $f = \sum m(0,4,5,6,7,8,9) + \sum d(10,11,12,13,14,15) = W + X + \overline{Y}\,\overline{Z}$

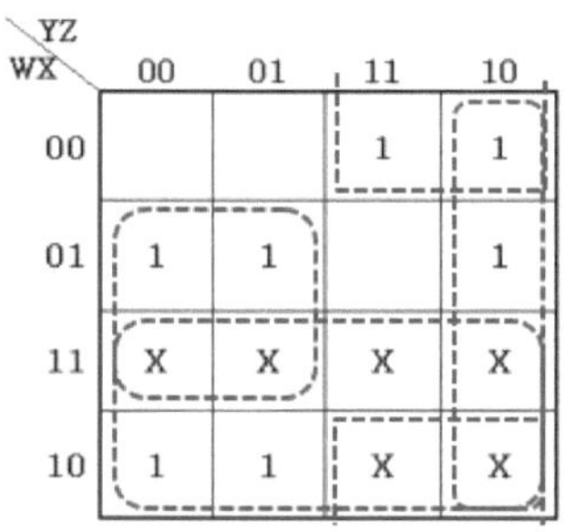

(**g**) $g = \sum m(2,3,4,5,6,8,9) + \sum d(10,11,12,13,14,15) = W + X\overline{Y} + \overline{X}Y + Y\overline{Z} = W + (X \oplus Y) + Y\overline{Z}$

그림 6-58 7 Segment의 출력 부울 함수(계속)

연습 문제

1. 4개의 입력(A, B, C, D)과 한 개의 출력 Z를 갖는 조합 논리 회로가 있다. 입력 조합 중에 세 개 이상이 1이면 출력은 1이 된다고 하자. 2개의 AND 게이트와 3개의 OR 게이트를 사용하여 회로를 설계하여라. 만약 3-입력 게이트로 회로를 구현하려면 구현하기 전에 부분적인 논리식의 인수화가 필요하게 된다.

2. 4개의 입력(A, B, C, D)과 한 개의 출력 Z를 갖는 조합 논리 회로가 있다. 입력 조합에 의해 표현되는 Gray 코드 값이 5보다 작게 들어오면 출력은 1이 된다고 하자. 물론 정의하지 않은 다른 입력이 들어오면 출력은 1이 된다. 2개의 AND 게이트와 3개의 OR 게이트를 사용하여 회로를 설계하여라. 만약 3-입력 게이트로 회로를 구현하려면 구현하기 전에 논리식을 부분적으로 인수화 시켜야 한다.

3. 8비트의 데이터를 동시에 가산할 수 있는 병렬 가산기의 블록도를 작성하여라.(전가산기의 블록도 사용)

4. 전가산기(Full Adder)를 진리표를 통하여 출력을 구하고 2개의 4x1 멀티플렉서를 이용하여 구현하시오.

5. 3입력 짝수 패리티 발생기와 4입력 짝수 패리티 검사기를 설계하시오.

6. 조합회로가 다음과 같은 3개의 부울 함수로 표현된다. 이 조합회로를 하나의 디코더와 외부 게이트들을 사용하여 설계하시오.

$Y_1(A,\ B,\ C) = \overline{A}\,\overline{B}\,\overline{C} + AC$

$Y_2(A,\ B,\ C) = A\overline{B}\,\overline{C} + \overline{A}B$

$Y_3(A,\ B,\ C) = \overline{A}\,\overline{B}C + AB$

7. 두 개의 3x8 디코더를 이용하여 4x16 디코더를 설계하시오.

8. 공통애노드 타입의 BCD-to-7 세그먼트 디코더에 대한 진리표를 작성하고, 출력을 구한 후 회로를 설계하시오.

9. 4비트로 구성된 2개의 비트열 $A = A_3A_2A_1A_0$, $B = B_3B_2B_1B_0$의 크기를 비교하여 $A > B$, $A = B$, $A < B$인 경우를 나타내는 식을 구하고 조합회로를 그리시오.

10. 3비트로 구성된 2개의 비트열 $A = A_2A_1A_0$, $B = B_2B_1B_0$이 조합회로로 입력된다. 이 조합회로는 두 개의 비트열이 동일할 때 출력 값을 생성한다. 이 조합회로를 설계하시오.

11. 4x2 인코더는 한 순간에 입력들 중 오직 한 입력만이 '1'이어야 정상적으로 동작한다. 그러나 4개의 입력중 한 개 이상이 동시에 '1'이 되면 원하는 출력을 얻을 수 없다. 이를 해결하기 위하여 우선순위 인코더를 사용한다. 이때 우선순위를 입력들 사이에 순위가 낮은 입력(첨자가 낮은 것, 예를 들어 I_0, I_1인 경우 I_0)에 우선 순위를 부여하려 한다. 이와 같은 특성을 가지는 우선순위(Priority) 인코더를 설계하시오.

12. 다음의 부울 함수를 하나의 멀티플렉서를 이용하여 구현하시오.

$Y(A,\ B,\ C,\ D) = \sum(1,\ 3,\ 4, 11,\ 12,\ 13,\ 14,\ 15)$

제7장

순서논리 회로

모든 디지털시스템들은 기본적으로 두 가지 회로 장치, 즉 논리회로(logic circuits)와 멀티바이브레이터 회로(multivibrator circuits)로 구성된다. 논리회로는 이제까지 서술했던 디지털 회로들이 여기에 속하며, 이것은 현재의 입력상태의 조합에 의해서만 출력이 결정되는 여러 가지 게이트 소자로 구성되는 조합논리회로(combinational logic circuits)였다. 조합 논리 회로는 출력이 단지 현재의 상태에 따라 결정되는 회로이며, 전에 있던 내용과 전혀 관계없이 단지 현재 입력에만 의존하여 출력한다. 그림 7-1은 조합논리회로 블록도를 나타내며, 출력은 단지 현재 입력에 의존한다.

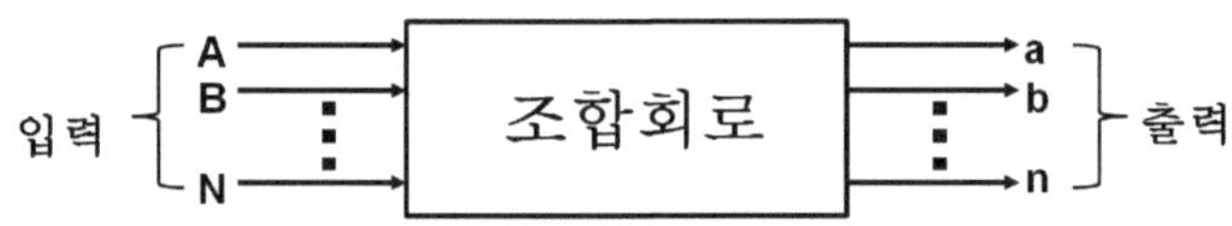

그림 7-1 조합논리회로 블럭도

반면에 멀티바이브레이터는 비안정 회로(astable circuits), 단안정 회로(monostable circuits) 및 쌍안정 회로(bistable circuits)로 분류되며, 그 응용분야는 주로 비안정 회로가 클럭(clock) 회로, 단안정 회로가 단일 펄스발생(single shot) 회로, 그리고 쌍안정 회로가 기억소자, 카운터(counter) 및 데이터 전송 분야에 이용된다. 특히 멀티바이브레이터에서 쌍안정회로에 해당되는 플립플롭은 기존의 조합논리회로에 기억소자가 추가된 회로로 구성되며, 이 회로는 입력상태에 의해 얻어진 출력상태를 이 기억소자를 통해 다시 입력으로 귀환(feedback) 시켜 새로운 출력상태를 얻는 순차논리회로(sequential logic circuits)에 해당된다.

순서논리회로의 출력은 과거에 출력되었던 상태와 현재 입력에 의존하는 회로이다. 따라서 현재 입력 상태가 같더라도 과거에 입력되어 출력 되었던 상태에 따라 순서논리회로의 출력이 달라질 수 있다. 이와 같은 특성 때문에 순서논리회로의 입력은 현재 입력과 과거에 출력되었던 상태(현재 상태라 함)로 구성되기 때문에, 현재 상태가 입력으로 궤환되는 특성을 가지고 있다.

순서논리회로는 몇 개의 상태를 나타낼 수 있도록 되어 있고, 어떤 상태(현재 상태라 함)에 있을 때 입력 값에 따라 다른 상태로 갈 수 있는 회로이다. 따라서 상태를 기억하고 있어야 하는 기억 소자를 가지고 있으며, 이를 플립플롭(Flip Flop)이라 한다. 하나의 플립플롭은 2개의 2진 상태를 표시할 수 있으며, n개의 플립플롭은 2^n개의 2진 상태를 나타낼 수 있다. 그림 7-2는 순서논리회로의 블록도를 나타낸다. 입력은 현재 입력과 과거에 출력 되었던 상태(현재 상태)로 구성되며, 현재 상태를 기억할 수 있는 기억 요소를 가지고 있다. 기억 요소의 출력은 순서논리회로의 입력 요소 중 하나가 되며, 궤환요소(Feedback Element)라 하며 프로그램 가능한 메모리 소자 특성을 가지고 있다. 따라서 순서논리회로의 동작은 내부 상태와 입력들의 시간 순서(Time Sequence)에 의해서 결정된다. 순서논리회로 예는 레지스터(Register), 시프트 레지스터(Shift Register), 카운터 등이 있다.

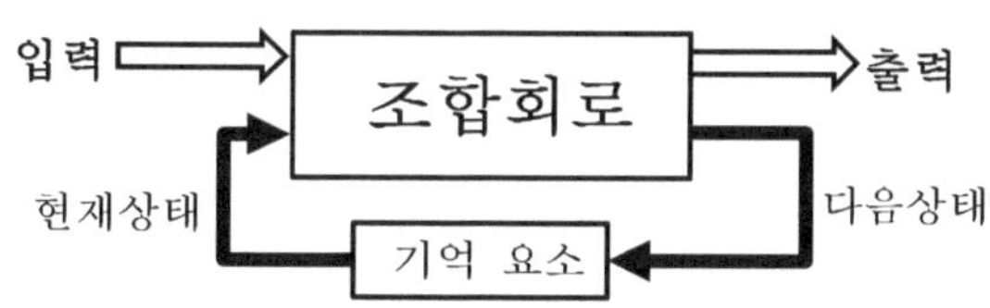

그림 7-2 순서논리회로

순차논리회로는 크게 두 가지 형태로 분류된다. 하나는 비동기식 순차논리회로이고, 다른 하나는 동기식 순차논리회로이다. 비동기식 순차논리회로는 입력신호가 언제 들어오더라도 신호의 변화에 따라 시스템의 상태가 변하며 래치(latch)와 같은 시간지연 소자가 이 회로에 포함된다. 순서논리회로의 입력은 현재 입력과 메모리에 기억된 이전 상태 값으로 구성된다. 따라서 현재 입력은 메모리에 기억된 이전 상태 값이 입력될 때까지 기다려야 하고 메모리에 기억된 이전 상태 값을 전파하는 데 지연 시간이 필요하다. 따라서 순서논리회로를 구성하는 논리 게이트는 충분한 전파 지연 시간을 가지고 있다.

그리고 동기식 순차논리회로는 동작이 순서적으로 일어나는 것이 아니라 일정 형태의 신호에 맞추어 동작하는 회로이다. 일정 형태의 신호는 클럭 펄스이며, 순서논리회로가 이에 맞추어 일정하게 동작하므로 동작이 안정된 특징을 가지고 있다. 따라서 동기식 순서회로의 입력은 현재 입력, 메모리에 기억된 이전 상태 값, 그리고 클럭 펄스로 이루어진다. 이를 Clocked Sequential Circuit라 한다. 동기식 순서논리회로의 특징은 그림 7-3에서와 같이 모든 궤환루프상에 기억요소(플립플롭)가 존재하여야 하며, 모든 플립플롭은 클럭 펄스를 공유하고, 이에 따라 모든 플립플롭은 공통의 클럭 펄스에 의하여 동시에 동작한다.

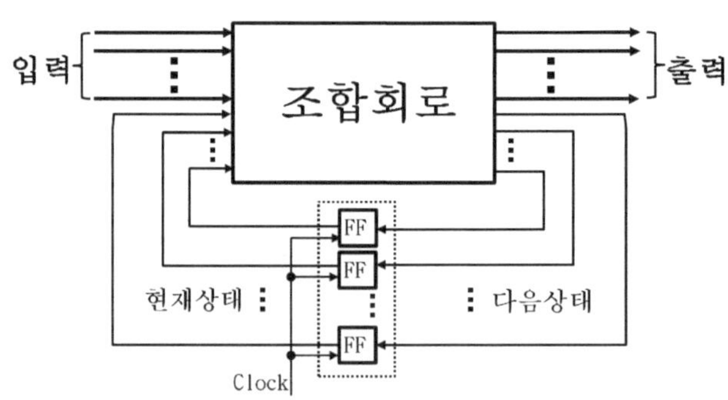

그림 7-3 동기식 순서논리회로

순서논리회로를 구성하는 플립플롭은 두 가지 상태 사이를 번갈아 오가는 전자회로이다. 플립플롭에 전류가 인가되면 현재 상태가 반대로 변하여 (0에서 1로, 또는 1에서 0으로), 그 상태를 계속 유지하므로 1 비트 정보를 저장할 수 있는 능력을 가지고 있다. 플립플롭은 여러 개의 트랜지스터로 만들어지며, SRAM (Static Random Access Memory) 등 메모리나 레지스터 등을 구성하는데 사용된다. 플립플롭에는 SR 플립플롭, D 플립플롭, JK 플립플롭, T 플립플롭 등 여러 가지 종류가 있다.

7.1 래치(Latch)

래치와 플립플롭의 중요한 차이점은 입력에 따른 출력의 상태변화가 클럭의 사용에 의해 얻어진 결과인지 여부로 구분할 수 있다. 따라서 래치는 클럭이 사용되지 않는 비동기식 순차논리회로로 SR 래치와 D 래치가 있다.

7.1.1 SR 래치

입력이 출력으로 전환되는 시점이 입력 클럭의 엣지인 경우 플립플롭이라 하며, 반면에 항상 입력에 따라 출력이 결정되는 래치(Latch)가 있다. SR 래치는 비동기식 SR 플립플롭 이라하며 1비트의 정보를 입력 데이터가 바뀌기 전까지 계속 유지하는 회로이다. 따라서 출력 Q을 '0' 또는 '1'로 상태 천이가 필요하며, 래치 종류에 따라 입력은 한개 또는 두개를 사용한다. SR 래치는 두 개의 입력 $S(Set)$, $R(Reset)$을 가지고, 또 두 개의 출력 Q와 $\overline{Q}$을 가지며, 두 출력 신호는 서로 보수 관계에 있다. 그림 7-4는 비동기식 SR 래치와 심볼을 보여주고 있다. 그림에서와 같이 비동기식 SR 플립플롭은 두 개의 NOR 게이트로 구성되며, 한 NOR 게이트의 출력이 다른 NOR 게이트의 입력으로 연결된다. 이와 같이 1비트의 2진 정보를 저장할 수 있는 궤환 회로를 래치(Latch)라 한다.

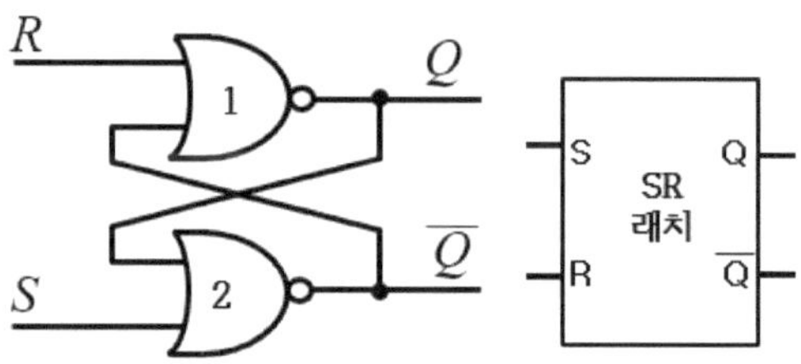

현재상태		입력		다음상태		출력
Q_n	$\overline{Q_n}$	R	S	Q_{n+1}	$\overline{Q_{n+1}}$	
0	1	0	0	0	1	불변
0	1	0	1	1	0	Set
0	1	1	0	0	1	Reset
0	1	1	1	0	0	부정

(a) 회로도 (b) 심볼 (c) 진리표

그림 7-4 NOR 게이트로 구성된 SR 래치 회로, 논리기호 및 진리표

두 개의 입력 R, S은 4가지 경우의 수를 가질 수 있으며 이에 대한 비동기식 플립플롭 동작은 그림 7-4(C)의 진리표에서와 같다. 우선 SR 래치의 현재 상태를 $Q_n=0$, $\overline{Q_n}=1$으로 가정하면, R, S입력에 $R=S=0$을 인가하였을 경우, R 입력을 가지는 NOR 게이트 1의 입력에는 $R=0$과 $\overline{Q_n}=1$의 값이 귀환되어 다음상태 Q_{n+1}은 0이 되고, S 입력을 가지는 NOR 게이트 2의 두 입력 S와 Q_n은 모두 0의 값을 가지므로 다음상태 $\overline{Q_{n+1}}$은 1이 된다. 이번에는 현재상태를 바꾸어서 $Q_n=1$, $\overline{Q_n}=0$라고 가정했을 경우, 다음상태는 $Q_{n+1}=1$, $\overline{Q_{n+1}}=0$이 됨을 알 수 있다. 따라서 NOR 게이트를 사용하는 SR 래치는 입력 $R=S=0$에 대해 현재 상태나 다음상태가 동일함으로 결과적으로 출력상태의 변화가 없음(no change)을 알 수 있다.

R, S입력에 $R=0$, $S=1$을 인가하였을 경우, S 입력을 가지는 NOR 게이트 2

의 입력에는 $S=1$과 NOR 게이트 1의 출력에서 궤환된 $Q_n=0$을 가지게 되어, 다음상태는 $Q_{n+1}=1$, $\overline{Q_{n+1}}=0$이 된다. 이와 같은 상태를 세트(set) 상태라 한다.

R, S입력에 $R=1$, $S=0$을 인가한 경우, R 입력을 가지는 NOR 게이트 1의 입력에는 $R=1$과 NOR 게이트 2의 출력에서 궤환된 $\overline{Q_n}=1$을 가지게 되어, 다음상태는 $Q_{n+1}=0$, $\overline{Q_{n+1}}=1$이 된다. 이와 같은 상태를 리셋(reset) 상태라 한다.

마지막으로 R, S입력에 $R=S=1$을 인가하였을 경우, NOR 게이트 1과 2의 입력에는 각각 $R=1$, $S=1$이 입력되기 때문에 궤환되는 값과 상관없이 $Q_{n+1}=\overline{Q_{n+1}}=0$가 되어 Q_{n+1}과 $\overline{Q_{n+1}}$은 서로 보수 관계를 유지하여야 하는데 모순이다. 이와 상태는 발생하지 않아야하기 때문에 부정 상태라 한다.

그림 7-5는 NAND 게이트를 사용한 SR 래치 회로 및 논리기호와 진리표이다. 이것은 앞에서 설명한 NOR 게이트를 사용한 래치와의 차이점은 NOR 게이트 래치에 사용된 입력신호 값에 대한 보수 입력을 가지는 것이다.

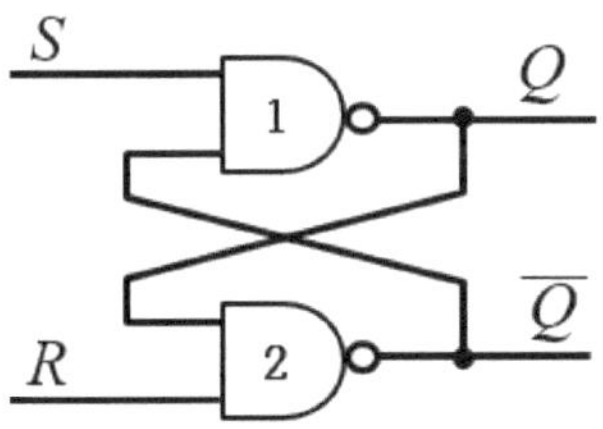

(a) 회로도

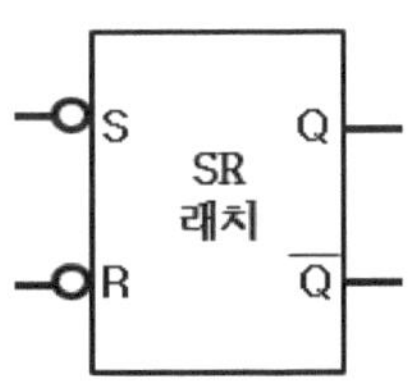

(b) 심볼

현재상태		입력		다음상태		출력
Q_n	$\overline{Q_n}$	R	S	Q_{n+1}	$\overline{Q_{n+1}}$	
0	1	1	1	0	1	불변
0	1	1	0	1	0	Set
0	1	0	1	0	1	Reset
0	1	0	0	0	0	부정

(c) 진리표

그림 7-5 NAND 게이트로 구성된 SR 래치 회로, 논리기호 및 진리표

우선 SR 래치의 현재 상태를 $Q_n=0$, $\overline{Q_n}=1$으로 가정하면, R, S입력에 $R=S=1$을 인가하였을 경우, S 입력을 가지는 NAND 게이트 1의 입력에는

$S=1$과 NAND 게이트 2의 출력 $\overline{Q_n}=1$이 귀환되어 다음상태 Q_{n+1}은 0이 되고, R 입력을 가지는 NAND 게이트 2의 두 입력 $R=1$와 NAND 게이트 1의 출력 $Q_n=0$이 궤환되어 다음상태 $\overline{Q_{n+1}}$은 1이 된다. 이번에는 현재상태를 바꾸어서 $Q_n=1$, $\overline{Q_n}=0$라고 가정했을 경우, 다음상태는 $Q_{n+1}=1$, $\overline{Q_{n+1}}=0$이 됨을 알 수 있다. 따라서 NAND 게이트를 사용하는 SR 래치는 입력 $R=S=1$에 대해 현재상태나 다음상태가 동일함으로 결과적으로 출력상태의 변화가 없음(no change)을 알 수 있다.

R, S입력에 $R=1$, $S=0$을 인가하였을 경우, R 입력을 가지는 NOR 게이트 2의 입력에는 $R=1$과 NAND 게이트 1의 출력에서 궤환된 $Q_n=0$을 가지게 되어, 다음상태는 $Q_{n+1}=1$, $\overline{Q_{n+1}}=0$이 된다. 이와 같은 상태를 세트(set) 상태라 한다.

R, S입력에 $R=0$, $S=1$을 인가하였을 경우, S 입력을 가지는 NAND 게이트 1의 입력에는 $S=1$과 NAND 게이트 2의 출력인 $\overline{Q_n}=1$을 가지게 되어, 다음상태는 $Q_{n+1}=0$, $\overline{Q_{n+1}}=1$이 된다. 이와 같은 상태를 리셋(reset) 상태라 한다.

마지막으로 R, S입력에 $R=S=0$을 인가하였을 경우, NAND 게이트 1과 2의 입력에는 각각 $R=0$, $S=0$이 입력되기 때문에 궤환되는 값과 상관없이 $Q_{n+1}=\overline{Q_{n+1}}=1$이 되어 Q_{n+1}과 $\overline{Q_{n+1}}$은 서로 보수 관계를 유지하여야 하는데 모순이다. 이와 상태는 발생하지 않아야 하기 때문에 부정 상태라 한다.

그림 7-6은 비동기식 SR 플립플롭 타이밍도를 나타낸다. 비동기식이기 때문에 플립플롭 출력은 입력 값의 변화에 의존한다. $t_1 \sim t_2$ 구간에서는 $S=0$, $R=1$이기 때문에 출력은 리셋($Q=0$)이 된다. $t_2 \sim t_4$ 구간에서는 $S=0$, $R=0$이기 때문에 출력은 전의 출력을 그대로 유지하여 출력 Q는 '0'이다. $t_4 \sim t_5$ 구간에서는 $S=1$,

$R=0$이기 때문에 출력은 셋트($Q=1$) 상태가 된다. $t_5 \sim t_8$ 구간에서는 $S=0$, $R=0$이기 때문에 출력은 전의 출력을 그대로 유지하기 때문에 출력 Q은 '1'이다. $t_8 \sim t_9$ 구간에서는 $S=1$, $R=0$이기 때문에 출력은 셋트($Q=1$) 상태가 되고, $t_9 \sim t_{11}$ 구간에서는 $S=0$, $R=0$이기 때문에 출력은 전의 출력을 그대로 유지하기 때문에 출력 Q는 '1'이다. $t_{11} \sim t_{12}$ 구간에서는 $S=0$, $R=1$이기 때문에 출력은 리셋($Q=0$)이 된다.

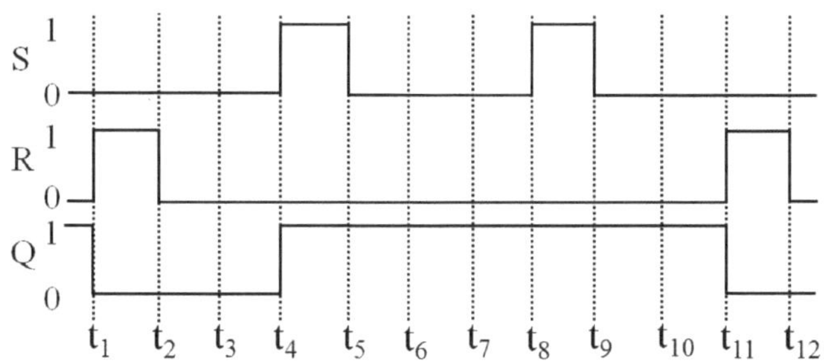

그림 7-6 비동기식 *SR* 플립플롭 타이밍도

예제 7-1

다음 *SR* 래치의 입력에 대한 출력 Q의 파형을 나타내어라.

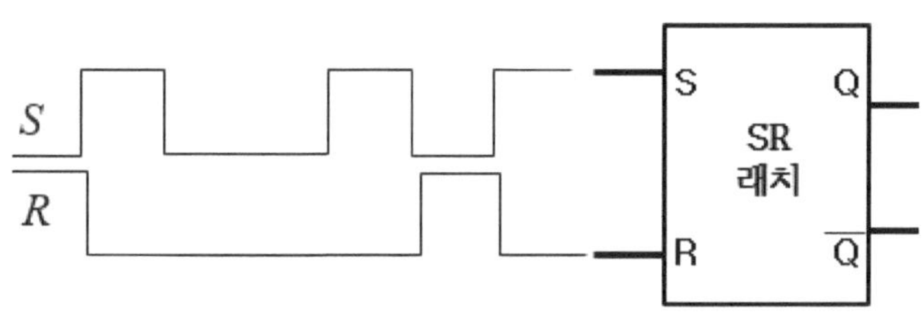

그림 7-7 *SR* 래치의 입력 파형

해답

논리기호가 NOR 게이트 래치이므로 입력 파형에 대한 진리표로부터 출력 Q의 파형을 작성하면 다음과 같다. 단, 현재 출력 Q의 초기 값은 0으로 가정한다.

입력		다음 출력		출력
S	R	Q_{n+1}	$\overline{Q_{n+1}}$	
0	0	0	1	불변
0	1	0	1	Set
1	0	1	0	Reset
1	1	0	0	부정

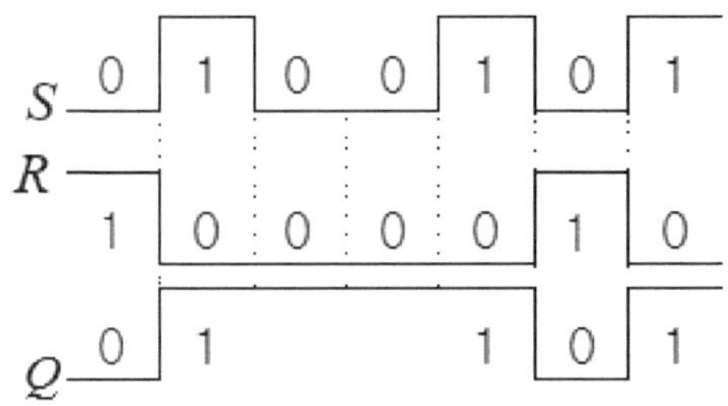

그림 7-8 SR 래치의 입력 파형에 대한 출력 파형

7.1.2 제어입력을 가지는 SR 래치

제어입력을 가지는 SR 래치는 기본 SR 래치에서 2개 입력 S와 R을 동작시켜 래치의 상태를 변경할 수 있도록 하기 위해 입력 측에 인에이블(enable) 단자를 추가한 회로이다. 이와 같이 S와 R 입력 단자에 인에이블 단자를 추가하기 위해서는 그림 7-9와 같이 입력 단에 NAND 게이트가 추가적으로 필요하다. 제어입력 EN 단자에 1 또는 0을 인가할 경우, 표 7-1과 같이 NAND 게이트 3의 입력 S와 NAND 게이트 4의 입력 R에 의해 다음 단의 NAND 래치의 입력이 결정되고, 이 입력 조건에 따라 래치의 출력이 결정된다.

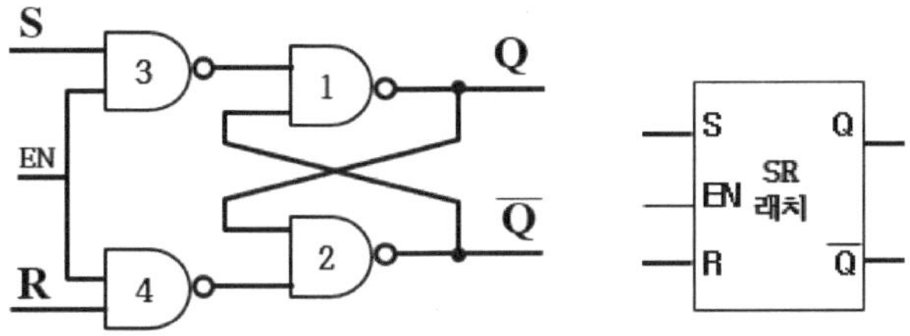

(a) 논리회로 (b) 논리 기호

그림 7-9 제어 입력을 가지는 *SR* 래치 회로 및 논리 기호

표 7-1 제어입력 EN=1과 EN=0일 경우 출력상태

EN	S	R	NAND 3의 출력	NAND 4의 출력	Q	$\overline{Q}$	비 고
1	0	0	1	1	0	1	불변
1	0	1	1	0	0	1	Reset
1	1	0	0	1	1	0	Set
1	1	1	0	0	1	1	부정
0	0	0	1	1	0	1	불변
0	0	1	1	1	0	1	불변
0	1	0	1	1	0	1	불변
0	1	1	1	1	0	1	불변

표 7-1의 결과로부터 EN=1일 경우에는 S와 R의 입력에 따라 출력(Q, $\overline{Q}$)상태를 제어할 수 있음을 알 수 있고, 반면에 EN=0일 경우에는 입력 S와 R의 값에 따라 출력이 모두 $Q=0$, $\overline{Q}=1$로 래치의 상태가 불변이므로 래치의 출력상태를 제어할 수 없음을 알 수 있다.

예제 7-2

다음 제어입력을 가지는 SR 래치의 입력에 대한 출력 Q의 파형을 나타내어라.

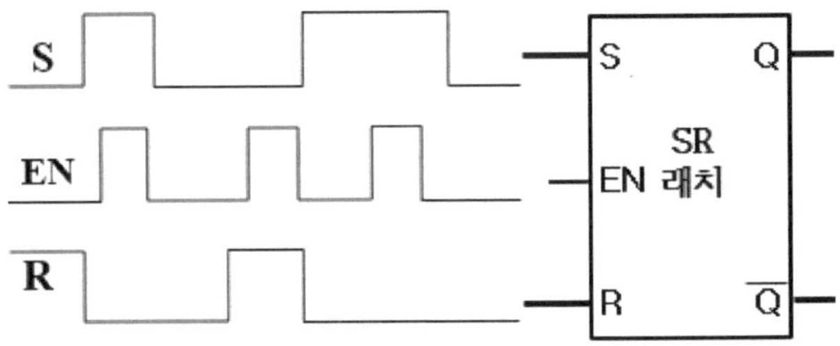

그림 7-10 제어입력을 가지는 SR 래치의 입력 파형

해답

제어입력을 가지는 SR 래치이므로 입력 파형에 대한 진리표로부터 출력 Q의 파형을 작성하면 다음과 같다. 단, 현재 출력 Q의 초기 값은 0으로 가정한다.

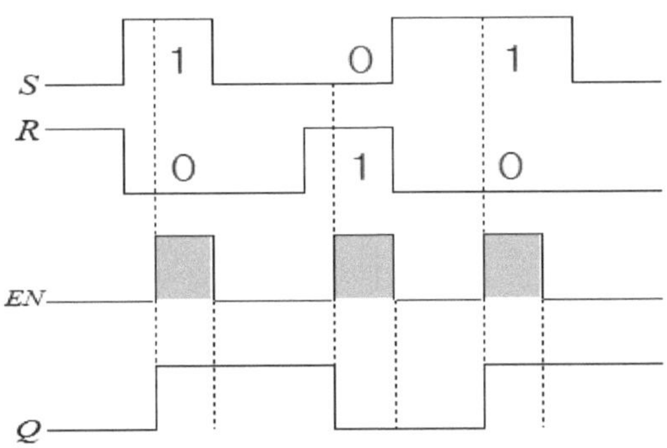

그림 7-11 제어입력을 가지는 SR 래치의 입력에 대한 출력 파형

7.1.3 제어입력을 가지는 D 래치

제어 입력을 갖는 D 래치는 SR 래치에서 입력 S와 R이 모두 1이 되어 출력이 부정 상태가 되는 입력조건을 없애기 위한 방법이다. 이와 같은 기능을 지원하기 위해 그림 7-12와 같이 입력 D을 직접 S입력에 인가하고, D 입력의 보수를 R 입력에 인가되도록 구성하였다. 표 7-2는 제어입력 EN이 1 또는 0일 경우 출력상태를 나타낸다.

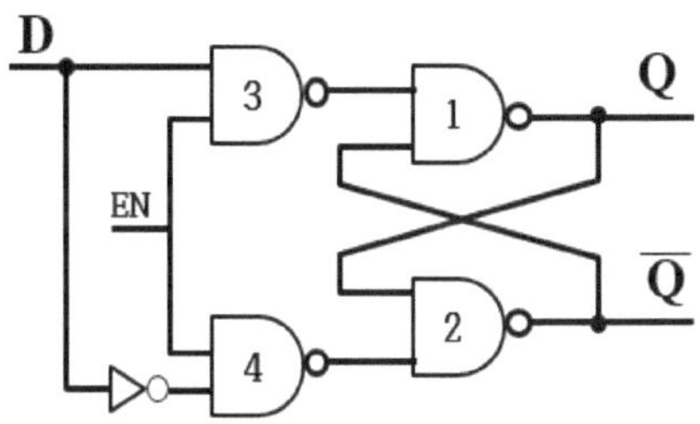

(a) 논리회로

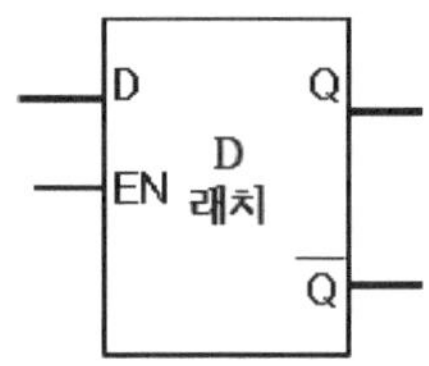

(b) 논리 기호

그림 7-12 제어입력을 가지는 D 래치의 회로 및 논리기호

표 7-2 제어입력 EN=1과 EN=0일 경우 출력상태

EN	D	NAND 게이트 3 출력	NAND 게이트 4 출력	Q	$\overline{Q}$	비 고
1	0	1	0	0	1	Reset
1	1	0	1	1	0	Set
0	0	1	0	0	1	불변
0	1	1	0	0	1	불변

EN=1일 경우에는 D 입력에 따라 출력(Q, $\overline{Q}$)상태를 Set과 Reset으로 제어할 수 있고, 반면에 EN=0일 경우에는 입력 D의 값에 따라 출력상태가 불변이므로 래

치의 출력상태를 제어할 수 없음을 알 수 있다. D 래치는 입력 D에 0 또는 1을 인가하면 출력에 입력된 데이터가 그대로 나타나므로 데이터를 일시적으로 저장하는 기능을 제공한다.

예제 7-3

다음 제어입력을 가지는 D 래치의 입력에 대한 출력 Q의 파형을 나타내어라.

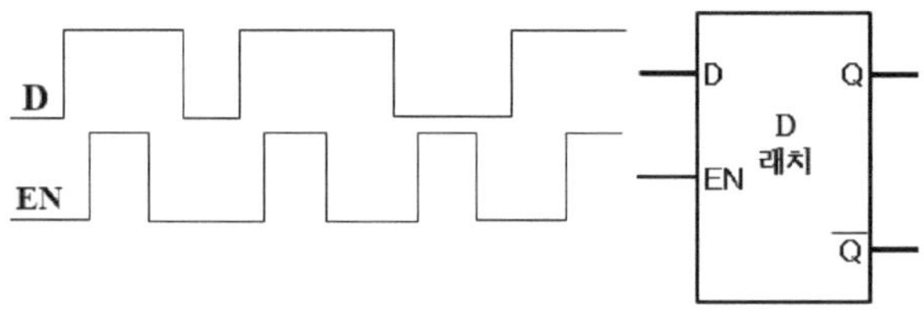

그림 7-13 제어입력을 가지는 D 래치의 입력 파형

해답

제어입력을 가지는 D 래치의 입력 파형에 대한 진리표로부터 출력 Q의 파형을 작성하면 다음과 같다. 단, 현재 출력 Q의 초기 값은 0으로 가정한다.

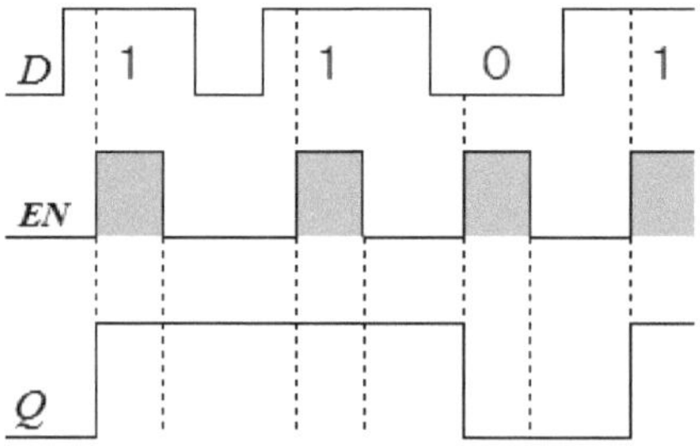

그림 7-14 제어입력을 가지는 D 래치의 입력에 대한 출력 파형

7.2 플립플롭(Flip Flop)의 트리거 방식

논리 회로에서 래치와 플립플롭은 1비트의 2진 정보를 저장할 수 있는 소자이며, 출력은 2개(Q, $\overline{Q}$)로 구성되며 두 개는 서로 보수 관계를 가지고 있다. 두 개 차이점은 클럭 펄스의 사용 유무에 있다. 래치는 동작을 클럭 펄스에 맞추어 하는 것이 아니라 입력 상태에 변화가 있을 때 출력 상태가 바뀌는 회로이며, 플립플롭은 입력 상태에 변화가 아니라 클럭 상태가 변화될 때마다 출력 상태가 변하는 회로이다. 따라서 래치는 클럭 펄스를 사용하지 않고 출력이 입력신호가 바뀌는 순간에 바꾸기 때문에 비동기 특성을 가지며, 플립플롭은 클럭 펄스를 사용하며 클럭 펄스가 변할 때 맞추어서 출력 값이 변하기 때문에 동기적 특성을 가지고 있다.

그림 7-15는 동기식 플립플롭의 트리거 방식을 나타낸다. 트리거 방식은 클럭 펄스가 입력되는 경우 플립플롭이 클럭의 어느 영역에 맞추어 동작하는가에 따라 크게 레벨 트리거(Level Trigger)과 에지 트리거(Edge Trigger)로 나누어지고, 레벨 트리거는 다시 정 레벨 트리거(Positive Level Trigger)과 부 레벨 트리거(Negative Level Trigger)로 나누어진다. 그리고 에지 트리거는 다시 정 에지 트리거(Positive Edge Trigger)와 부 에지 트리거 (Negative Edge Trigger)로 나누어진다.

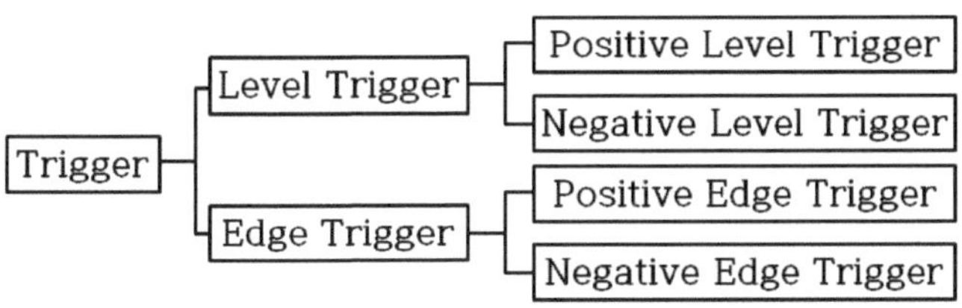

그림 7-15 동기식 플립플롭 트리거 방식

그림 7-16은 클럭 펄스(Clock Pulse)에서 트리거 영역을 나타낸다. ①은 클럭에서 Positive(또는 High) Level를, ②는 Negative(또는 Low) Level를 나타낸다. 그리고 ③은 정 에지 (Positive Edge) 또는 상승 에지(Rising Edge)를 나타내고, ④는 부 에지 (Negative Edge) 또는 하강 에지(Falling Edge)를 나타낸다.

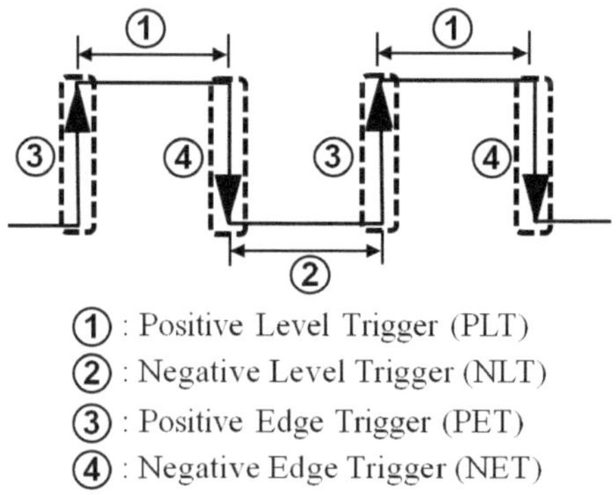

그림 7-16 클럭 펄스의 트리거 영역

그림 7-17은 클럭 펄스의 트리거 심볼을 나타내며 그림 7-16에 나타난 트리거 영역에 따라서 표현된다. (a)와 (b)는 레벨 트리거를 나타내고, (c)와 (d)는 에지 트리거를 나타낸다.

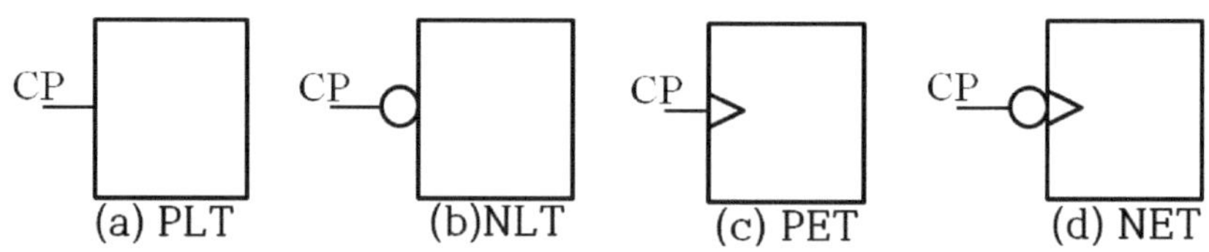

그림 7-17 클럭 펄스의 트리거 심볼

7.3 *SR* 플립플롭 (Flip Flop)

동기식 *SR* 플립플롭은 동작을 제어할 클럭 신호가 필요하며, 클럭이 순간적으로 변화하는 시점(High-->Low, 또는 Low-->High)에 입력이 출력으로 나가게 된다. 이와 같이 플립 플롭 동작이 클럭 펄스와 같은 어떤 외부 신호에 따라 제어되는 동기식 플립플롭을 플립플롭이라 한다. 그리고 여러 개의 플립플롭을 사용할 경우, 각 플립플롭의 입력 클럭을 공통으로 사용하여 모든 플립플롭이 동시에 동작하는 것을 동기회로라 한다. 이와 같이 회로에 클럭의 존재 유무에 따라 플립플롭과 래치로 구분이된다. 그림 7-18은 동기식 *SR* 플립플롭의 회로와 심볼을 보여주고 있다. 회로는 *SR* 래치에 입력 클럭을 사용하여 동작으로 제어한다. 이 때 사용되는 입력 클럭을 Clock, CP(Clock Pulse) 등으로 표시한다. 심볼에서 삼각형 모양은 클럭 펄스 입력을 나타낸다.

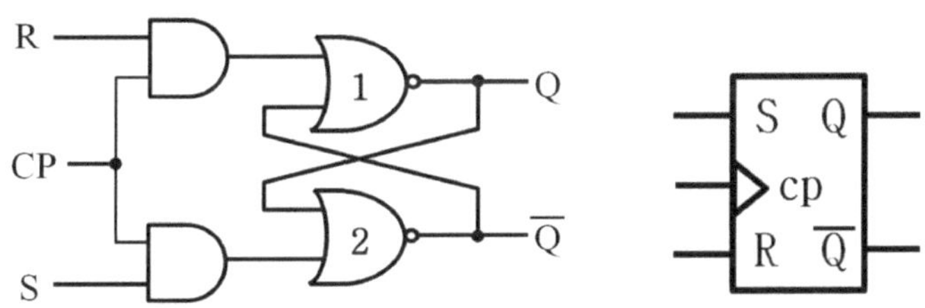

(a) 회로도 (b) 심볼

그림 7-18 동기식 *SR* 플립플롭

SR 플립플롭의 진리표는 표 7-3과 같으며 Q_n은 현재 상태로 클럭의 에지 트리거가 입력되기 전의 값을 말하며, Q_{n+1}은 에지 트리거가 입력된 후 다음 상태를 나타낸 것이다.

표 7-3 동기식 RS 플립플롭 진리표

입력		출력
R	S	Q_{n+1}
0	0	Q_n
0	1	0
1	0	1
1	1	부정(금지)

그림 7-19는 동기식 SR 플립플롭의 타이밍도를 나타낸 것이다. 클럭 펄스의 정 에지(상승 에지) 순간에 S, R 입력 값에 따라 출력이 정해지는 것을 보여주고 있다. t_1과 t_2 시점에 입력 $S=1$이고 $R=0$이기 때문에 플립플롭 출력은 셋트 상태($Q=1$)가 된다. t_3 시점에 입력 $S=0$이고 $R=0$이기 때문에 전의 상태가 유지되어 플립플롭 출력은 셋트 상태($Q=1$)를 유지하게 된다. t_4 시점에 입력 $S=0$이고 $R=1$이기 때문에 플립플롭 출력은 약간의 지연 시간을 거친 후 리셋 상태($Q=0$)가 된다. t_5 시점에 입력 $S=0$이고 $R=0$이기 때문에 전의 상태가 유지되어 플립플롭 출력은 리셋 상태($Q=0$)를 유지하게 된다. t_6 시점에 입력 $S=1$이고 $R=0$이기 때문에 플립플롭 출력은 약간의 지연 시간을 거친 후 셋트 상태($Q=1$)가 된다. t_7 시점에 입력 $S=0$이고 $R=0$이기 때문에 전의 상태가 유지되어 플립플롭 출력은 셋트 상태($Q=1$)를 유지하게 된다. t_8 시점에 입력 $S=0$이고 $R=1$이기 때문에 플립플롭 출력은 약간의 지연시간을 거친 후 리셋상태($Q=0$)가 된다.

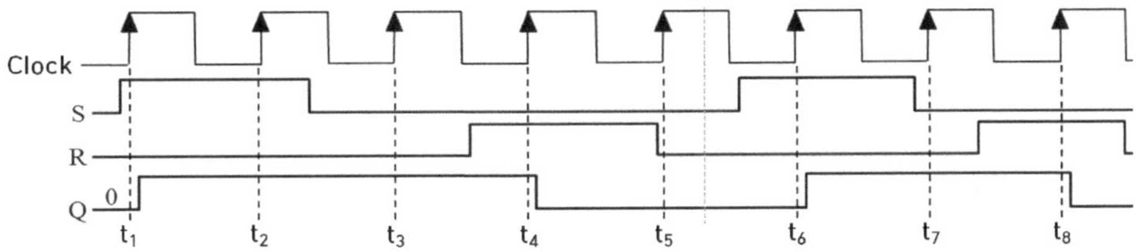

그림 7-19 동기식 *SR* 플립플롭 타이밍 도

예제 7-4

다음 부-에지 트리거의 *SR* 플립플롭 입력에 대한 출력 *Q*의 파형을 나타내어라.

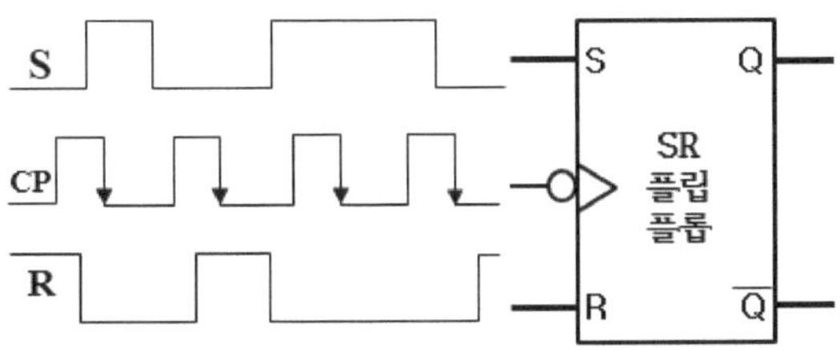

그림 7-20 부-에지 트리거로 된 *SR* 플립플롭의 입력 파형

해답

부-에지 트리거로 된 *SR* 플립플롭의 입력 파형에 대한 진리표로부터 출력 *Q*의 파형을 작성하면 다음과 같다. 단, 현재 출력 *Q*의 초기 값은 0으로 가정한다. 그리고 입력에 대한 동기용 클럭 펄스는 하강구간에서 트리거하는 것을 제외하고 정-에지 트리거와 동일하다.

CP#	입 력			출 력		출력
	S	R	CP	Q_{n+1}	$\overline{Q_{n+1}}$	
1	1	0	⎍↓	1	0	Set
2	0	1	⎍↓	0	1	Reset
3	1	0	⎍↓	1	0	Set
4	0	0	⎍↓	Q_n	$\overline{Q_n}$	불변

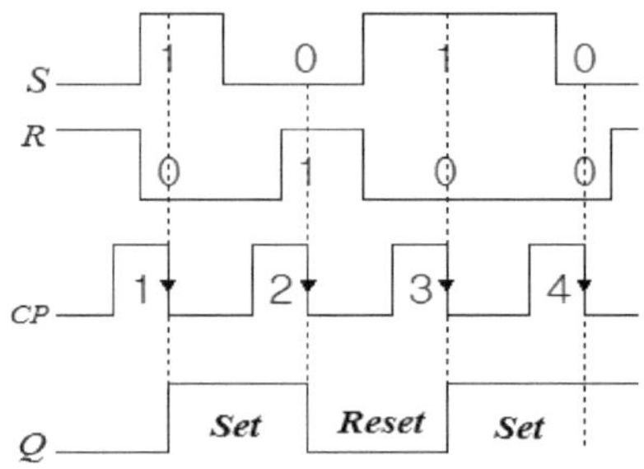

그림 7-21 부-에지 트리거로 된 SR 플립플롭의 입력에 대한 출력 파형

그리고 SR 플립플롭의 동작을 나타내는 특성 방정식(Characteristic Function)을 구하기 위하여 입력으로 S, R입력과, 궤환된 현재 상태(Q_n)를 고려하여 특성표(Characteristic Table)를 작성하면 표 7-4와 같다.

표 7-4 동기식 SR 플립플롭 특성표

입력			출력
Q_n	S	R	Q_{n+1}
0	0	0	Qn
0	0	1	0
0	1	0	1
0	1	1	부정(금지 입력)
1	0	0	1
1	0	1	0
1	1	0	1
1	1	1	부정(금지 입력)

그림 7-22는 SR 플립플롭의 동작을 나타내는 특성 방정식을 나타낸다. SR 플립플롭의 특성표에서 부정은 don't care를 나타내며, 조건 $SR=0$은 S와 R이 동시에 '1'이 될 수 없다는 것을 나타내며, $S=1$와 $R=1$인 입력 조합이 발생하지 않

도록 하기 위함이다. 이 방정식을 보면 다음 상태(Q_{n+1})는 현재 상태(Q_n), 입력 S와 R에 의해서 결정된다는 것을 보여주고 있다.

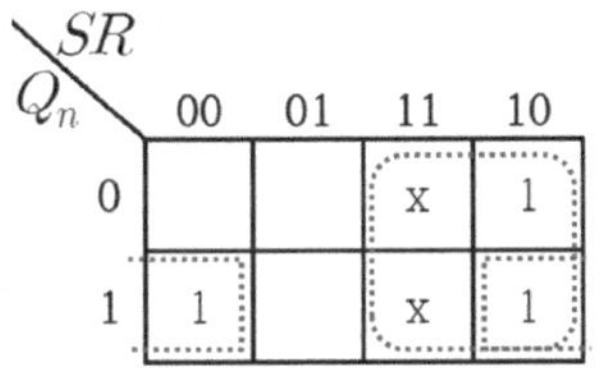

$$Q_{n+1} = S + \overline{R}Q_n, \quad SR = 0$$

그림 7-22 *SR* 플립플롭 특성 방정식

7.4 *D* 플립플롭 (Flip Flop)

D 플립플롭은 *SR* 플립플롭에서 입력 *SR* 값이 배타적으로 되도록 하여, 출력은 항상 Set 또는 Reset 상태만 출력되도록 하고, 특히 입력 *S*와 *R* 모두 1이 되지 않도록 한다. *D* 플립플롭은 Data 플립플롭 또는 Delayed 플립플롭이라 한다. 특히 *D* 플립플롭의 다음 상태는 현재 입력이 되기 때문에 데이터를 지연 또는 버퍼링을 위해서 사용될 수 있다. 그림 7-23은 *D* 플립플롭과 심볼을 나타낸다.

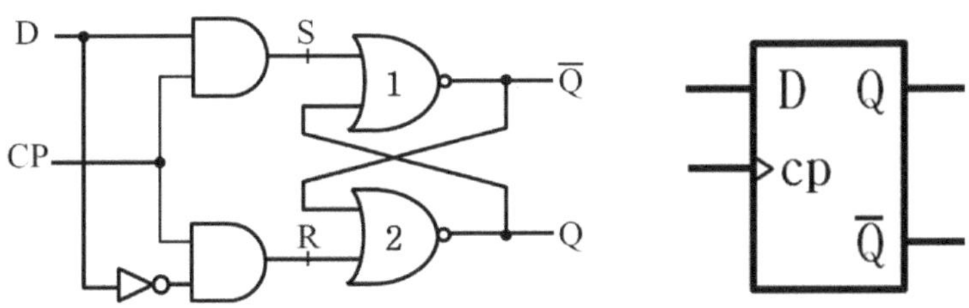

(a) 회로도 (b) 심볼

그림 7-23 *D* 플립플롭

D 플립플롭의 진리표는 표 7-5와 같다. 입력 D가 '1'인 경우 NOR 게이트 1 입력중 하나가 '1'이 되기 때문에 출력 $\overline{Q}$는 '0'이 되고, NOR 게이트 2 입력이 모두 '0'이 되기 때문에 출력 Q는 '1'이 된다. 따라서 D 플립플롭은 입력이 약간 지연된 후 그대로 출력되는 특징을 가지고 있다.

표 7-5 D 플립플롭 진리표

입력	출력
D	Q_{n+1}
0	0
1	1

그림 7-24는 D 플립플롭의 타이밍도를 나타낸 것이다. 클럭 펄스의 정 에지(상승 에지) 순간에 D 입력 값에 따라 출력이 정해지는 것을 보여주고 있다. t_1, t_2, 그리고 t_3 시점에 D 입력이 '1'이기 때문에 출력이 '1'이 되고, t_4와 t_5 시점에 D 입력이 '0'이기 때문에 출력이 '0'이 되고, t_6와 t_7 시점에 D 입력이 '1'이기 때문에 출력이 '1'이 되며, t_8 시점에 D 입력이 '0'이기 때문에 출력이 '0'이 된다. 따라서 D 플립플롭은 입력이 약간 지연되어 그대로 출력되는 것을 알 수 있다.

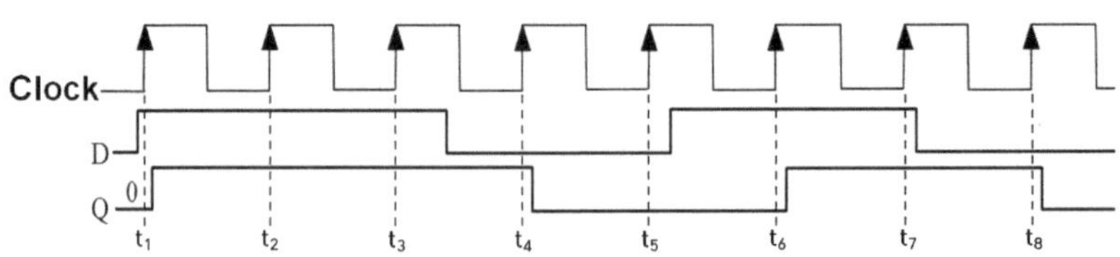

그림 7-24 D 플립플롭 타이밍 도

D 플립플롭의 동작을 나타내는 특성 방정식을 구하기 위하여 입력으로 D와 궤환

된 현재 상태(Q_n)를 고려하여 특성표를 작성하면 표 7-6과 같다.

표 7-6 D 플립플롭 특성표

입력		출력
Q_n	D	Q_{n+1}
0	0	Q_n
0	1	1
1	0	0
1	1	1

그림 7-25는 D 플립플롭의 동작을 나타내는 특성 방정식을 나타낸다. 이 방정식을 보면 다음 상태(Q_{n+1})은 입력 D가 된다는 것을 보여주고 있다.

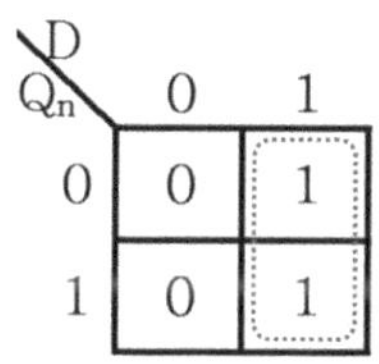

$Q_{n+1} = D$

그림 7-25 D 플립플롭 특성 방정식

예제 7-5

다음 D 플립플롭의 입력에 대한 출력 Q의 파형을 나타내어라.

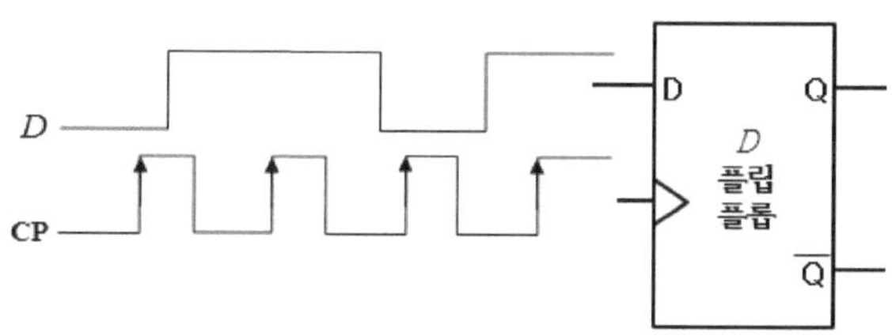

그림 7-26 정-에지 트리거로 된 D 플립플롭의 입력 파형

해답

부-에지 트리거로 된 SR 플립플롭의 입력 파형에 대한 진리표로부터 출력 Q의 파형을 작성하면 다음과 같다. 단, 현재 출력 Q의 초기 값은 0으로 가정한다. 그리고 입력에 대한 동기용 클럭은 펄스의 하강구간에서 트리거하는 것을 제외하고 정-에지 트리거와 동일하다.

Clk	입 력		출 력		출력
#	D	CP	Q_{n+1}	$\overline{Q_{n+1}}$	
1	0	↑	0	1	Reset
2	1	↑	1	0	Set
3	0	↑	0	1	Reset
4	1	↑	1	0	Set

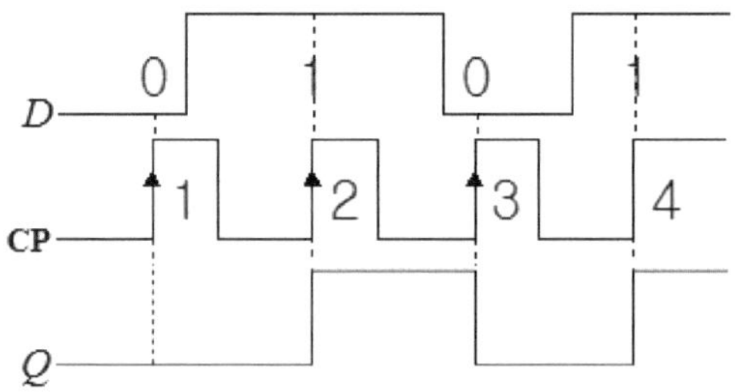

그림 7-27 D 플립플롭의 입력에 대한 출력 파형

7.5 *JK* 플립플롭 (Flip Flop)

SR 플립플롭은 입력 *S*와 *R* 모두 '1'일 때, 출력 값이 결정되지 않는 부정 상태가 된다. 따라서 *SR* 플립플롭에서 입력이 모두 1이 되지 않도록 하여야 한다. 이와 같은 *SR* 플립플롭의 문제점을 해결한 것이 *JK* 플립플롭이다. *JK* 플립플롭과 *SR* 플립플롭의 입력을 비교해 보면 $J=S$ (Set), $K=R$ (Reset)에 해당하고, 모두 '1'인 경우 *SR* 플립플롭에서는 '부정' 상태이지만 *JK* 플립플롭에서는 현재 상태 반대 값이 출력된다. 즉, 현재 상태가 '1' 이면 다음 상태는 '0', 현재 상태가 '0' 이면 다

음 상태는 '1'이 되도록 하였다. 이를 Toggle(토글)이라 한다.

그림 7-28은 JK 플립플롭의 회로도와 심볼을 보여주고 있다. 회로도는 SR 플립플롭의 각 출력을 지연요소를 거쳐 입력으로 궤환시켜 주고 있다.

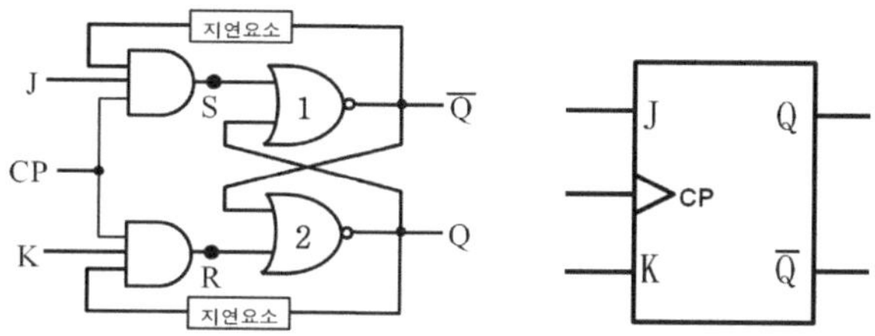

그림 7-28 JK 플립플롭

현재 상태 Q가 '0'($\overline{Q}$은 '1')인 경우를 가정하면, $J=K=0$인 경우, S, R 입력 모두 '0'이고 NOR 게이트 1의 출력 $\overline{Q}$가 '1'이고, NOR 게이트 2 출력 Q은 '0' 이므로 NOR 게이트 1의 모든 입력이 '0' 이므로 NOR 게이트 1의 출력 $\overline{Q}$는 '1'이 된다. 따라서 $Q=0$, $\overline{Q}=1$이 되어 현재 상태가 그대로 유지된다.

$J=0$, $K=1$인 경우, 입력 S가 '0'이고, NOR 게이트 2 출력 Q은 '0' 이므로, NOR 게이트 1 입력이 모두 '0'이기 때문에 출력 $\overline{Q}$는 '1'이다, 따라서 이 상태는 $Q=0$, $\overline{Q}=1$이 되어 리셋 상태가 된다.

$J=1$, $K=0$인 경우, 입력 S가 '1'이 되고, NOR 게이트 2 출력 Q가 '0' 이기 때문에 NOR 게이트 1의 출력 $\overline{Q}$은 '0'이 된다, 따라서 이 상태는 $Q=1$, $\overline{Q}=0$이 되어 셋트 상태가 된다.

$J=K=1$인 경우, 입력 S은 '1'이고, NOR 게이트 2의 출력 Q은 '0' 이다. 이때 NOR 게이트 1의 입력 중 하나라도 '1' 이면 NOR 게이트 1의 출력 $\overline{Q}$은 '0'이 된다. 이 상태는 현재 상태 ($Q=0$, $\overline{Q}=1$)의 반대 ($Q=1$, $\overline{Q}=0$)이 된다. 이와 같이 전의

상태의 반대로 되는 것으로 토글이라 한다.

JK 플립플롭의 진리표는 표 7-7과 같으며, JK 플립플롭은 입력 모두 '1'인 경우를 제외하고 SR 플립플롭과 동일하다. JK 플립플롭에서 입력 J와 K 모두 '1'일 때 토글 동작으로 현재 상태(Q_n)의 반대 값이 출력된다.

표 7-7 JK 플립플롭 진리표

입력		출력	비고
J	K	Q_{n+1}	
0	0	Q_n	유지
0	1	0	리셋
1	0	1	셋트
1	1	$\overline{Q_n}$	토글

그림 7-29은 JK 플립플롭의 타이밍도를 나타낸 것이다. 클럭 펄스의 정 에지(상승 에지) 순간에 J, K 입력 값에 따라 출력이 정해지는 것을 보여주고 있다. t_1과 t_2 시점에 입력 $J=1$이고 $K=0$이기 때문에 플립플롭 출력은 셋트 상태($Q=1$)가 된다. t_3 시점에 입력 $J=1$이고 $K=1$이기 때문에 전의 상태가 반대로(토글) 되어 Q가 '0'이 된다. t_4 시점에 입력 $J=0$이고 $K=1$이기 때문에 플립플롭 출력은 리셋 상태($Q=0$)가 된다. t_5 시점에 입력 $J=0$이고 $K=0$ 이기 때문에 플립플롭 출력은 전 상태($Q=0$)를 유지한다. t_6 시점에 입력 $J=1$이고 $K=1$이기 때문에 전의 상태($Q=0$)가 반대로(토글) 되어 Q가 '1'이 된다. t_7 시점에 입력 $J=1$이고 $K=1$이기 때문에 전의 상태($Q=1$)가 반대로(토글) 되어 Q가 '0'이 된다. t_8 시점에 입력 $J=0$고 $K=0$이기 때문에 플립플롭 출력은 전 상태($Q=0$)를 유지한다.

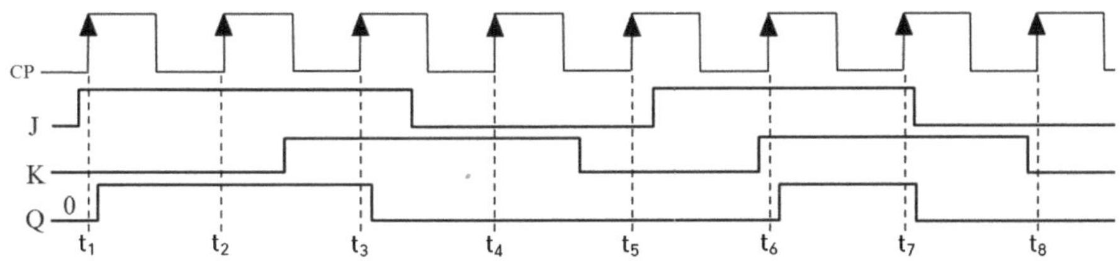

그림 7-29 *JK* 플립플롭의 타이밍도

JK 플립플롭의 동작을 나타내는 특성 방정식(Characteristic Function)을 구하기 위하여 입력 *J*, *K*와 궤환된 현재 상태(Q_n)를 고려하여 특성표를 작성하면 표 7-8과 같다. *J*, *K* 입력 모두가 '1'일 때 출력은 항상 토글(Toggle) 되는 것을 보여주고 있다.

표 7-8 *JK* 플립플롭 특성표

입력	출력
Q_n J K	Q_{n+1}
0 0 0	Q_n
0 0 1	0
0 1 0	1
0 1 1	1
1 0 0	1
1 0 1	0
1 1 0	1
1 1 1	0

그림 7-30은 *JK* 플립플롭의 동작을 나타내는 특성 방정식을 나타낸다.

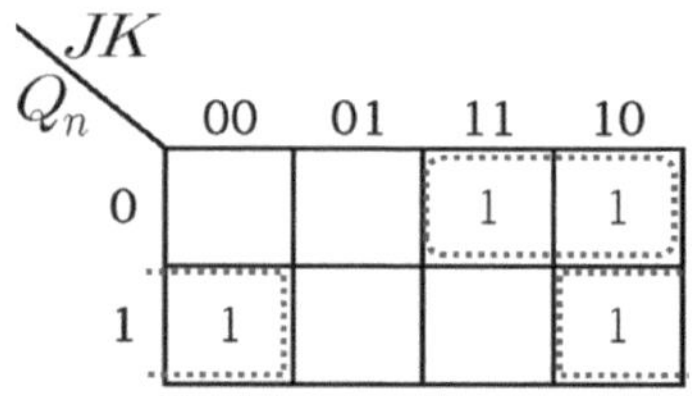

$$Q_{n+1} = J\overline{Q_n} + \overline{K}Q_n$$

그림 7-30 *JK* 플립플롭 특성 방정식

예제 7-6

다음 정-에지 트리거의 *JK* 플립플롭 입력에 대한 출력 *Q*의 파형을 나타내어라.

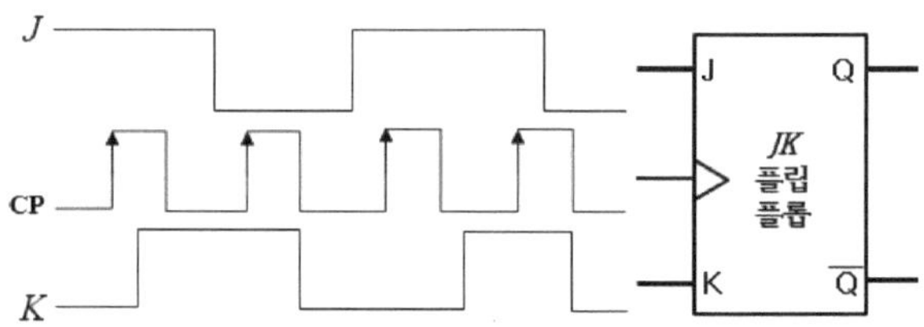

그림 7-31 JK 플립플롭의 입력 파형

해답

JK 플립플롭의 입력 파형에 대한 진리표로부터 출력 *Q*의 파형을 작성하면 다음과 같다. 단, 현재 출력 *Q*의 초기 값은 0으로 가정한다. 진리표로부터 *J*와 *K*의 입력에 따른 출력 *Q*의 상태는 Set($Q=1$) → Reset($Q=0$) → NC($Q=0$) → Toggle($Q=1$)로 바뀐다.

입 력			출 력		출력
J	K	CP	Q_{n+1}	$\overline{Q_{n+1}}$	
1	0	↑	1	0	Set
0	1	↑	0	1	Reset
0	0	↑	Q_n	$\overline{Q_n}$	불변
1	1	↑	$\overline{Q_n}$	Q_n	Toggle

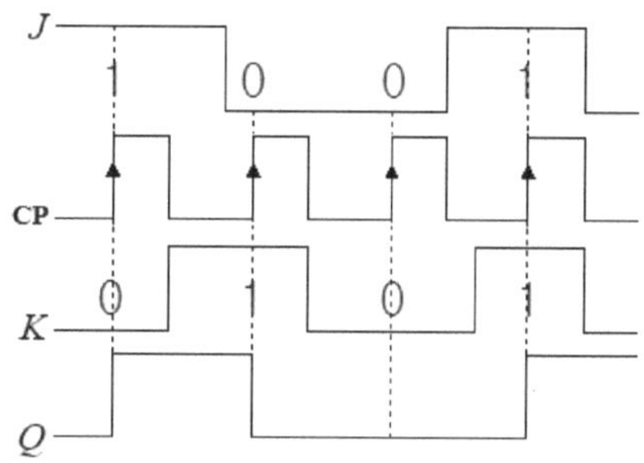

그림 7-32 JK 플립플롭의 입력에 대한 출력 파형

예제 7-7

SR 플립플롭의 논리기호를 이용하여 JK 플립플롭으로, SR과 JK 플립플롭을 이용하여 D 플립플롭으로 각각 변환하여라.

해답

JK 플립플롭의 회로구성은 SR 플립플롭의 출력 Q을 K의 입력 게이트로, $\overline{Q}$을 J의 입력 게이트로 각각 연결됨으로 입력 단에 AND 게이트를 이용하여 구성한다. 그리고 JK 플립플롭을 D 플립플롭으로 변환은 두 입력 J와 K를 단일 입력 D로 만들기 위해 J와 K 입력을 공통으로 묶어 두 입력 단에 서로 반전된 신호가 입력되도록 K 입력에 NOT 게이트를 이용하여 구성하면 된다.

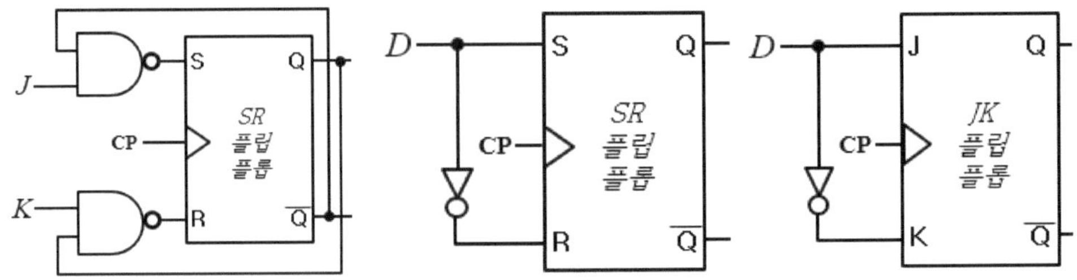

(a) *SR-->JK* (b) *SR-->D* (c) *JK-->D*

그림 7-33 플립플롭 변환 구성

7.6 *T* 플립플롭 (Flip Flop)

T 플립플롭은 *JK* 플립플롭의 *J*와 *K*입력을 함께 연결해서 만들 수 있다. 이는 *JK* 플립플롭에서 입력 값이 서로 같은 것만 취하는 것이다. 따라서 *T*입력이 '0' ($J=0$, $K=0$)인 경우 출력은 전 상태 유지하고 *T*입력이 '1'($J=1$, $K=1$)인 경우 출력은 토글상태가 되는 것이다. 그림 7-34는 *T* 플립플롭의 회로도와 심볼을 보여주고 있다. 회로도에서 *JK* 입력이 하나로 묶여 *T*로 되어 있다.

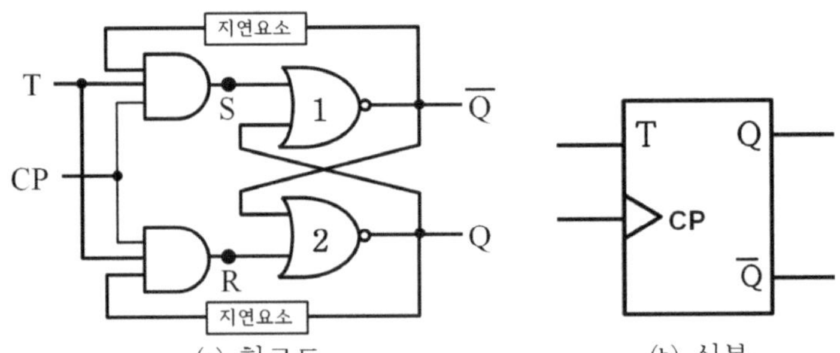

(a) 회로도 (b) 심볼

그림 7-34 *T* 플립플롭

그림 7-34를 통하여 T플립 플롭을 설명해 보면, 플립 플롭의 현재 상태 Q가 '0'이라 가정한 경우, 입력 T가 '0'이면, 입력 S와 R 모두 '0'이고, NOR 게이트 2 출력 Q은 '0'이므로 NOR 게이트 1의 모든 입력이 '0'이 되어 NOR 게이트 1의 출력 $\overline{Q}$은 '1'이 ($Q=1$) 되어 현재 상태가 유지된다.

입력 T가 '1'이면, S가 '1'이 되기 때문에, NOR 게이트 1 입력중 하나라도 '1'이면 출력 $\overline{Q}$은 '0'이 된다. 따라서 다음 상태는 현재 상태의 반대가 된다. 이를 토글이라 한다,

표 7-9는 T 플립플롭의 진리표를 나타낸다. T 입력이 '0'인 경우 현재 상태(Q_n)가 유지되고, T 입력이 '1'인 경우, 현재 상태(Q_n)의 반대 값이 출력된다.

표 7-9 T 플립플롭 진리표

입력	출력	비고
T	Q_{n+1}	
0	Q_n	유지
1	$\overline{Q_n}$	토글

그림 7-35는 T 플립플롭의 타이밍도를 나타낸 것이다. 클럭 펄스의 정 에지(상승 에지) 순간에 T 입력 값에 따라 출력이 정해지는 것을 보여주고 있다. t_1 시점에 입력 $T=1$이기 때문에 전의 상태($Q=0$)가 반대로(토글) 되어 Q가 '1'이 된다. t_2 시점에 입력 $T=1$이기 때문에 전의 상태($Q=1$)가 반대로(토글) 되어 Q가 '0'이 된다. t_3 시점에 입력 $T=1$이기 때문에 전의 상태가 반대로(토글) 되어 Q가 '1'이 된다. t_4와 t_5 시점에 입력 $T=0$이기 때문에 플립플롭 출력은 전 상태($Q=1$)를 유지한다. t_6 시점에 입력 $T=1$이기 때문에 전의 상태($Q=1$)가 반대로(토글) 되어 Q

가 '0'이 된다. t_7 시점에 입력 $T=1$이기 때문에 전의 상태($Q=0$)가 반대로(토글) 되어 Q가 '1'이 된다. t_8 시점에 입력 $T=0$이기 때문에 플립플롭 출력은 전 상태($Q=1$)를 유지한다.

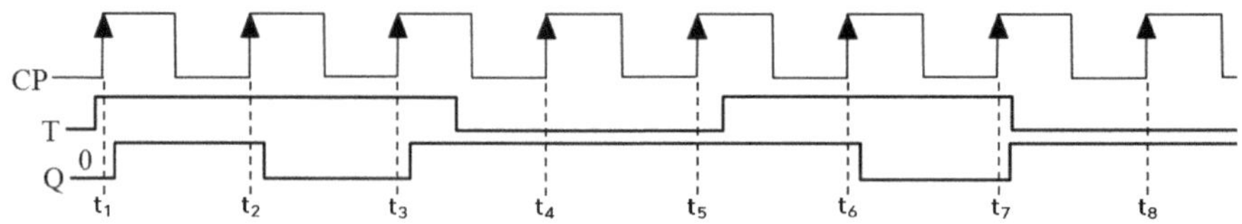

그림 7-35 T 플립플롭 타이밍 도

T 플립플롭의 동작을 나타내는 특성 방정식(Characteristic Function)을 구하기 위하여 입력 T와 궤환된 현재 상태(Q_n)를 고려하여 특성표를 작성하면 표 7-10과 같다. T 입력이 '1'일 때 출력은 항상 토글 되는 것을 보여주고 있다.

표 7-10 T 플립플롭 특성표

입력	출력
Q_n T	Q_{n+1}
0 0	0
0 1	1
1 0	1
1 1	0

그림 7-36은 T 플립플롭의 동작을 나타내는 특성 방정식을 나타낸다. 이 방정식을 보면 다음 상태(Q_{n+1})은 입력 T가 '0'일 때 전 상태(Q_n)를 유지하고, 입력 T가 '1'일 때 다음 상태는 항상 전 상태 반대 값($\overline{Q_n}$)을 나타낸다.

Q_n \ T	0	1
0	0	1
1	1	0

$$Q_{n+1} = T\overline{Q_n} + \overline{T}\,Q_n = T \oplus Q_n$$

그림 7-36 T 플립플롭 특성 방정식

예제 7-8

다음 T 플립플롭 입력에 대한 출력 Q의 파형을 나타내어라.

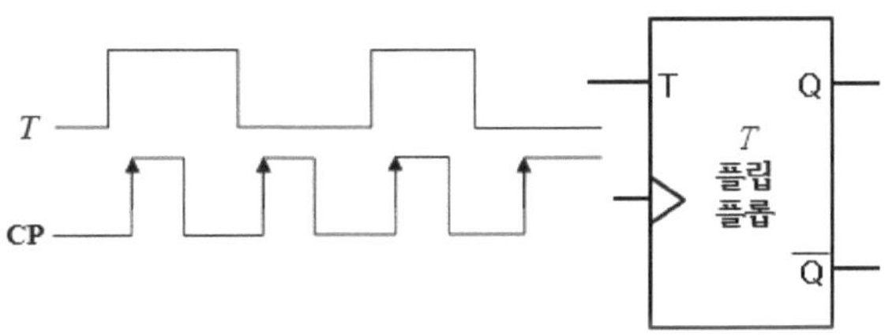

그림 7-37 T 플립플롭의 입력 파형

해답

T 플립플롭의 입력 파형에 대한 진리표로부터 출력 Q의 파형을 작성하면 다음과 같다. 단, 현재 출력 Q의 초기 값은 '0'으로 가정한다. 진리표로부터 T의 입력에 따른 출력 Q의 상태는 Toggle(Q=1) → NC(Q=0) → Toggle(Q=1) → NC(Q=0)로 바뀐다.

입 력		출 력		출력
T	CP	Q_{n+1}	$\overline{Qn+1}$	
1	↑	$\overline{Q_n}$	Q_n	토글
0	↑	Q_n	$\overline{Q_n}$	불변
1	↑	$\overline{Q_n}$	Q_n	토글
0	↑	Q_n	$\overline{Q_n}$	불변

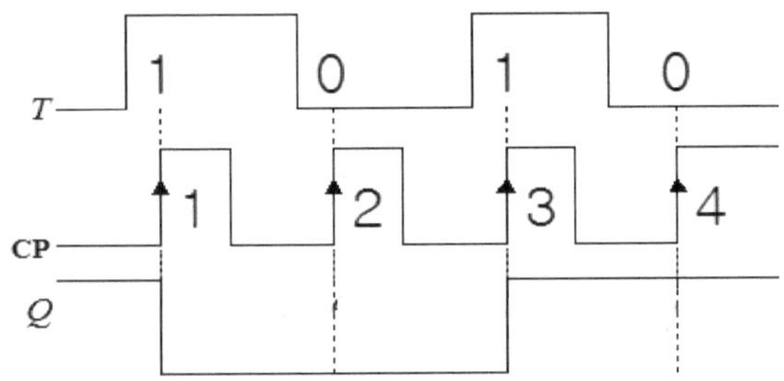

그림 7-38 T 플립플롭의 입력에 대한 출력 파형

7.7 비동기 입력(Preset. Clear)을 가진 D 플립플롭

그림 7-39는 Preset과 Clear 단자를 가진 D 플립플롭을 나타낸다. Preset과 Clear 단자는 플립플롭 출력을 임의의 논리 값('0' 또는 '1')으로 초기화할 때 사용하는 입력 단자이다. 이 입력 중 어느 하나라도 Active가 되면, 입력 클럭 및 D 입력과 무관하게 출력이 초기화 된다.

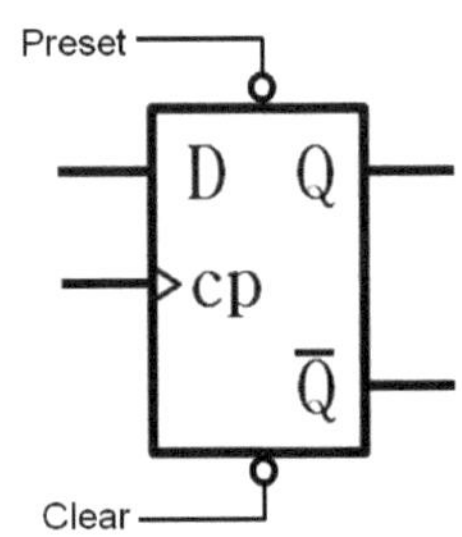

그림 7-39 비동기 입력을 가진 D 플립플롭

표 7-11은 Preset과 Clear 단자를 가진 D 플립플롭 진리표를 나타낸다. Preset와 Clear 입력 단자는 Active Low 신호라 한다. Active Low 신호라는 것은 논리 '0' 신호가 어느 특정 동작을 유효하게 한다는 것이다. 따라서 Preset 신호

가 논리 '0' 일 때 D 플립플롭 출력이 논리 '1'로 셋트되고, Clear 신호가 논리 '0' 일 때 D 플립플롭 출력이 논리 '0'로 리셋 된다는 것을 의미한다. 그리고 진리표에서 X 표시는 무의 항(don't care)으로 이 신호가 무슨 값을 가져도 출력에 영향을 미치지 못한다는 것을 나타낸다. 따라서 Preset (PRE) 신호는 Active Low 신호이며, 플립플롭의 상태를 클럭과 입력 값에 상관없이 즉시 셋트 상태로 변경시킬 수 있는 입력 신호로 플립플롭을 초기화하는데 사용된다.

Clear (CLR) 신호 역시 Active Low 신호이며, 플립플롭의 상태를 클럭과 입력 값에 상관없이 즉시 리셋 상태로 변경시킬 수 있는 입력 신호로 플립플롭을 초기화하거나 오류 발생 시 사용된다.

따라서 Preset 신호가 논리 '0' 일 때 입력 클럭(CP)과 D 입력에 상관없이 출력이 논리 '1'로 셋트되고, Clear 신호가 논리 '0' 일 때 입력 클럭(CP)과 D 입력에 상관없이 출력이 논리 '0'로 리셋 된다. 그리고 D 플립플롭이 정상 동작할 때 이들 신호 모두 논리 '1'을 유지한다. 이와 같은 신호들은 다른 것에 제어 받지 않고 임의적으로 동작할 수 있기 때문에 비동기 입력 신호라 한다.

표 7-11 Preset와 Clear 입력 단자를 가진 D 플립플롭 진리표

입력				출력	비고
CP	Preset	Clear	D	Q_{n+1}	
X	L	H	X	1	출력 Q를 '1'로 초기화
X	H	L	X	0	출력 Q를 '0'으로 초기화
↑	H	H	0	0	정상 동작
↑	H	H	1	1	

(L은 논리'0', H는 논리'1'임)

그림 7-40은 Preset와 Clear 입력 단자를 가진 D 플립플롭 타이밍 도를 나타낸다. Preset(PRE) 신호가 Low일 때 입력 클럭 CP와 입력 D와 무관하게 출력 Q는 논리 '1'이 된다. 그리고 Clear (CLR) 신호가 Low 일 때 입력 클럭 CP와 입력 D와 무관하게 출력 Q은 논리 '0'로 리셋 된다.

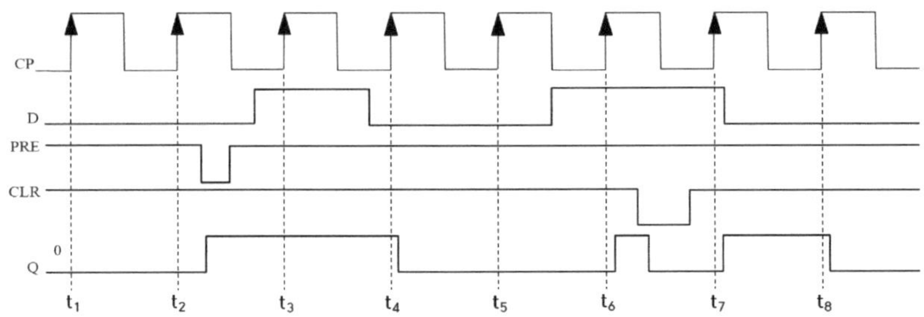

그림 7-40 Preset와 Clear 입력 단자를 가진 D 플립플롭 타이밍 도

예제 7-9

다음과 같이 비동기 입력을 가지는 JK 플립플롭 입력에 대한 출력 Q의 파형을 나타내어라.

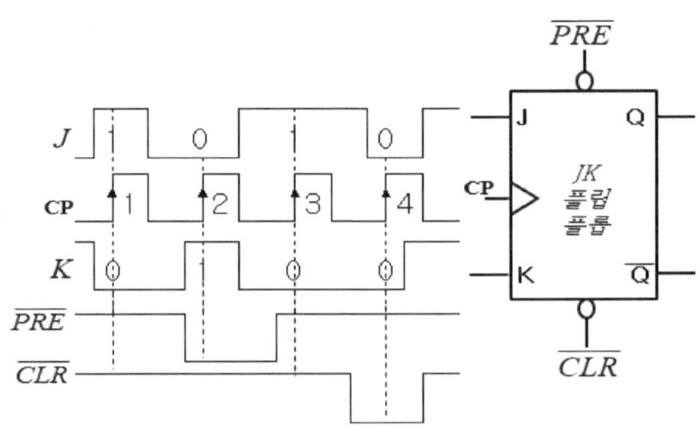

그림 7-41 비동기 입력을 가지는 JK 플립플롭의 입력

해답

PRE 입력 단자에 0이 입력되면 동기 입력인 J, K, CP에 무관하게 출력은 Set ($Q=1$) 상태가 되고, CLR에 0이 인가되면 출력은 무조건 Reset($Q=0$) 상태가 된다. 그리고 PRE와 CLR이 HIGH 레벨일 경우는 동기 입력에 의해 출력이 결정된다.

입력					출 력		상태
J	K	CP	$\overline{PRE}$	$\overline{CLR}$	Q_{n+1}	$\overline{Q_{n+1}}$	
1	0	↑			1	0	Set
x	x	x	0	1	1	0	Set
1	1	↑			0	1	토글
x	x	x	1	0	0	1	Reset
1	0	↑			1	0	Set

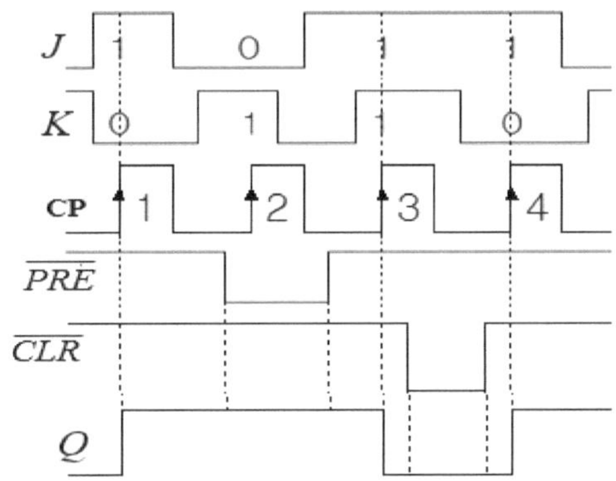

그림 7-42 비동기 입력을 가지는 JK 플립플롭의 출력 파형

7.8 마스터-슬레이브 플립플롭

마스터-슬레이브 플립플롭은 두 개의 플립플롭을 연결하여 하나는 마스터(Master), 다른 하나는 슬레이브(Slave) 역할을 수행하도록 구성한 플립플롭이다. 두 개의 플립플롭의 클럭 입력은 인버터를 이용하여 서로 반대되는 위상(180° 차)을 가지도록 하며, 슬레이브는 마스터의 출력 신호에 영향을 받는다. 그림 7-43은 두 개의 JK 플립플롭으로 구성된 마스터-슬레이브 플립플롭을 보여주고 있다.

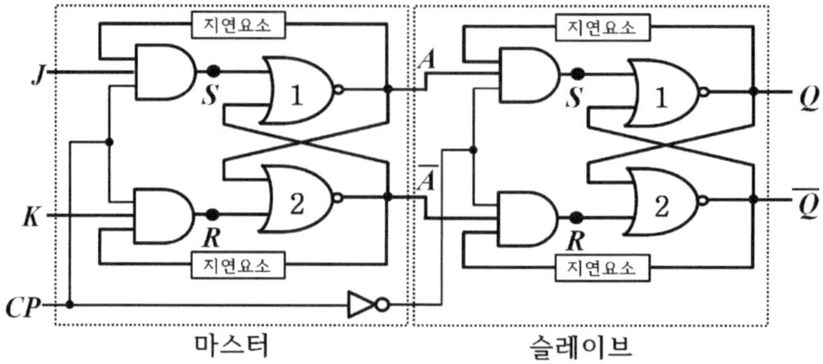

그림 7-43 *JK* 플립플롭으로 구성된 마스터-슬레이브 플립플롭

그림 7-44는 마스터-슬레이브 플립플롭의 동작 타이밍 도를 보여주고 있다. 마스터 플립플롭의 입력 클럭은 PET(Positive Edge Trigger)이고, 슬레이블 플립플롭의 입력 클럭은 마스터 플립플롭의 입력 클럭과 반대 위상을 가진 NET(Negative Edge Trigger)이다. 그리고 마스터 플립플롭의 출력(A, $\overline{A}$)은 슬레이브 플립플롭의 입력이 된다.

t_1 시점에 마스터 플립플롭 입력은 $J=1$, $K=0$이 되어 출력 A는 셋트 상태가 되어 '1'이 된다. t'_1 시점에 슬레이브 플립플롭 입력은 $A=1$, $\overline{A}=0$이 되어 출력(Q)은 셋트 상태가 되어 '1'이 된다.

t_2 시점에 마스터 플립플롭 입력은 $J=1$, $K=0$가 되어 출력 A는 셋트 상태가 되어 '1'이 된다. t'_2 시점에 슬레이브 플립플롭 입력은 $A=1$, $\overline{A}=0$가 되어 출력 Q은 셋트 상태가 되어 '1'이 된다.

t_3 시점에 마스터 플립플롭 입력은 $J=1$, $K=1$이 되어 출력 A는 전의 상태가 반대가 되어 '0'이 된다. t'_3 시점에 슬레이브 플립플롭 입력은 $A=0$, $\overline{A}=1$이 되어 출력 Q는 리셋 상태가 되어 '0'이 된다.

t_4 시점에 마스터 플립플롭 입력은 $J=0$, $K=1$이 되어 출력 A은 리셋 상태가

되어 '0'이 된다. t'_4 시점에 슬레이브 플립플롭 입력은 $A=0$, $\overline{A}=1$이 되어 출력 Q는 리셋 상태가 되어 '0'이 된다.

t_5 시점에 마스터 플립플롭 입력은 $J=0$, $K=0$이 되어 출력 A는 전의 상태를 유지하여 '0'이 된다. t'_5 시점에 슬레이브 플립플롭 입력은 $A=0$, $\overline{A}=1$이 되어 출력 Q은 리셋 상태가 되어 '0'이 된다.

t_6 시점에 마스터 플립플롭 입력은 $J=1$, $K=1$이 되어 출력 A은 전의 상태 반대가 되어 '1'이 된다. t'_6 시점에 슬레이브 플립플롭 입력은 $A=1$, $\overline{A}=0$이 되어 출력 Q는 셋트 상태가 되어 '1'가 된다.

t_7 시점에 마스터 플립플롭 입력은 $J=1$, $K=1$이 되어 출력 A은 전의 상태 반대가 되어 '0'이 된다. t'_7 시점에 슬레이브 플립플롭 입력은 $A=0$, $\overline{A}=1$이 되어 출력 Q은 리셋 상태가 되어 '0'이 된다.

t_8 시점에 마스터 플립플롭 입력은 $J=0$, $K=0$이 되어 출력 A은 전 상태를 유지하여 '0'이 된다. t'_8 시점에 슬레이브 플립플롭 입력은 $A=0$, $\overline{A}=1$이 되어 출력 Q은 리셋 상태가 되어 '0'이 된다.

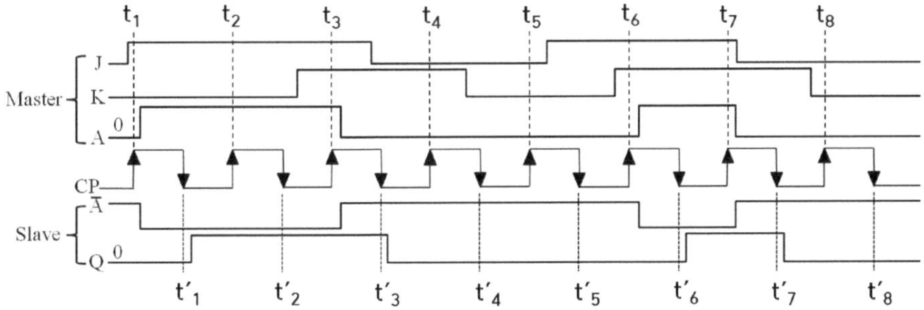

그림 7-44 마스터-슬레이브 플립플롭 타이밍 도

예제 7-10

다음과 같이 마스터-슬레이브 D 플립플롭 입력에 대한 출력 Q의 파형을 나타내어라. 단 출력의 초기상태는 $Q=0$으로 가정한다.

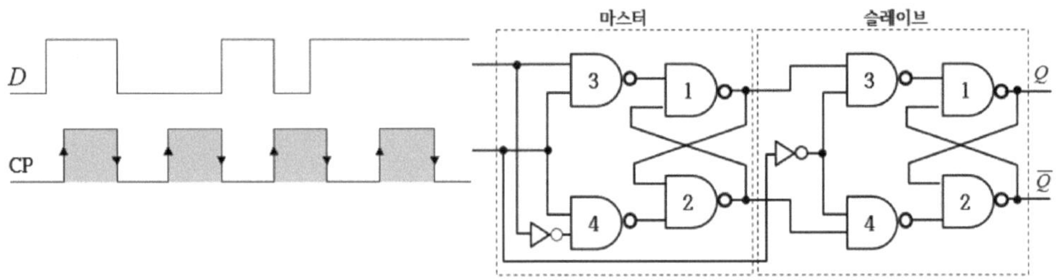

그림 7-45 마스터-슬레이브 D 플립플롭의 입력

해답

클럭 펄스가 1인 상태에 있을 동안에 입력 D의 변화가 있으면 최종적으로 나타난 입력 변화 값이 슬레이브의 출력으로 전송된다. 그리고 출력은 하강-에지에서 출력됨으로 한 주기 늦게 나타난다.

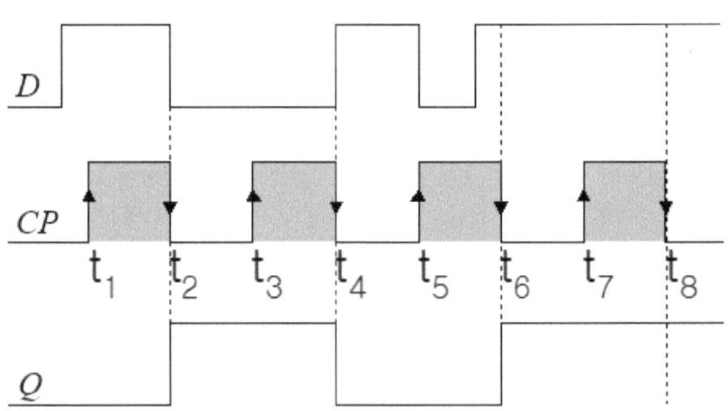

그림 7-46 마스터-슬레이브 D 플립플롭의 출력

7.9 순서 논리 회로 설계

순서 논리회로는 어떤 순서에 입각하여 동작하는 회로이며, 외부 입력과 현재 상태에 따라 다음 상태가 결정되는 회로이다. 회로는 여러 가지 상태를 가질 수 있으며, 이 상태를 LED, 7 Segment, bell 등으로 표시할 수 있다. 회로가 어떤 상태에 있을 때 외부 입력에 따라 현재 상태가 다음에 어느 상태로 되는 가 결정해 주는 것이다. 커피자판기를 예를 든다면, 동전이 투입되지 않으면 어떠한 표시도 하지 않는다. 예를 들어 밀크커피가 300원이고, 고급 커피가 400원인 경우, 300원을 투입하면 자판기는 동전이 투입되어 있지 않은 상태(현재 상태)에서, 밀크커피를 선택할 수 있는 상태(다음 상태)로 가게 된다. 이 상태에서 우리가 할 수 있는 행동(외부 입력)은 몇 가지가 있다. 우선 밀크커피 버튼을 누르면 밀크커피가 나오면서 밀크커피를 선택할 수 있는 상태에서 동전이 투입되어 있지 않은 상태로 가게 된다. 또 다른 선택으로 100원짜리 동전을 하나 더 투입하면 밀크커피를 선택할 수 있는 상태에서 밀크커피 또는 고급커피를 선택할 수 있는 상태로 가게 된다. 또 다른 선택은 반환 버튼을 누르면 동전을 반환하면서 밀크커피를 선택할 수 있는 상태에서 동전이 투입되어 있지 않은 상태로 가게 된다. 그림 7-47은 순서 논리회로 블록도를 보여주고 있다. 구성은 현재 상태를 저장해주는 플립플롭과 조합회로로 구성된다. 조합회로는 현재 상태(플립플롭 출력)와 외부 입력을 통하여 출력과 플립플롭 입력을 생성한다.

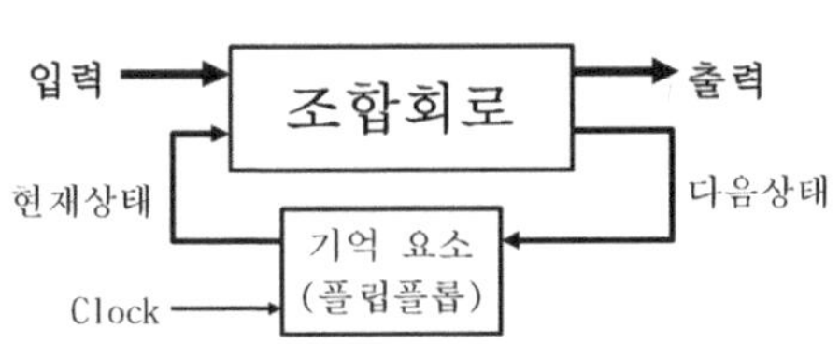

그림 7-47 순서 논리회로 구성도

7.9.1 순서 논리회로 동작 표현 방법

순서 논리회로는 어떤 순서에 입각하여 동작하는 회로이기 때문에 동작 흐름을 표현할 수 있는 방법이 있다. 이를 통하여 순서 논리회로 동작을 쉽게 파악할 수 있다. 방법 중 하나는 상태도(State Diagram) 이고, 다른 하나는 상태표(State Table) 이다. 상태도는 동작 흐름을 정해진 표기 방법에 따라 표현 하는 것으로 상태, 입력, 출력으로 표현 할 수 있다. 그리 7-48은 상태도 예를 보여주고 있다. 이 순서 논리회로는 4개의 상태(00, 01, 10, 11)가 있으며, 어떤 상태에서 입력 값(x)에 따라 다음 상태가 결정되며, 이때 출력도 결정이 된다. 이 회로에서 각 상태는 2비트로 구성되기 때문에 이를 저장하기 위하여 2개의 플립플롭이 필요하며, 각 상태는 플립플롭의 출력을 나타낸다. 표시를 쉽게 하기 위하여 두 개의 플립플롭 출력에 LED를 부착하면 상태 "00"은 두 개의 LED 모두 off 상태이다. 화살표는 다음 상태 진행을 나타내는 것으로 입력 클럭이 변환된 후 다음 상태를 나타낸다. 그리고 선 또는 원위에 있는 x/y는 입력/출력을 나타낸다. 상태 변환을 예를 들어 설명하며, 상태 "00"에서 입력이 '0'인 경우 클럭이 입력되면 다음 상태는 "00"에 머물게 되며, 입력이 '1'인 경우 클럭이 입력되면 다음 상태는 "01"로 된다. 상태 "01"에서 입력이 '0'인 경우 클럭이 입력되면 다음 상태는 "10"로 되며, 입력이 '1'인 경우 클럭이 입력되면 다음 상태는 "01"로 된다. 상태 "10"에서 입력이 '0'인 경우 클럭이 입력되면 다음 상태는 "11"로 되며, 입력이 '1'인 경우 클럭이 입력되면 다음 상태는 "10"로 된다. 상태 "11"에서는 입력이 '0'인 경우 클럭이 입력되면 다음 상태는 "11"에 머물게 되며, 입력이 '1'인 경우 클럭이 입력되면 다음 상태는 "00"로 되면서 출력은 '1'이 된다.

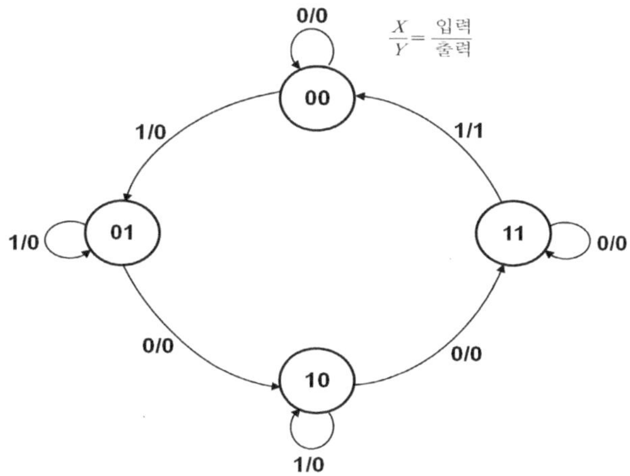

그림 7-48 순서 논리회로의 상태도 예

순서 논리회로의 동작 표현 방법 중 다른 하나는 상태표이다. 이는 조합회로에서 사용한 진리표와 같은 특성을 가지고 있으나, 진리표는 현재 입력만 고려하여 출력이 결정되는 사항을 표시한 것이다. 상태표는 현재 상태와 외부 입력에 따라 다음 상태와 출력이 결정되는 내용으로 상태도와 같은 내용이다. 표 7-12는 그림 7-48의 상태도에 따른 상태표이다.

표 7-12 순서논리회로 상태표

현재 상태	다음 상태		출력	
	$X=0$	$X=1$	$X=0$	$X=1$
A B	A B	A B	Y	Y
0 0	0 0	0 1	0	0
0 1	1 0	0 1	0	0
1 0	1 1	1 0	0	0
1 1	1 1	0 0	0	1

7.9.2 플립프롭의 상태 여기표 (Excitation Table)

플립플롭의 동작을 나타내는 방법에는 플립플롭 특성표 (Characteristic Table)와 여기표가 있다. 특성표는 플립플롭의 현재 상태와 입력이 주어진 경우 입력 클럭에 따라 다음 상태가 결정되는 것으로 말하고, 여기표는 이와 반대로 플립플롭의 현재 상태(Q_n)와 다음 상태(Q_{n+1})이 주어 졌을 때 플립플롭의 입력 값을 정하는 것이다. 즉, 플립플롭의 상태 변화가 이루어질 때 플립플롭 입력 값을 나타내 주는 표이다. 일단 여기표를 작성하기 앞서 각 플립플롭의 진리표를 다시 언급하면 다음과 같다.

표 7-13 SR 플립플롭 진리표

입력		출력
S	R	Q_{n+1}
0	0	Q_n
0	1	0
1	0	1
1	1	부정

표 7-14 JK 플립플롭 진리표

입력		출력	비고
J	K	Q_{n+1}	
0	0	Q_n	유지
0	1	0	리셋
1	0	1	셋트
1	1	$\overline{Q_n}$	토글

표 7-15 D 플립플롭 진리표

입력	출력
D	Q_{n+1}
0	0
1	1

표 7-16 T 플립플롭 진리표

입력	출력	비고
T	Q_{n+1}	
0	Q_n	유지
1	$\overline{Q_n}$	토글

다음은 4개의 플립플롭의 여기표를 나타낸다. 여기서 Q_n은 현재 상태 Q_{n+1}은 다음상태를 나타낸다. 표 7-17에서 SR 플립플롭의 여기과정을 나타내는데, 다음과

같다. Q_n과 Q_{n+1}가 "00" 일 때 입력 $S=R=0$ 또는 Q_{n+1}이 0이기 때문에 리셋 상태이므로 $S=0$, $R=1$을 갖는다. 이를 표기법에 의하여 표현하면 $S=0$, $R=X$ (don't care)로 된다. Q_n과 Q_{n+1} 이 모두 "01" 일 때 세트 상태이므로 $S=1$, $R=0$이 된다. Q_n과 Q_{n+1} 이 모두 "10" 일 때 리셋 상태이므로 $S=0$, $R=1$이 된다. Q_n과 Q_{n+1} 이 모두 "11" 일 때 입력 $S=R=0$ 또는 $Q_{n+1}=1$이기 때문에 세트 상태이므로 $S=1$, $R=0$을 갖는다. 이를 표기법에 의하여 표현하면 $S=X$, $R=0$으로 된다. 표 7-18은 SR 플립플롭의 여기표를 나타낸다.

표 7-17 SR 플립플롭 여기과정

Q_n Q_{n+1}	S R	비고
0 0	0 0	유지
	0 1	리셋
0 1	1 0	셋트
1 0	0 1	리셋
1 1	0 0	유지
	1 0	셋트

표 7-18 SR 플립플롭 여기표

Q_n Q_{n+1}	S R	비고
0 0	0 X	유지
0 1	1 0	셋트
1 0	0 1	리셋
1 1	X 0	유지

표 7-19에서 JK 플립플롭의 여기과정을 나타내는데, 다음과 같다. Q_n과 Q_{n+1}가 "00" 일 때 입력 J와 K 모두 '0' 또는 Q_{n+1}이 '0'이기 때문에 리셋 상태이므로 $J=0$, $K=1$을 갖는다. 이를 표기법에 의하여 표현하면 $J=0$, $K=X$로 표현된다. Q_n과 Q_{n+1} 이 "01" 일 때 토글 상태로 $J=K=1$을 가질 수 있고, 또 세트 상태일 수 있으므로 $J=1$, $K=0$을 가질 수 있다. 이를 표기법에 의하여 표현하면 $J=1$, $K=X$로 표현한다. Q_n과 Q_{n+1} 이 "10" 일 때 토글 상태로 $J=K=1$을 가질 수 있고, 또 리셋 상태일 수 있으므로 $J=0$, $K=1$을 가질 수 있다. 이를 표기법에 의하여 표현하면 $J=X$, $K=1$로 표현한다. Q_n과 Q_{n+1} 이 모두 "11" 일 때 입력 $J=K=0$ 또는 Q_{n+1}이 '1'이기 때문에 세트 상태이므로 $J=1$, $K=0$을 갖는다. 이를 표기법에 의하여 표현하면 $J=X$, $K=0$으로 표현한다. 표 7-20은 JK 플립플롭의 여기표를 나타낸다.

표 7-19 JK 플립플롭 여기과정

Q_n Q_{n+1}	J K	비고
0 0	0 0	유지
	0 1	리셋
0 1	1 1	토글
	1 0	셋트
1 0	1 1	토글
	0 1	리셋
1 1	0 0	유지
	1 0	셋트

표 7-20 JK 플립플롭 여기표

Q_n Q_{n+1}	J K	비고
0 0	0 X	유지
0 1	1 X	셋트
1 0	X 1	리셋
1 1	X 0	유지

표 7-21에서 D 플립플롭의 여기표를 나타낸다. D 플립플롭은 SR 또는 JK 플립플롭에서 입력이 서로 다른 경우만 고려한 것이다. Q_n과 Q_{n+1}가 "00" 일 때 SR 플립플롭인 경우 $S=0$, $R=1$, JK 플립플롭인 경우 $J=0$, $K=1$ 이므로 리셋 상태가 되어 $D=0$이 된다. Q_n과 Q_{n+1}이 "01" 일 때 SR 플립플롭인 경우 $S=1$, $R=0$, JK 플립플롭인 경우 $J=1$, $K=0$ 이므로 세트 상태이므로 $D=1$이 된다. Q_n과 Q_{n+1}이 "10" 일 때 SR 플립플롭인 경우 $S=0$, $R=1$, JK 플립플롭인 경우 $J=0$, $K=1$ 이므로 리셋 상태가 되어 $D=0$가 된다. Q_n과 Q_{n+1}이 "11" 일 때 SR 플립플롭인 경우 $S=1$, $R=0$, JK 플립플롭인 경우 $J=1$, $K=0$ 이므로 세트 상태이므로 $D=1$이 된다. D 플립플롭의 여기표는 다음 상태 Q_{n+1}와 동일하다는 것을 알 수 있다.

표 7-21 D 플립플롭 여기표

Q_n Q_{n+1}	D	비고
0 0	0	리셋
0 1	1	셋트
1 0	0	리셋
1 1	1	셋트

표 7-22는 T 플립플롭의 여기표를 나타낸다. T 플립플롭은 JK 플립플롭에서 입력이 같은 경우만 고려한 것이다. Q_n과 Q_{n+1}가 "00" 일 때 유지 상태이므로 JK 플립플롭인 경우 $J=0$, $K=0$, T 플립플롭인 경우 $T=0$이 된다. Q_n과 Q_{n+1}이 "01" 일 때 토글 상태가 되므로 JK 플립플롭인 경우 $J=K=1$, T 플립플롭인 경우 $T=1$이 된다. Q_n과 Q_{n+1}이 "10" 일 때 토글 상태가 되므로 JK 플립플롭인 경우 $J=K=1$, T 플립플롭인 경우 $T=1$이 된다. Q_n과 Q_{n+1}가 "11" 일 때 유지 상태이므로 JK 플립플롭인 경우 $J=0$, $K=0$, T 플립플롭인 경우 $T=0$이 된다. 표 7-23은 T 플립플롭의 여기표를 나타낸다. T 플립플롭은 상태 유지 또는 토글 상태만을 갖는다.

표 7-22 T 플립플롭 여기표

Q_n Q_{n+1}	T	비고
0 0	0	유지
0 1	1	토글
1 0	1	토글
1 1	0	유지

이와 같은 여기표를 통하여 조합회로가 간소하게 구현될 수 있는 플립플롭을 선택하는 것이 바람직하다.

7.9.3 순서 논리회로 설계

순서 논리회로를 설계한다는 것은 순서 논리회로 동작을 나타내는 상태도 또는 상태표에 맞도록 조합회로와 플립플롭의 입출력을 구현하는 것이다. 이때 플립플롭 수는 상태를 나타내는 비트 수에 맞추어 결정이 되고, 플립플롭 결정은 전에 언급된 플립플롭 여기표에 의하여 결정될 수 있다. 순서 논리회로 설계 순서는 다음과 같다.

① 설계 하고자하는 순서 논리회로의 동작을 상태도 또는 상태표로 작성한다. 이때 각 상태는 이진 코드이며 사용된 비트 수가 플립플롭 수를 결정해 준다.

② 여기표에 의하여 회로를 간소화 시킬 수 있는 플립플롭 종류를 결정한다. 이때 사용되는 플립플롭은 동기식이다.

③ 선택된 플립플롭 여기표를 이용하여 구현하고자 하는 순서 논리회로 진리표를 작성한다.

④ 진리표로 부터 각 플립플롭의 입력을 구한다. 이때 카르노 맵을 이용하여 입.출력 함수를 간소화 한다.

⑤ 구하여진 조합회로와 선택된 플립플롭을 통하여 구현하고자 하는 순서 논리회로를 그린다.

그림 7-49에 있는 상태도에 따라 순서 논리회로를 JK 플립플롭을 이용하여 설계해 보도록 하자. 이 상태도에서 상태가 한 개의 비트로 표시되기 때문에 순서 논리회로 1개의 JK 플립플롭으로 구성된다.

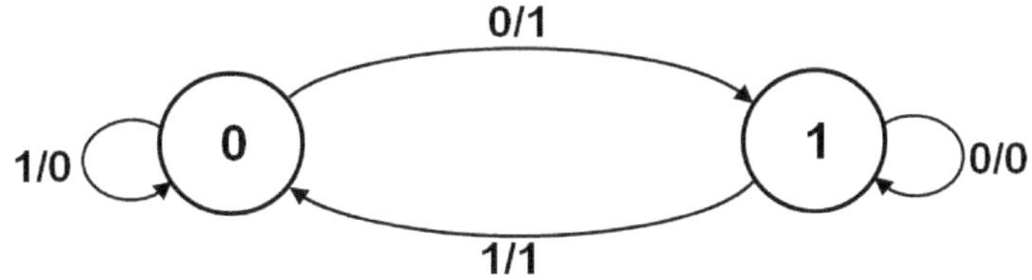

그림 7-49 2가지 상태를 가진 순서 논리회로의 상태도

우선 상태도에 따라 상태표를 작성하면 표 7-23과 같다. 출력은 상태가 0에서 1로, 또 반대로 1에서 0으로 전환될 때마다 '1'이 된다.

표 7-23 2가지 상태를 가진 순서 논리회로의 상태표

현재 상태	다음 상태		출력	
	$X=0$	$X=1$	$X=0$	$X=1$
A	A	A	Y	Y
0	1	0	1	0
1	1	0	0	1

위에서 작성된 상태표에 JK 플립플롭 입력 여기표를 적용하여 작성하면 표 7-24와 같이 다시 작성될 수 있다. 입력과 현재 상태는 조합회로 입력이 되며, 플립플롭 입력과 출력은 조합회로 출력에 해당된다.

표 7-24 순서논리회로 여기표

입력	현재 상태	다음 상태	JK 플립플롭 입력	출력
X	A	A	J_A K_A	Y
0	0	1	1 X	1
0	1	1	X 0	0
1	0	0	0 X	0
1	1	0	X 1	1

JK 플립플롭 입력을 카르노 맵을 이용하여 구해보면 그림 7-50과 같다.

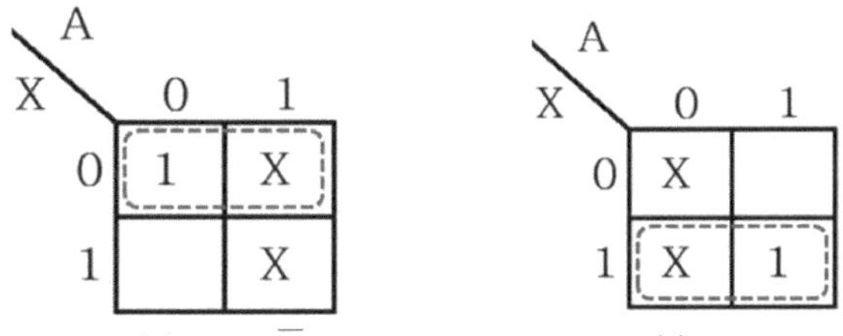

(a) $J_A = \overline{X}$ (b) $K_A = X$

그림 7-50 *JK* 플립플롭 입력

외부 출력 Y을 구해보면 $Y = \overline{X}\,\overline{A} + XA = X \odot A$가 된다. 구해진 입출력과 *JK* 플립플롭으로 회로를 작성해 보면 그림 7-51과 같다.

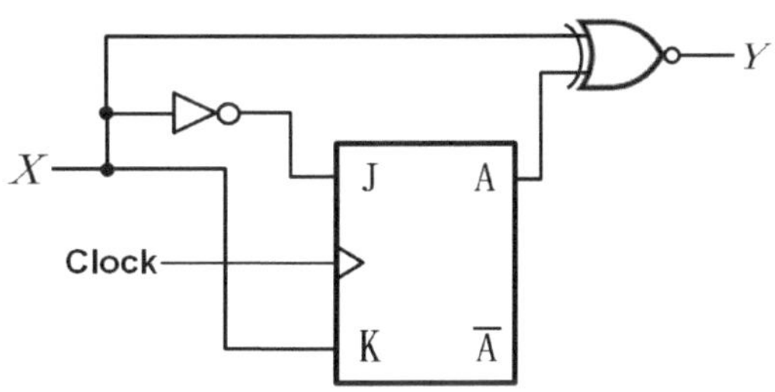

그림 7-51 2 상태 순서 논리회로도

그림 7-52과 같은 상태도가 주어졌을 때 D 플립플롭을 이용하여 순서논리 회로를 설계해 보기로 하자.

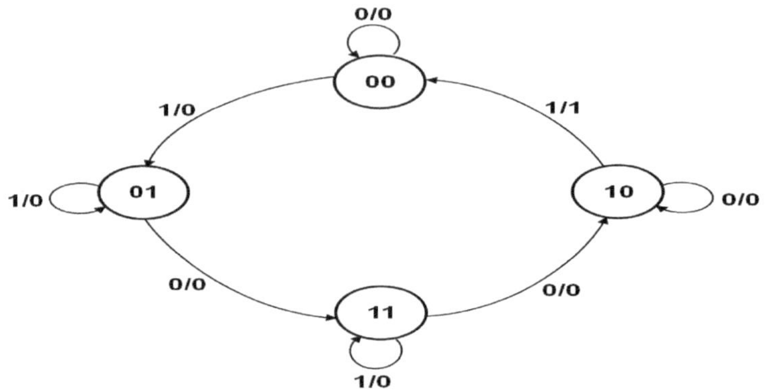

그림 7-52 4 상태를 가진 순서 논리회로 상태도

우선 상태도에 따라 상태표를 작성하면 표 7-25과 같다. 외부 출력 Y은 상태 "10"에서 상태 "00"로 전환될 때 '1'이 된다.

표 7-25 4 상태를 가진 순서논리회로 상태표

현재 상태	다음 상태		출력	
A B	$X=0$	$X=1$	$X=0$	$X=1$
	A B	A B	Y	Y
0 0	0 0	0 1	0	0
0 1	1 1	0 1	0	0
1 1	1 0	1 1	0	0
1 0	1 0	0 0	0	1

위에서 작성된 상태표에 D 플립플롭 입력 여기표를 적용하여 작성하면 표 7-26과 같이 다시 작성될 수 있다. 외부 입력과 현재 상태는 조합회로 입력이 되며, D 플립플롭 입력과 출력은 조합회로 출력에 해당된다.

표 7-26 4 상태를 가진 순서논리회로 여기표

입력	현재 상태	다음 상태	D 플립플롭 입력	출력
X	A B	A B	D_A D_B	Y
0	0 0	0 0	0 0	0
0	0 1	1 1	1 1	0
0	1 1	1 0	1 0	0
0	1 0	1 0	1 0	0
1	0 0	0 1	0 1	0
1	0 1	0 1	0 1	0
1	1 1	1 1	1 1	0
1	1 0	0 0	0 0	1

D 플립플롭 입력을 카르노 맵을 이용하여 구해보면 그림 7-53와 같다.

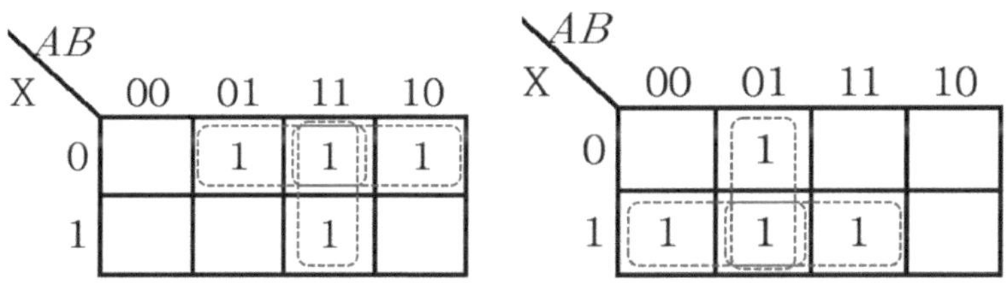

(a) $D_A = \overline{X}(A+B)+AB$ (b) $D_B = X(\overline{A}+B)+\overline{A}B$

그림 7-53 D 플립플롭 입력

외부 출력 Y을 구해보면 $Y = XA\overline{B}$ 가 된다. 구해진 입.출력과 D 플립플롭으로 회로를 작성해 보면 그림 7-54과 같다.

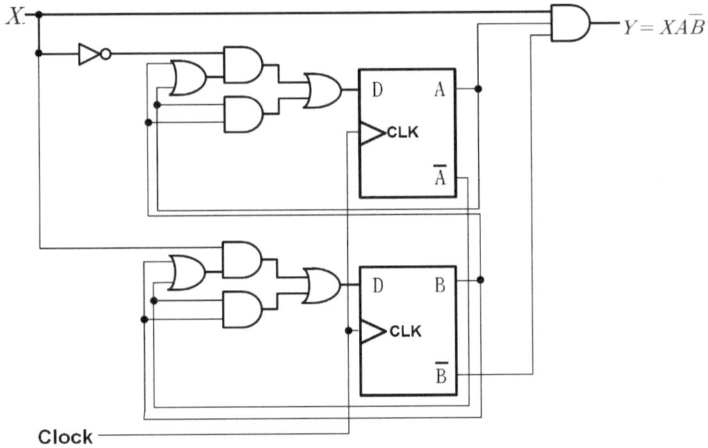

그림 7-54 4 상태 순서 논리회로도

예제 7-11

그림 7-55에 있는 상태도에 대한 순서 논리회로를 설계 하시오. 이때 JK 플립플롭을 사용하고 외부 입력은 X만 존재한다.

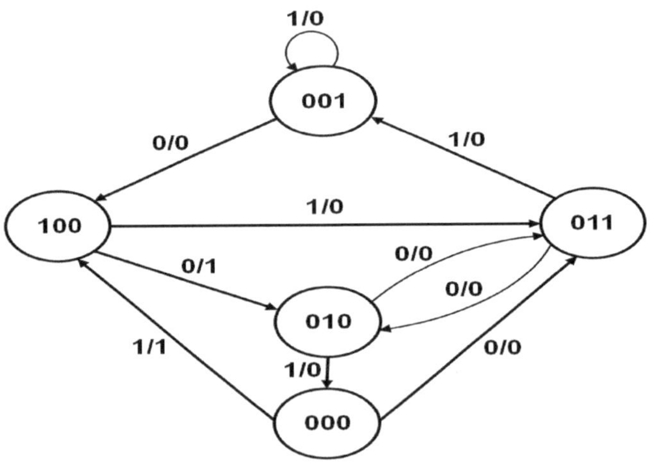

그림 7-55 5 상태를 가진 순서 논리회로 상태도

해답

우선 상태도에 따라 상태표를 작성하면 표 7-27과 같다. 외부 출력 Y는 2 가지 상태를 고려하였다.

표 7-27 5 상태를 가진 순서논리회로 상태표

현재 상태	다음 상태		출력	
	$X=0$	$X=1$	$X=0$	$X=1$
A B C	A B C	A B C	Y	Y
0 0 0	0 1 1	1 0 0	0	1
1 0 0	0 1 0	0 1 1	1	0
0 1 0	0 1 1	0 0 0	0	0
0 1 1	0 1 0	0 0 1	0	0
0 0 1	1 0 0	0 0 1	0	0

위에서 작성된 상태표에 JK 플립플롭 입력 여기표를 적용하여 작성하면 표 7-28과 같이 다시 작성될 수 있다. 외부 입력과 현재 상태는 조합회로 입력이 되며, JK 플립플롭 입력과 출력은 조합회로 출력에 해당된다.

표 7-28 5 상태를 가진 순서논리회로 여기표

입력	현재 상태			다음 상태			*JK* 플립플롭 입력						출력
X	A	B	C	A	B	C	J_A	K_A	J_B	K_B	J_C	K_C	Y
0	0	0	0	0	1	1	0	X	1	X	1	X	0
0	1	0	0	0	1	0	X	1	1	X	0	X	1
0	0	1	0	0	1	1	0	X	X	0	1	X	0
0	0	1	1	0	1	0	0	X	X	0	X	1	0
0	0	0	1	1	0	0	1	X	0	X	X	1	0
1	0	0	0	1	0	0	1	X	0	X	0	X	1
1	1	0	0	0	1	1	X	1	1	X	1	X	0
1	0	1	0	0	0	0	0	X	X	1	0	X	0
1	0	1	1	0	0	1	0	X	X	1	X	0	0
1	0	0	1	0	0	1	0	X	0	X	X	0	0

JK 플립플롭 입력을 카르노 맵을 이용하여 구해보면 그림 7-56과 같다.

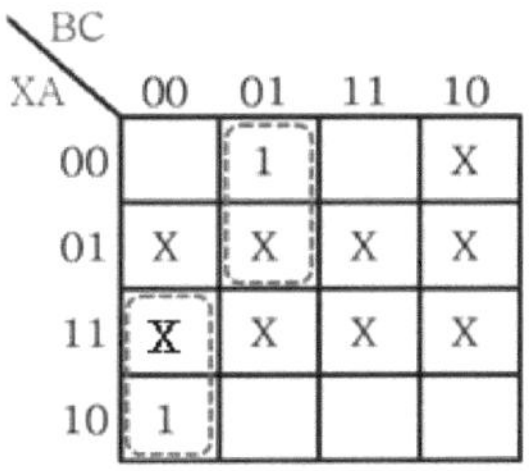

(a) $J_A = X\overline{B}\,\overline{C} + \overline{X}\,\overline{B}C = \overline{B}(X\overline{C} + \overline{X}C)$
$= \overline{B}(X \oplus C)$

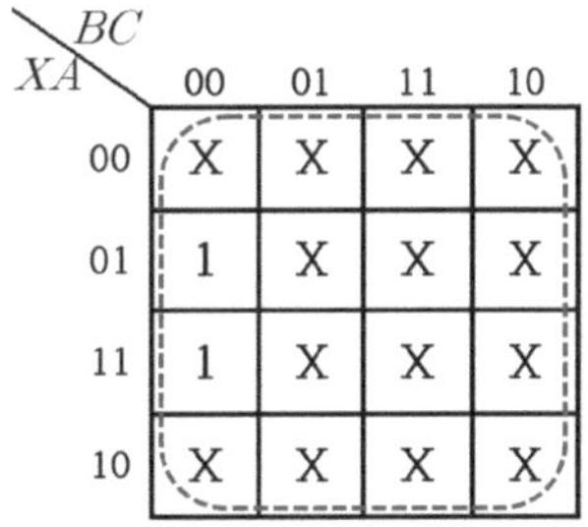

(b) $K_A = 1$

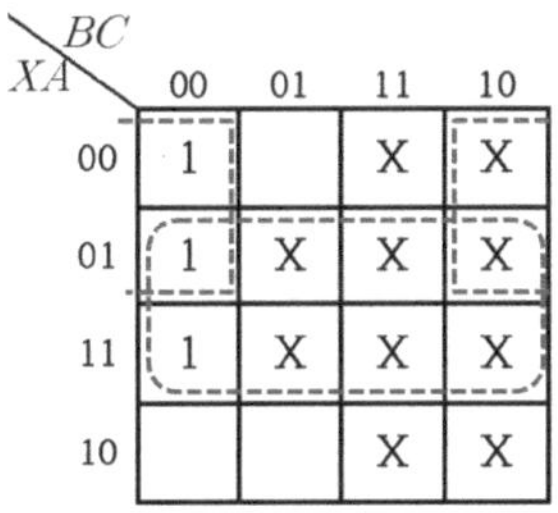

(c) $J_B = A + \overline{X}\,\overline{C}$

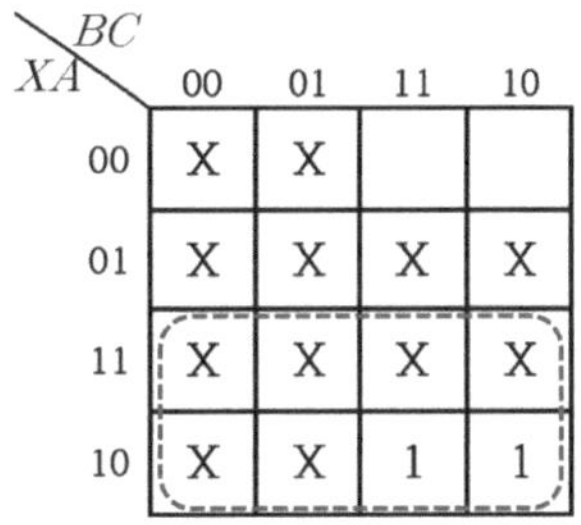

(d) $K_B = X$

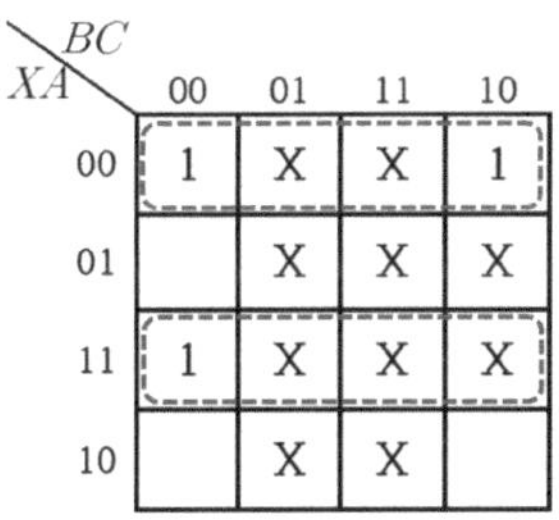

(e) $J_C = \overline{X}\,\overline{A} + XA$
$= X \odot A$

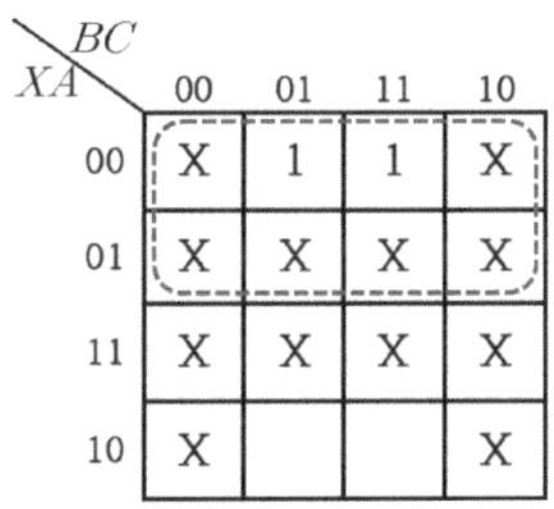

(f) $K_C = \overline{X}$

그림 7-56 5 상태 순서 논리회로 JK 플립플롭 입력

5 상태 순서 논리회로 외부 출력을 카르노 맵을 이용하여 구해보면 그림 7-57과 같다.

XA \ BC	00	01	11	10
00				
01	1	X	X	X
11		X	X	X
10	1			

$$Y = \overline{X}A + X\overline{A}\,\overline{B}\,\overline{C}$$

그림 7-57 5 상태 순서 논리회로 외부 출력

구해진 입·출력과 JK 플립플롭으로 회로를 작성해 보면 그림 7-58 같다.

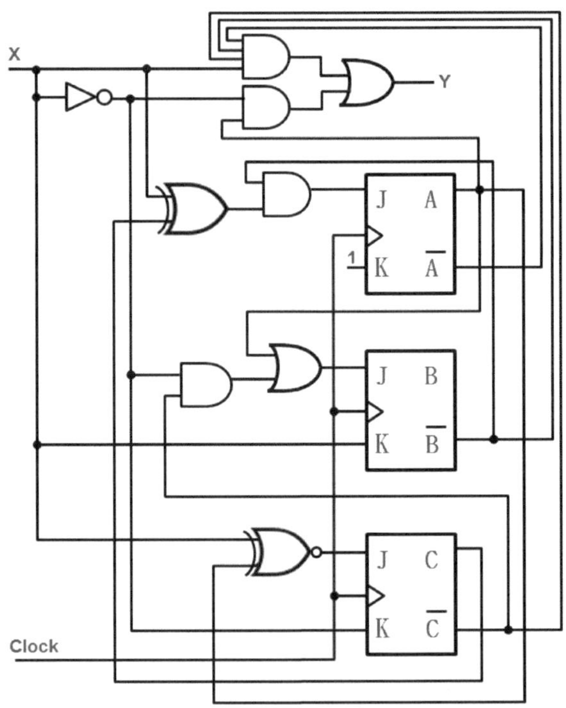

그림 7-58 상태 순서 논리회로

연습 문제

1. 다음 SR 래치의 입력 S와 R의 파형이 다음과 같을 때 출력 Q의 파형을 나타내시오. (초기에 플립플롭 입력(S, R)과 출력(Q)은 '0'(Low)으로 가정한다)

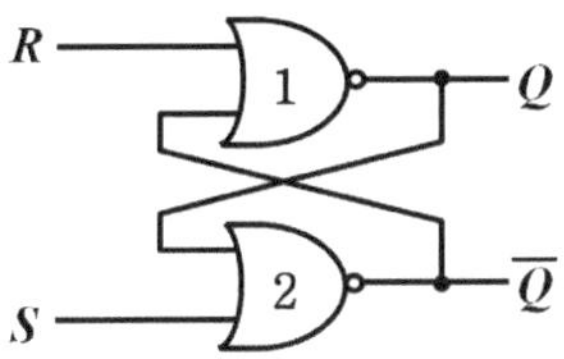

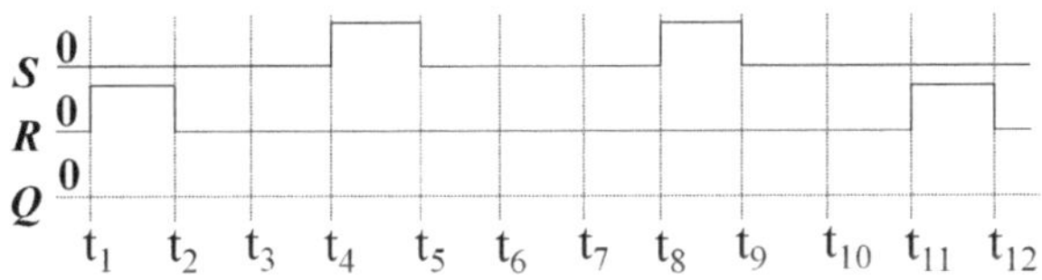

2. 다음 물음에 대한 플립플롭의 변환을 수행하여라.

(1) SR 플립플롭의 논리기호를 이용하여 D 플립플롭, JK 플립플롭 및 T플립플롭으로 각각 변환하여라.

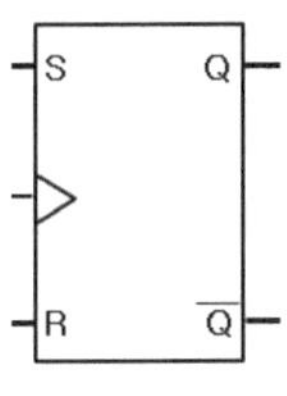

(2) JK 플립플롭의 논리기호를 이용하여 각각 D 플립플롭, T 플립플롭으로 각각 변환하여라.

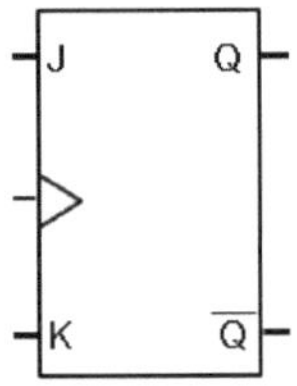

3. 동기식 RS 플립플롭의 입력이 다음과 같을 때 출력 파형을 나타내시오. (초기에 플립플롭 입력(S, R)과 출력(Q)은 '0'(Low)으로 가정한다)

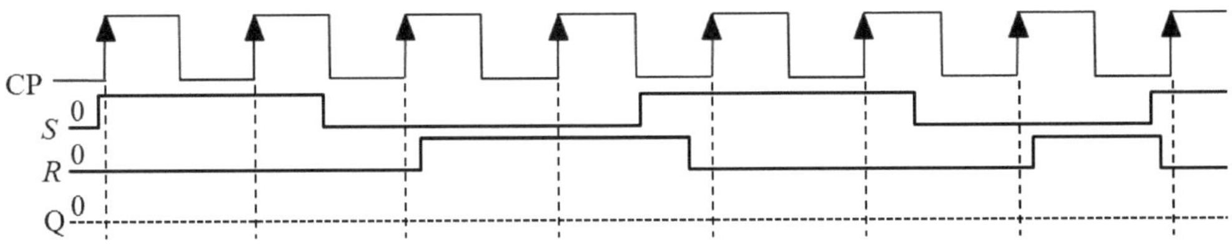

4. 동기식 JK, D, T 플립플롭의 입력이 다음과 같을 때 출력 파형을 나타내시오. (초기에 플립플롭 입력(J, K, D, T)과 각 출력(Q)은 '0'(Low)으로 가정한다)

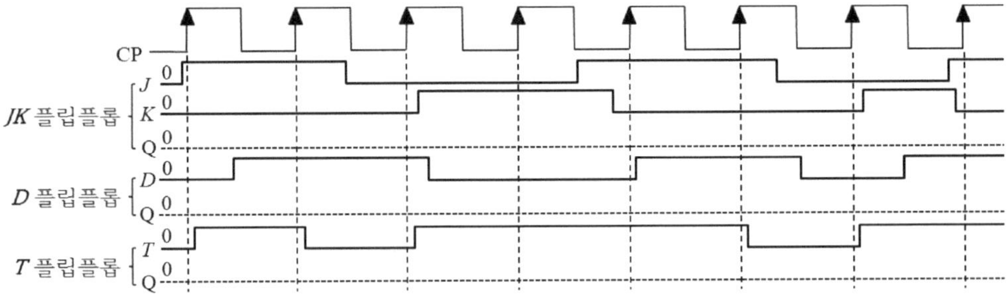

5. 다음과 같이 JK 플립플롭으로 구성된 마스터-슬레이브 플립플롭에서 다음과 같이 입력 J와 K의 파형이 주어졌을 때, 각 부분의 출력(A, $\overline{A}$, Q)에 대한 파형을 나타내시오.

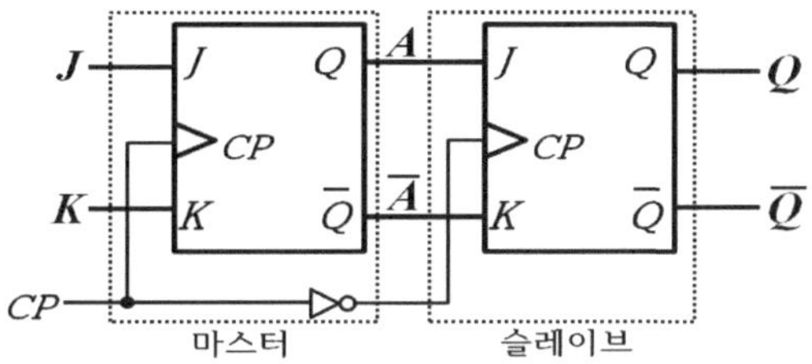

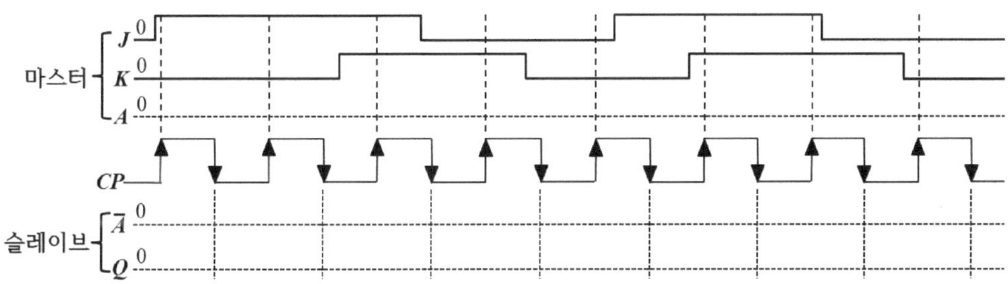

6. 다음 D 플립플롭의 입력 파형에 대하여 각 플립플롭 출력(Q_A, Q_B, Q_C, Q_D) 파형을 나타내시오.

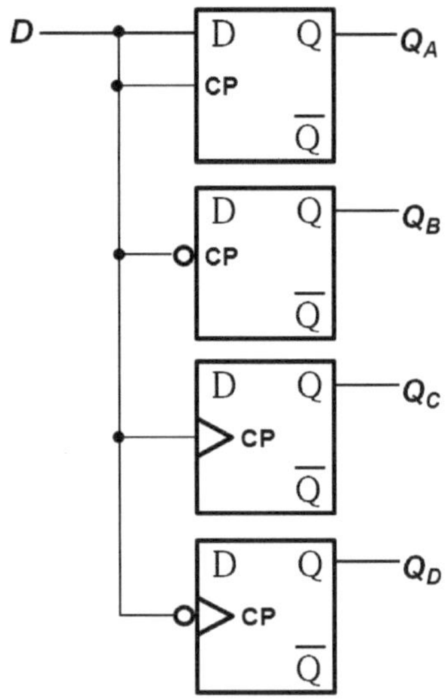

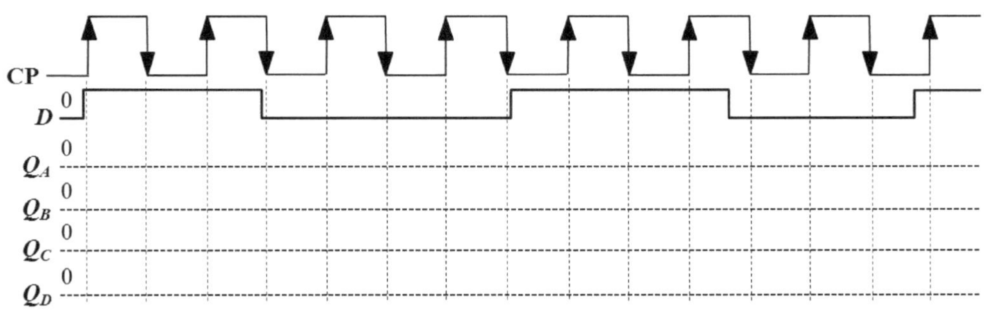

7. 다음 상태도에 대하여 JK 플립플롭을 이용하여 설계하시오.

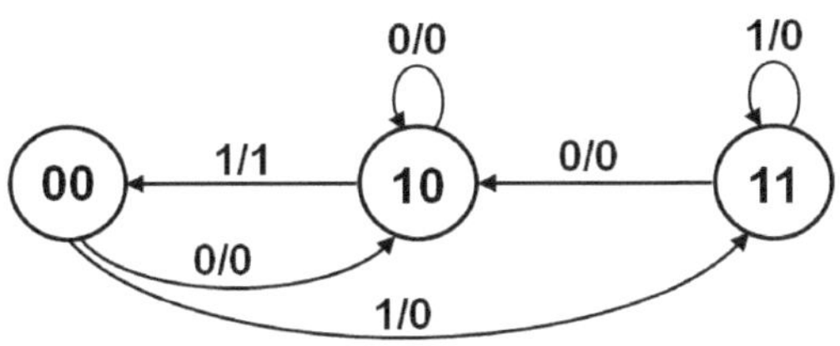

8. 다음 상태표에 대하여 상태도를 그리고 T 플립플롭을 이용하여 설계하시오.

현재 상태	다음 상태		출력	
	$X=0$	$X=1$	$X=0$	$X=1$
$A\ B\ C$	$A\ B\ C$	$A\ B\ C$	Y	Y
0 0 0	1 1 1	0 0 0	0	0
0 0 1	0 0 0	0 0 1	0	0
0 1 1	0 0 1	0 1 1	0	0
1 0 1	1 0 1	0 1 1	0	0
1 1 1	1 1 1	1 0 1	1	0

9. 다음 상태표에 대하여 상태표를 작성하고 JK플립플롭과 T 플립플롭을 이용하여 설계하시오.

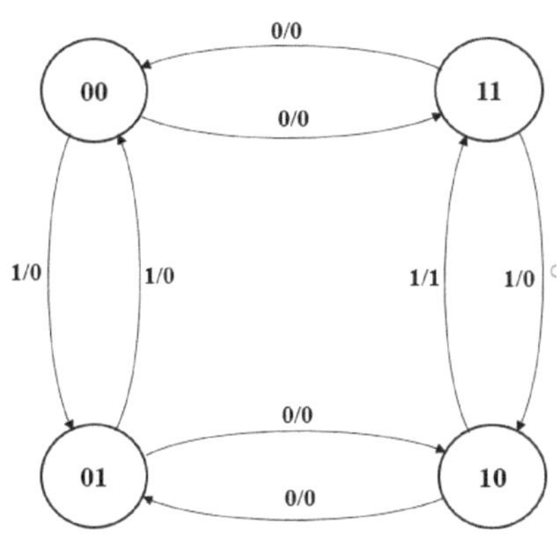

10. 다음 상태도는 상태를 5개를 갖는다. 각 상태에 대한 값은 표와 같이 3종류로 나누어진다. 각 종류에 대하여 상태표를 작성하고 T 플립플롭을 사용하여 순서회로를 설계하시오.

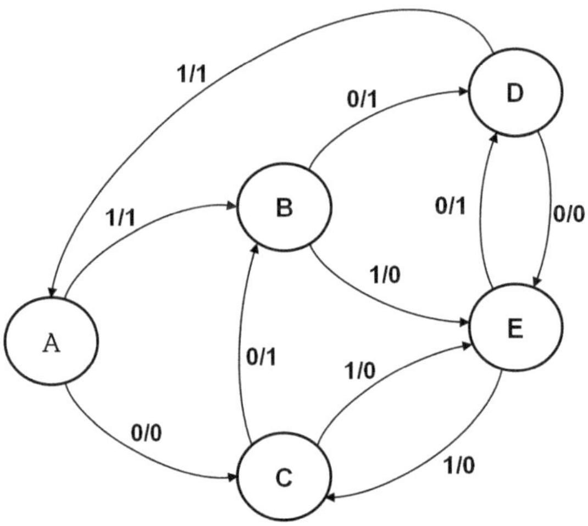

상태	종류 1	종류 2	종류 3
A	000	010	001
B	010	011	010
C	011	100	100
D	100	110	101
E	111	111	110

제8장

레지스터

8.1 개요

하나의 플립플롭은 하나의 비트를 저장할 수 있지만 전자회로에서는 다양한 기능을 수행하기 위해 여러 비트를 저장하여야 한다. 이를 위하여 여러 플립플롭이 필요하다. 이와 같이 여러 플립플롭으로 이루어진 소자를 레지스터라 한다. 레지스터는 순차 논리회로의 응용 소자이며, 디지털 데이터를 저장하기 위하여 사용된다. n개의 플립플롭으로 구성된 레지스터는 2^n개의 상태를 저장할 수 있는 특징을 가지고 있다.

레지스터는 기본적으로 데이터 비트를 저장하고 이동시키는 기능을 하며, 레지스터의 저장기능은 데이터 비트가 플립플롭에 인가되고 클럭 펄스가 동작하면, 플립플롭에 인가되었던 데이터 비트가 플립플롭에 저장된 후 여러 형태로 출력되게 된다. 예를 들어 1-비트의 데이터를 저장하는 회로를 구성하기 위해서는 그림 8-1과 같이 플립플롭을 1개 사용하면 된다. 만약 n개의 데이터를 저장할 경우에는 n 단의 플립플롭을 연결하여 사용하면 된다.

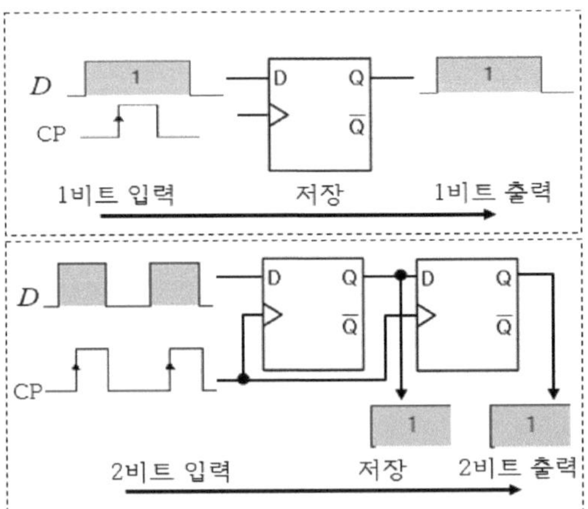

그림 8-1. D 플립플롭에 의한 데이터 저장기능

그림 8-2는 공통의 입력 클럭을 갖는 다수의 플립플롭으로 구성된 레지스터를 나타낸다. 이 그림에서 공통의 Active Low Reset, Load, Preset 신호가 사용된다. 입력 단자에 (D_{n-1}, D_{n-2}, ... D_0) 데이터 비트가 입력된 후 Load 신호가 인가되면 클럭과 입력 정보에 관계없이 입력된 데이터 비트가 각 플립플롭에 저장된다. Preset 신호가 Active Low인 경우 입력 클럭과 입력 정보와 관계없이 레지스터의 각 플립플롭을 '1'(High)로 세팅시킬 수 있다. Clear 신호가 Active Low인 경우 입력 클럭과 입력 정보와 관계없이 레지스터의 각 플립플롭을 '0'(Low)으로 리셋 시킬 수 있다. 이와 같은 신호는 비동기 입력이라 하며, 비동기 입력은 클럭에 맞추어 동작하는 것이 아니라 클럭 및 입력 정보와 무관하게 비동기 입력에 따라 출력 값이 설정되는 것이다.

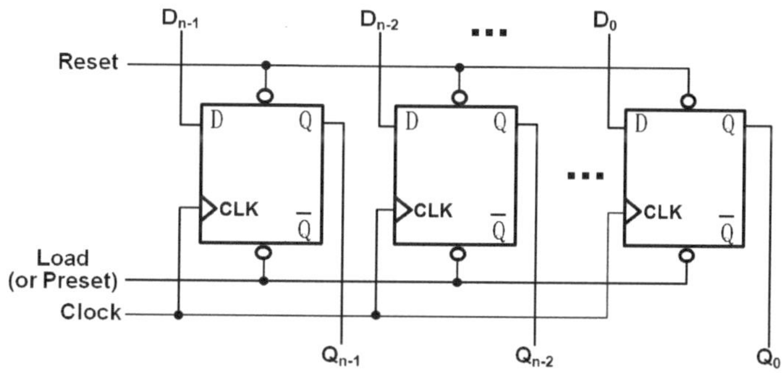

그림 8-2 레지스터 구성도

그림 8-2에서 Clock은 입력으로써 상승에지(rising edge, 0에서 1로 가는 경우)에 맞추어 모든 플립플롭이 동시에 동작하여 입력정보가 출력으로 전달된다. 그리고 클럭이 레벨(High 또는 Low 레벨)에 있는 경우는 레지스터가 동작하지 않는다. 따라서 레지스터를 구성하는 모든 플립플롭은 공통 입력 클럭에 의하여 구동되며, 모

든 레지스터가 동시에 세트 및 리셋 될 수 있다.

레지스터는 크게 데이터 이동방향과 데이터 입출력 형식에 따라 분류된다. 이동방향에 따른 레지스터는 시프트 레지스터로써 N비트로 구성된 정보를 전송하기 위하여 N개의 클럭 펄스와 1개의 전송 선로(버스)가 필요한 반면, 병렬 레지스터는 N 비트로 구성된 정보를 전송하기 위하여 하나의 클럭 펄스와 N개의 병렬 전송 버스가 필요하다. 따라서 병렬 레지스터는 시프트 레지스터보다 전송속도가 빠른 특징을 가지고 있다. 데이터 입출력 형식에 따른 레지스터에는 직렬 입력 직렬 출력(Serial In Serial Out), 직렬 입력 병렬 출력(Serial In Parallel Out), 병렬 입력 직렬 출력(Parallel In Serial Out), 병렬 입력 병렬 출력(Parallel In Parallel Out) 형태의 레지스터가 있다.

8.2 시프트 레지스터

시프트 레지스터는 데이터를 저장하고, 저장된 데이터 비트를 이동시키는 역할을 수행한다. 레지스터에서 클럭 펄스에 의해 입력 데이터가 플립플롭에 적재되고, 플립플롭의 출력에 입력된 데이터 비트 값이 보존되어 저장되는 것이다. 플립플롭은 한 비트 정보만 저장하기 때문에 여러 비트로 구성된 정보를 저장하기 위하여 플립플롭 집합인 레지스터를 구성한다. 따라서 n 비트로 된 어떠한 2진 정보도 저장할 수 있도록 구성할 수 있다.

시프트 레지스터는 각 플립플롭의 출력이 다음 플립플롭의 입력이 되도록 연결된 플립플롭으로 구성되어 있으며, 모든 플립플롭에 공통의 클럭 펄스를 입력시키면 한 단계씩 자리이동이 발생한다. 시프트 레지스터를 이용한 데이터 이동은 플립플롭이 2개 이상으로 구성될 경우, 클럭 펄스가 인가될 때마다 현재 단의 플립플롭 내용이

다음 단의 플립플롭으로 전송된다. 따라서 내부에 저장된 이진 정보를 우측, 혹은 좌측으로 이동시킬 수 있는 레지스터를 자리 이동 레지스터(shift register)라 하며, 방향 제어 신호에 따라 우측 이동 또는 좌측 이동할 수 있는 양방향 레지스터도 있다. 그림 8-3은 시프트 레지스터 종류를 나타낸 것이다. 우측이동, 좌측이동, 양방향 이동, 좌측순환, 그리고 우측순환이 있다.

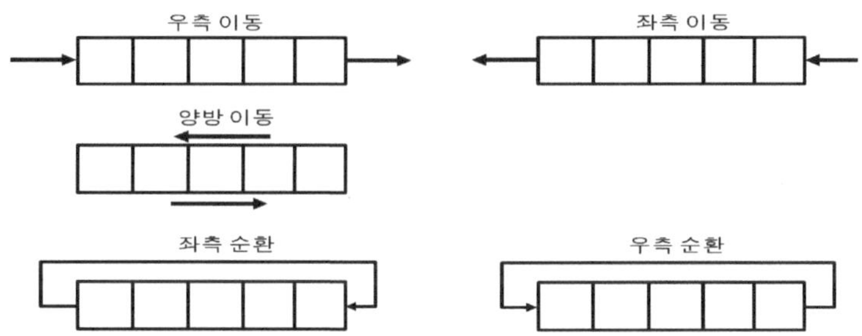

그림 8-3 시프트레지스터 종류

시프트 레지스터의 사용 예로서 디지털 시스템에서 곱셈과 나눗셈과 같은 연산에 사용될 수 있다. 그림 8-4는 시스프 레지스터를 이용한 곱셈과 나눗셈의 예를 보여주고 있다. 좌측이동은 곱셈연산, 우측이동은 나눗셈 연산을 수행한다.

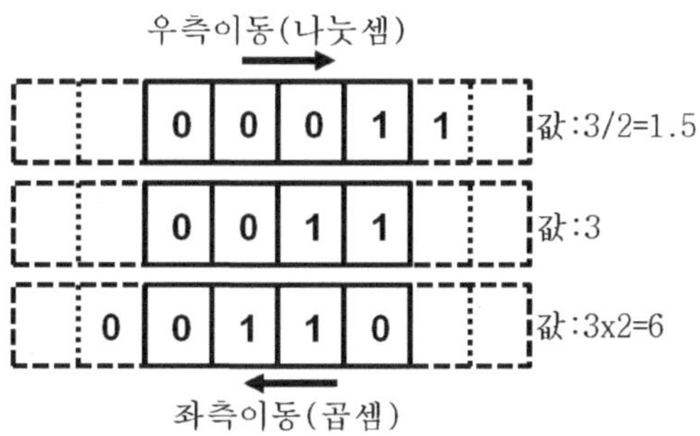

그림 8-4 시프트 레지스터 사용 예

8.2.1 좌향 시프트 레지스터

좌향 시프트 레지스터(Left Shift Register)는 오른쪽에서 입력된 데이터가 첫 번째 플립플롭 (FF3)에 저장된 후 다음 플립플롭(FF2)으로 이동한다. 이와 같은 형태로 데이터가 레지스터내의 플립플롭을 통하여 오른쪽에서 왼쪽으로 이동한다. 그림 8-5는 좌향 시프트 레지스터를 보여주고 있다. 직렬 입력을 통하여 데이터 비트가 입력되고 입력 클럭이 인가될 때마다 좌측으로 이동한다.

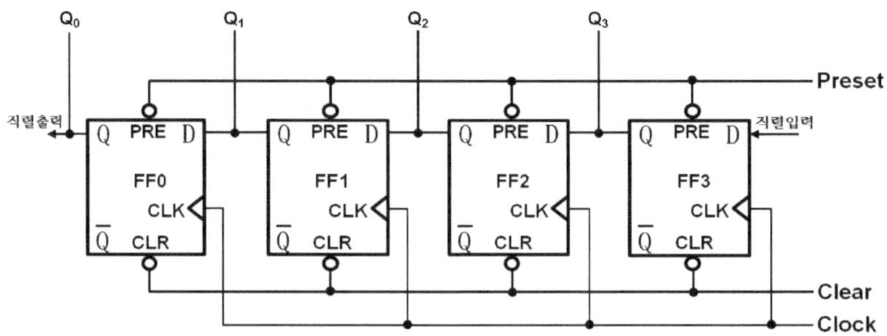

그림 8-5 좌향 시프트 레지스터

그림 8-6은 데이터가 오른쪽에서 직렬로 입력되고, 클럭 펄스에 따라 FF3 → FF2 → FF1 → FF0으로 시프트되는 타이밍도를 보여준다. FF0로부터 비트가 직렬로 출력된다.

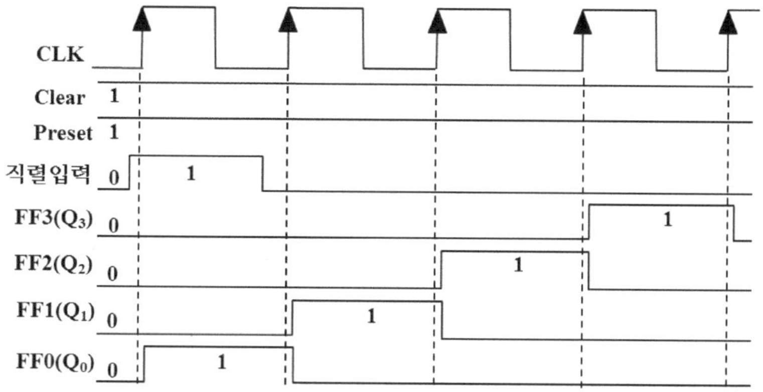

그림 8-6 좌향 시프트 레지스터 타이밍도

8.2.2 우향 시프트 레지스터

우향 시프트 레지스터(Right Shift Register)는 왼쪽에서 입력된 데이터가 첫 번째 플립플롭(FF0)에 저장된 후 다음 플립플롭(FF1)으로 이동한다. 이와 같은 형태로 데이터가 레지스터내의 플립플롭을 통하여 왼쪽에서 오른쪽으로 이동한다. 그림 8-7은 우향 시프트 레지스터이다. 직렬 입력을 통하여 데이터 비트가 입력되고 입력 클럭이 인가될 때마다 우측으로 이동한다.

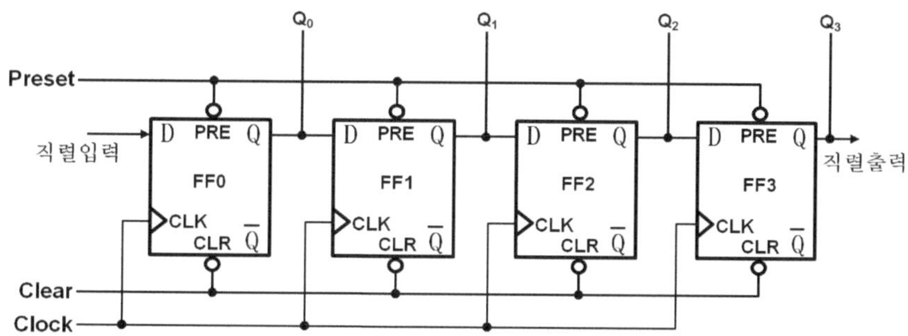

그림 8-7 우향 시프트 레지스터

그림 8-8은 데이터가 왼쪽에서 직렬로 입력되고 클럭 펄스에 따라 FF0 → FF1 → FF2 → FF3으로 시프트 되어 이동되는 동작 타이밍도를 보여준다.

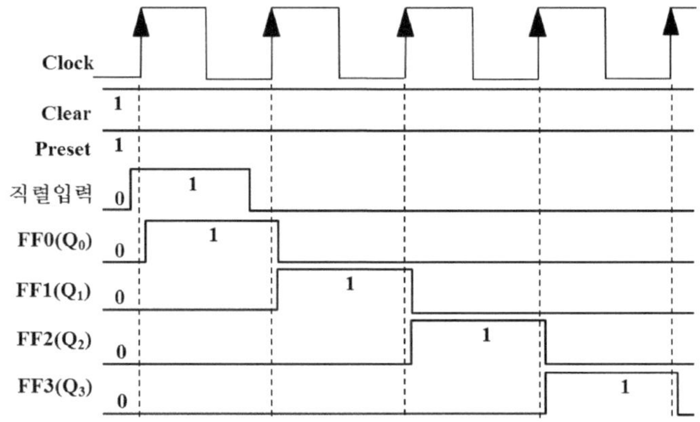

그림 8-8 우향 시프트 레지스터 타이밍도

8.2.3 양방향 시프트 레지스터

양 방향 레지스터(Bidirectional Shift Register)는 방향 제어신호에 따라 좌향 또는 우향 시프트 레지스터가 될 수 있다. 그림 8-9는 양방향 레지스터의 회로도를 보여준다. 방향 제어신호 $\overline{L}/R$가 Active High인 경우 NAND 게이트 2, 4, 6, 8이 선택된다. 입력 데이터는 NAND 게이트 2에 입력되고, 데이터는 클럭 입력에 따라 FF0→FF1→FF2→FF3 방향으로 시프트되어 우향 시프트 레지스터가 된다. 방향 제어신호 $\overline{L}/R$가 Active Low인 경우 NAND 게이트 1, 3, 5, 7이 선택된다. 입력 데이터는 NAND 게이트 7에 입력되고, 데이터는 클럭 입력에 따라 FF3→FF2→FF1→FF0 방향으로 시프트되어 좌향 시프트 레지스터가 된다.

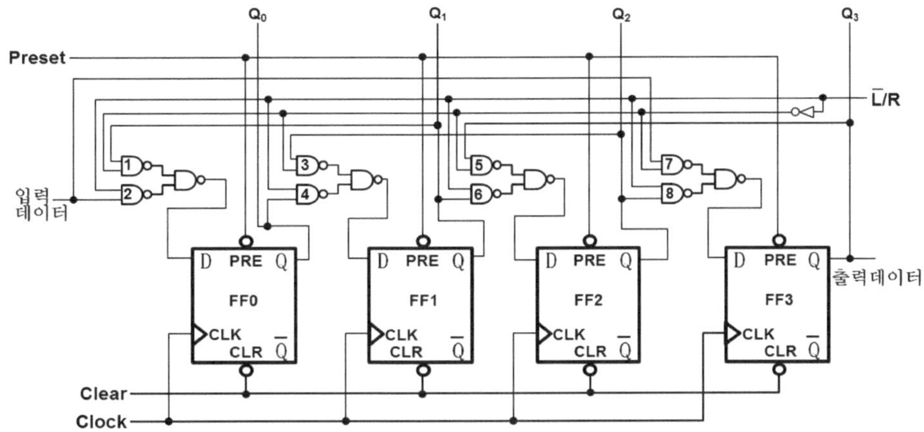

그림 8-9 양방향 시프트 레지스터

왼쪽이동 또는 오른쪽 이동은 나타내는 신호 $\overline{L}/R$이 '0'이면 왼쪽이동을 나타내고, '1' 이면 오른쪽 이동을 나타낸다. 현재 쉬프트 레지스터의 초기 출력단의 값은 $Q_0Q_1Q_2Q_3 = 1101$ 이고, 첫 번째 클럭에서 오른쪽 이동이기 때문에 출력단은 0110이고, 두 번째 클럭도 오른쪽 이동이기 때문에 출력단은 0011이다. 세 번째 클럭에서는 왼쪽으로 이동이기 때문에 출력단은 0110이고, 네 번째 클럭도 왼쪽으로 이동이기 때문에 출력단은 1100이고, 다섯 번째 클럭도 왼쪽으로 이동이기 때문에 출력단은 1000이고, 여섯 번째 클럭은 오른쪽으로 이동이기 때문에 출력단은 0100이고, 일곱 번째 클럭도 오른쪽으로 이동이기 때문에 출력단은 0010이고, 여덟 번째 클럭은 왼쪽으로 이동이기 때문에 출력단은 0100 이고, 아홉 번째 클럭도 왼쪽으로 이동이기 때문에 출력단은 1000 이다. 따라서 CLK과 제어 단자에 의한 양방향 쉬프트 레지스터의 출력 Q_0. Q_1, Q_2, Q_3을 파형으로 나타내면 그림 8-10과 같다.

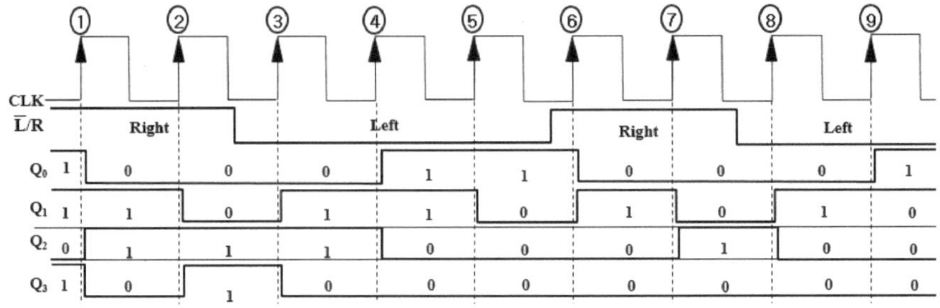

그림 8-10 양방향 시프트 레지스터 출력 타이밍 도

예제 8-1

그림 8-9의 양방향 시프트 레지스터의 제어신호 및 클럭에 대해 출력 Q_0, Q_1, Q_2, Q_3의 파형을 각각 나타내어라. 단, 현재 시프트 레지스터의 출력은 $Q_0Q_1Q_2Q_3 = 1011$ 이고, 직렬입력 단자(SER)는 접지(ground)선에 연결되어 있는 것으로 가정한다.

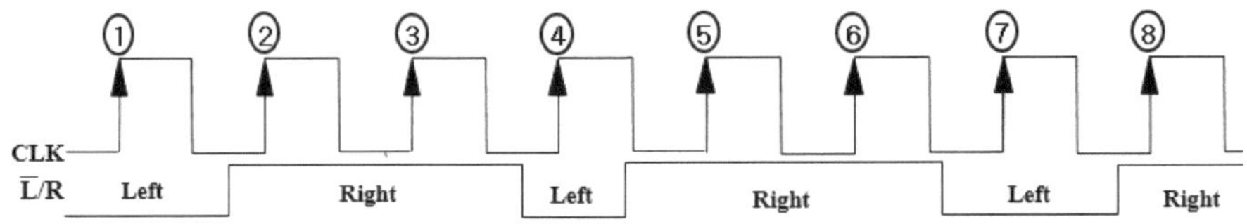

그림 8-11 4비트 양방향 레지스터 제어 신호 파형

해답

현재 쉬프트 레지스터의 초기 출력단의 값은 $Q_0Q_1Q_2Q_3 = 1011$ 이고, 첫 번째 클럭에서 왼쪽 이동이기 때문에 출력단은 0110 이고, 두 번째 클럭은 오른쪽 이동이기 때문에 출력단은 0011이다. 세 번째 클럭도 오른쪽으로 이동이기 때문에 출력단은 0001이고, 네 번째 클럭도 왼쪽으로 이동이기 때문에 출력단은 0010이고, 다섯 번째 클럭도 왼쪽으로 이동이기 때문에 출력단은 0100이고, 여섯 번째 클럭도 왼쪽으로 이동이기 때문에 출력단은 1000이고, 일곱 번째 클럭은 오른쪽으로 이동이기 때문에 출력단은 0100이고, 여덟 번째 클럭은 왼쪽으로 이동이기 때문에 출력단은 1000 이다. 따라서 CLK과 제어 단자에 의한 양방향 쉬프트 레지스터의 출력 Q_0, Q_1, Q_2, Q_3을 파형으로 나타내면 그림 8-12와 같다.

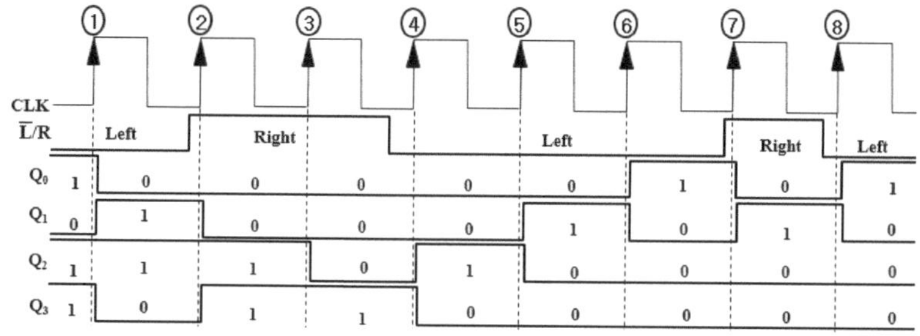

그림 8-12 4비트 양방향 레지스터 출력 타이밍 도

8.3 직렬 입력 직렬 출력 (SISO, Serial Input Serial Output)

직렬 입력 직렬 출력 레지스터(Serial in/Serial Out Register)는 한 개의 라인 상에서 한 순간에 한 비트를 받아들이고, 저장된 데이터 또한 한 순간에 한 비트씩 출력 된다. 그림 8-13은 D 플립플롭으로 구성된 4비트 SISO 레지스터를 보여준다. 첫 플립플롭(FF0)에 직렬로 입력된 데이터는 입력된 클럭에 따라 다음 단의 플립플롭(FF1)으로 이동하고, 외부의 새로운 데이터는 계속 첫 플립플롭단에 입력된다. 이 레지스터는 비동기 입력인 Clear입력과 Preset 입력을 가지고 있다. Clear 입력을 통하여 모든 플립플롭의 출력을 clear(0)할 수 있고, Preset 값을 이용하여 모든 플립플롭의 출력을 '1'로 세트시킬 수 있다. 그림 8-10의 SISO 레지스터 동작은 다음과 같다. 입력 데이터 비트를 "1011"으로 가정한다. 입력 데이터 비트의 첫 번째 비트(1)가 클럭 펄스의 상승 에지에서 첫 번째 D 플립 플롭(FF0)에 인가된다. 다음 클럭에서 두 번째 데이터(1)가 첫 번째 플립플롭(FF0)에 입력되고. 첫 번째 플립플롭의 출력(1)이 두 번째 플립플롭(FF1)에 입력된다. 다음 클럭의 상승에지에서 세 번째 입력 데이터(0)가 첫 번째 플립플롭(FF0)에 입력되고 첫 번째 플립플롭의 출력(1)이 두 번째 플립플롭(FF1)에 입력되고, 두 번째 플립플롭(FF2)의 출력이 세 번째 플립플롭(FF3)에 입력된다. "1011" 데이터가 왼쪽에서 오른쪽으로 시프트된다.

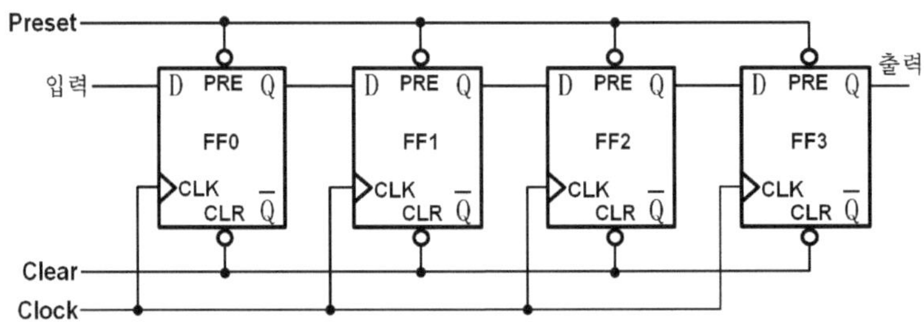

그림 8-13 4비트 SISO 레지스터

그림 8-14는 SISO 레지스터의 타이밍도를 보여준다. 입력 데이터는 "1011"이다. Clear 입력을 통하여 모든 플립플롭의 출력이 clear(0)된 후 순차적으로 데이터가 한 비트씩 입력되어 저장되고, 저장된 데이터가 한 비트씩 직렬로 이동하게 된다.

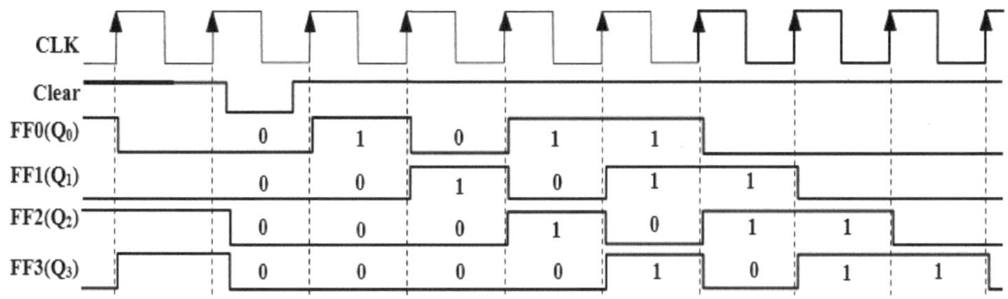

그림 8-14 4비트 SISO 레지스터 타이밍도 (입력 값 =1011)

예제 8-2

그림 8-15의 4-비트 시프트 레지스터의 입력 데이터와 클럭에 대해 출력 Q_0, Q_1, Q_2, Q_3 파형 나타내어라. 단, 시프트 레지스터의 초기 출력 값은 모두 0이며 $PRE = CLR = 1$로 가정한다.

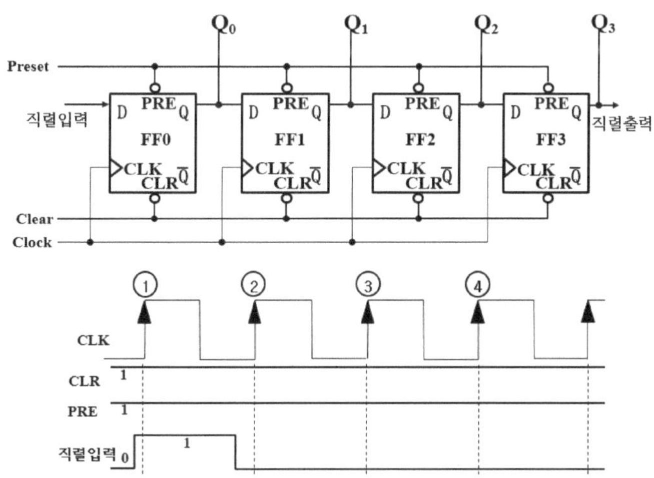

그림 8-15 4비트 SISO 레지스터 데이터 입력 파형

해답

입력 데이터와 클럭 CLK에 의한 4비트 시프트 레지스터를 구성하는 각 플립플롭의 출력은 다음과 같다. 비동기 입력(PRE, CLR)은 모두 1이기 때문에 4비트 SISO 레지스터는 정상적으로 동작한다. 클럭 ①에서 FF0에 입력되어 Q_0로 출력되면서 다음 FF1으로 입력된다. 클럭 ②에서 FF1에 입력된 데이터는 Q_1로 출력되면서 다음 FF2 으로 입력된다. 이와 같은 동작을 FF3까지 수행하며 동작 파형은 그림 8-16과 같다.

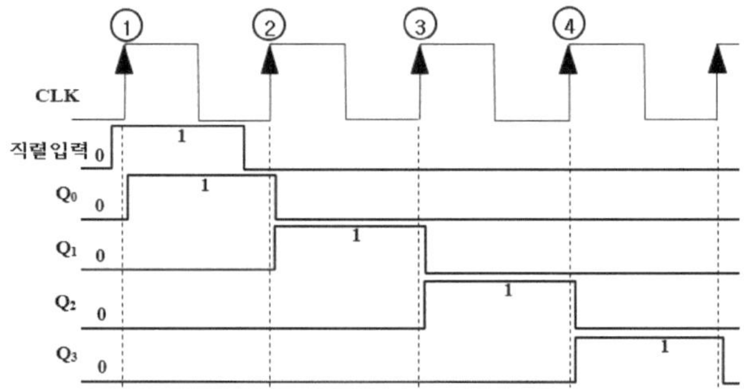

그림 8-16 4-비트 레지스터의 입력에 대한 출력 파형

8.4 직렬 입력 병렬 출력 (SIPO, Serial Input Parallel Output)

SIPO 레지스터는 데이터가 한 순간에 한 비트씩 순차적으로 입력되어 저장되고, 저장된 데이터의 각 비트들이 출력 라인상에 동시에 병렬로 출력되는 레지스터이다. 그림 8-17는 D플립플롭으로 구성된 4비트 SIPO 레지스터를 보여준다.

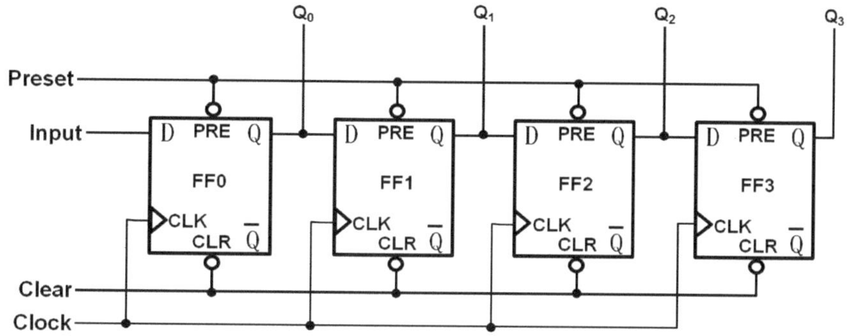

그림 8-17 4비트 SIPO 레지스터

그림 8-18은 D플립플롭으로 구성된 4비트 SIPO 레지스터의 타이밍도를 보여준다. 타이밍도에서와 같이 직렬 입력이 Clear 신호가 Low로 입력되면 모든 출력이 '0'으로 리셋된다. 입력 데이터 비트가 "1011"인 경우, 첫 번째 Clock에서 직렬 입력이 오른쪽으로 시프트된다. 두 번째 클럭에서 같은 방식으로 오른쪽으로 시프트된다. 이와 같은 방법으로 4번째 클럭에서 병렬 출력이 이루어진다.

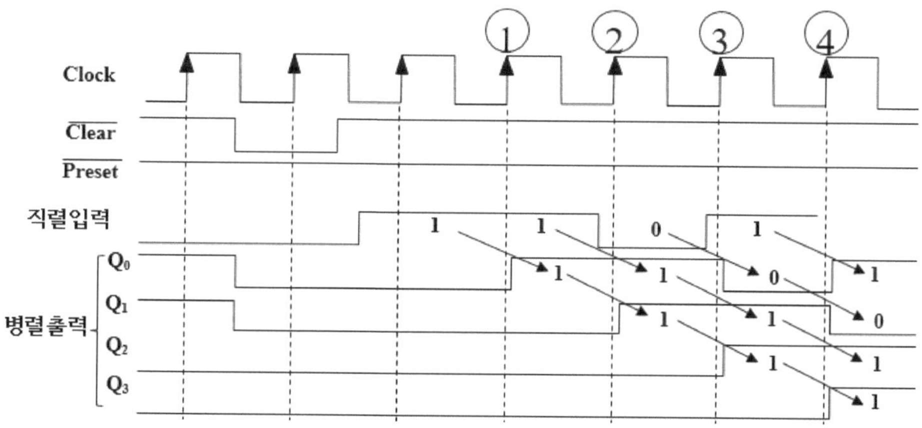

그림 8-18 SIPO 레지스터 타이밍도

예제 8-3

그림 8-17의 4비트 직렬입력-병렬출력 레지스터에 대한 입력 데이터와 클럭이 그림 8-19와 같이 주어진 경우 출력 Q_0, Q_1, Q_2, Q_3의 파형을 나타내어라. 단, 레지스터의 출력단의 초기 값은 모두 0으로 가정한다.

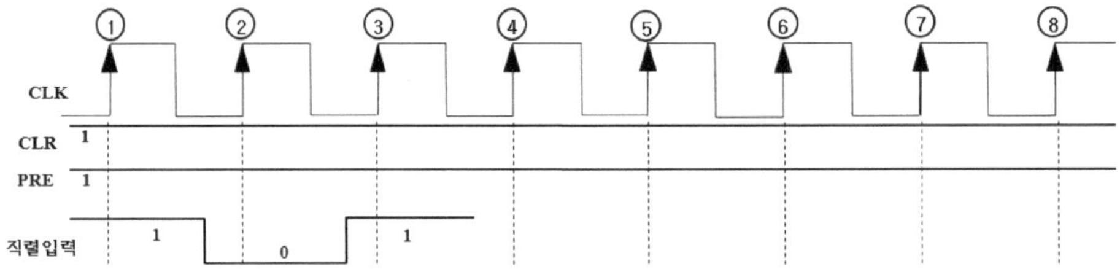

그림 8-19 4비트 SIPO 레지스터 데이터 입력 파형

해답

직렬 입력 데이터와 클럭 CLK에 의한 SIPO 레지스터의 각 출력 파형은 다음과 같다.

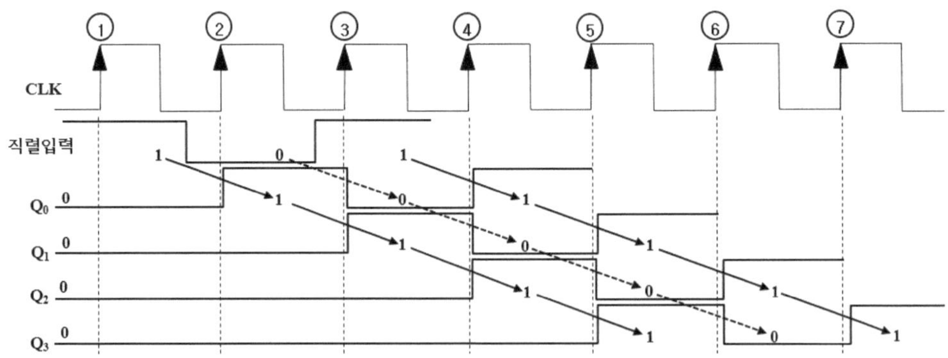

그림 8-20 4비트 SIPO 레지스터의 입력에 대한 출력 파형

8.5 병렬 입력 직렬 출력 (PISO, Parallel Input Serial Output)

PISO에서 데이터 입력 방법은 한 비트 단위로 처리하는 직렬입력과 달리 동일 클럭을 통하여 레지스터 내의 각 플립플롭의 입력에 동시에 인가되는 방식으로 구성된다. 출력은 병렬입력에 의해 입력된 데이터를 한 비트씩 직렬로 출력시키기 위해 다음 단으로 시프트 시켜야 한다. 따라서 PISO은 입력 데이터를 적재(load)하는 기능과 직렬출력을 위한 시프트 기능이 요구된다. 그림 8-21은 *D*플립플롭으로 구성된 4비트 PISO 레지스터를 보여준다. 이런 레지스터는 병렬 데이터를 직렬형태로 변환시켜주기 때문에, 서로 다른 다수의 입력 데이터 라인을 하나의 직렬 데이터 열로 다중화 시켜주는데 사용된다. 따라서 이 레지스터를 통하여 서로 다른 다수의 입력 라인을 컴퓨터에 직접 연결할 수 있던지 또는 하나의 통신 라인상에 전송될 수 있도록 해준다.

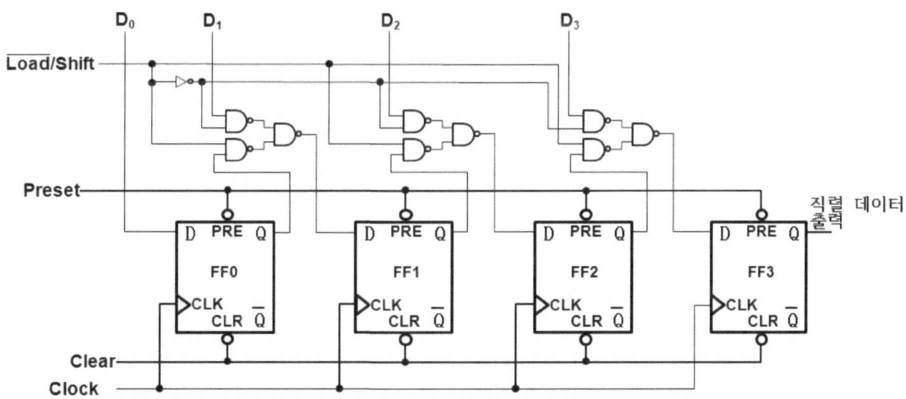

그림 8-21 4비트 PISO 레지스터

그림 8-22는 4비트 PISO 레지스터의 타이밍도를 보여준다. $\overline{Load}/Shift$ 신호가

Active Low가 되면 각 플립프롭의 입력단(D_0, D_1, D_2, D_3)에 있는 데이터 비트들이 레지스터에 동시에 로드 된 후, 입력 클럭의 제어 하에 한 순간에 한 비트씩 직렬로 레지스터에서 출력된다. 그림에서 데이터 비트들은 입력 라인 $D_0 \sim D_3$상에 병렬 형태로 동시에 입력된다. 일단 이 데이터 비트들이 레지스터에 로딩되어 저장되어야 되기 때문에 $\overline{Load}/Shift$ 신호가 Low로 되어야 한다. 데이터 비트들이 레지스터에 저장된 후 시프트 되어야하기 때문에 $\overline{Load}/Shift$ 신호가 Active High가 되어야 한다. 이때부터 입력 클럭에 맞추어서 데이터 비트들이 한 순간에 한 비트씩 시프트되어 출력된다. 그림에서 데이터를 병렬로 로드(Data Load) 하는 영역과 각 플립플롭에 동시에 적재되어 저장된 데이터 비트가 오른쪽으로 이동하는 이동영역을 가진다.

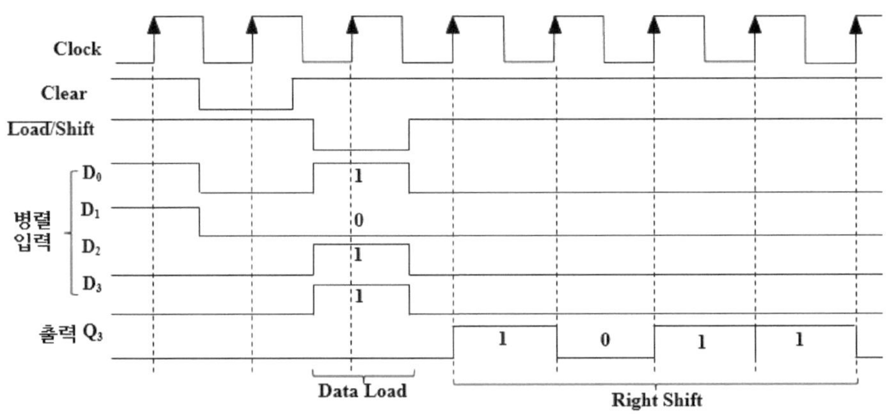

그림 8-22 4비트 PISO 레지스터 타이밍도

예제 8-4

그림 8-21에 있는 4비트 PISO 레지스터에 대한 입력 데이터와 클럭이 그림 8-23과 같이 주어진 경우 FF3의 출력 Q의 파형을 나타내어라. 단, 병렬입력 데이터는 $D_0=1$, $D_1=1$, $D_2=0$, $D_3=1$로 가정한다.

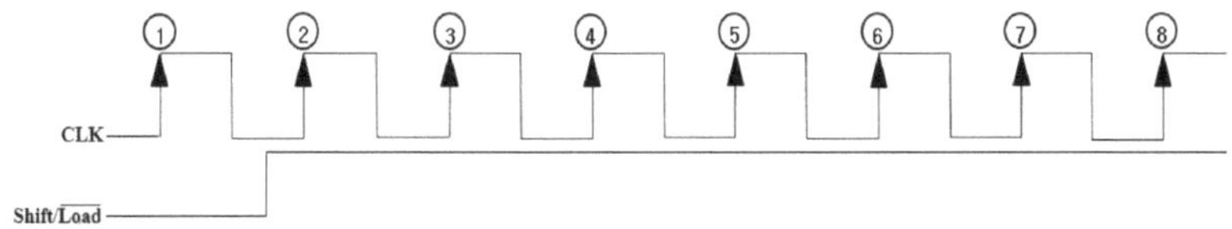

그림 8-23 4비트 PISO 레지스터 데이터 입력 파형

해답

$Shift/\overline{Load}$ 단자가 '0'인 영역에서 입력 데이터 $D_0=1$, $D_1=1$, $D_2=0$, $D_3=1$가 동시에 회로에 병렬로 인가되고, 두 번째, 세 번째, 네 번째 클럭에서는 $Shift/\overline{Load}$ 단자가 '1'이므로 각각 4개의 플립플롭에 입력된 데이터를 클럭마다 다음 단으로 이동시킨다. 따라서 CLK에 의한 PISO 레지스터의 직렬출력 파형은 다음과 같다.

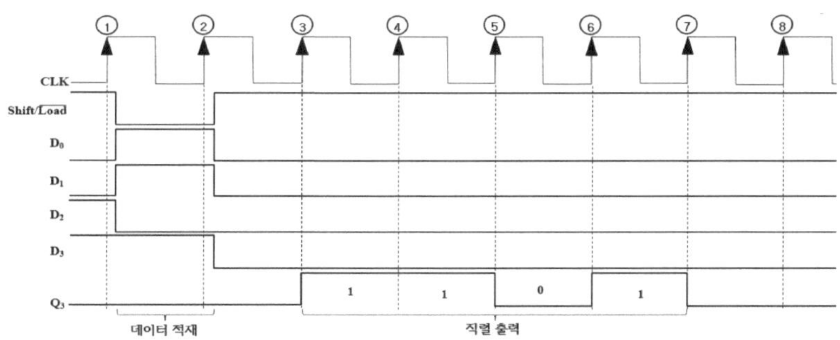

그림 8-24 4비트 PISO 레지스터의 입력에 대한 출력 파형

8.6 병렬 입력 병렬 출력 (PIPO, Parallel Input Parallel Output)

병렬입력-병렬출력 쉬프트 레지스터에서 데이터 입력 및 출력은 한 비트 단위로 처리하는 직렬입력 및 직렬출력과 달리 $Shift/\overline{Load}$ 단자가 '0'일 경우 동일 클럭으로 레지스터 내의 각 플립플롭 단의 입력에 입력 데이터가 동시에 적재되어 동시에 병렬로 출력되도록 구성되고, $Shift/\overline{Load}$ 단자가 '1'일 경우는 병렬입력에 의해 입력된 데이터를 한 비트씩 다음 단으로 시프트 되도록 구성된다. 그림 8-25는 이와 같은 기능을 제공하는 4-비트로 구성된 PIPO 레지스터의 회로 및 논리기호를 나타내며, 대표적인 IC 소자는 4-비트로 구성된 74195 소자가 있다.

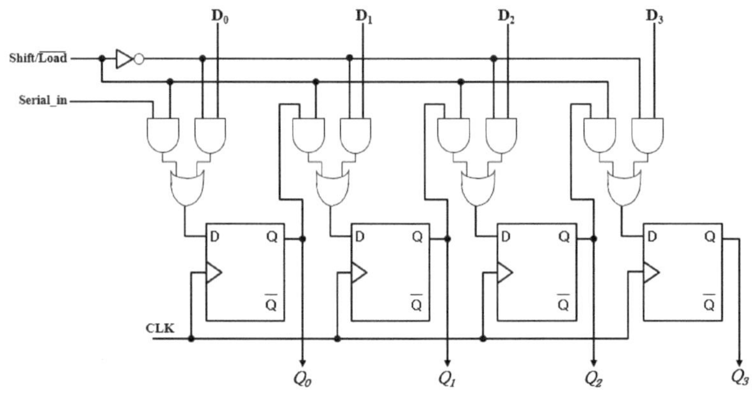

그림 8-25 4비트 PIPO 레지스터

회로에서 $Shift/\overline{Load}$ 단자가 앞에서 설명한 바와 같이 Active Low가 되면, 입력 데이터가 동시에 병렬로 각 플립플롭에 입력되어 동시에 병렬출력이 얻어지고, 만약 $Shift/\overline{Load}$ 단자에 HIGH 레벨이 되면, 현재 시프트 레지스터 내의 플립플롭 출력 상태가 다음 단의 플립플롭으로 이동하게 된다.

그림 8-26은 4비트 PIPO 레지스터의 타이밍도를 보여준다. 이 그림에서 병렬입력 데이터는 $D_0=1$, $D_1=1$, $D_2=0$, $D_3=1$로 고려한다. $Shift/\overline{Load}$ 신호가 Active Low가 되면 각 플립플롭의 입력단(D_0, D_1, D_2, D_3)에 있는 데이터 비트들이 레지스터에 동시에 로드 된 후, 입력 클럭에 맞춰 각 플립플롭의 출력단(Q_0, Q_1, Q_2, Q_3)으로 출력된다. 그림에서 데이터 비트들은 입력 라인 $D_0 \sim D_3$상에 병렬 형태로 동시에 입력된다. 일단 이 데이터 비트들이 레지스터에 적재되어 저장되어야 되기 때문에 $Shift/\overline{Load}$ 신호가 Low로 되어야 한다. 데이터 비트들이 레지스터에 저장된 후 동시에 출력단으로 출력되어야하기 때문에 $Shift/\overline{Load}$ 신호가 Active High가 되어야 한다. 이때 입력 클럭에 맞추어서 병렬로 적재된 데이터 비트들이 한 순간에 출력단으로 병렬로 출력된다. 그림에서 데이터를 병렬로 적재(Data Load) 하는 영역과 각 플립플롭에 동시에 적재되어 저장된 데이터 비트가 출력단으로 출력되는 영역을 가진다.

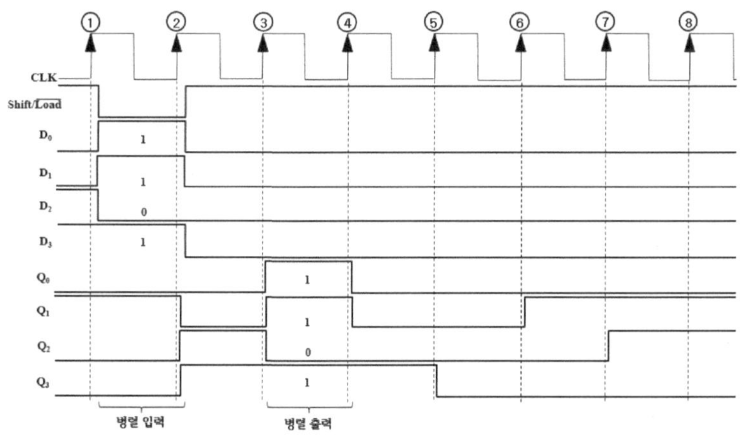

그림 8-26 4비트 PIPO 레지스터 타이밍도

예제 8-5

그림 8-25에 있는 4비트 PIPO 레지스터 대한 입력 데이터와 클럭이 그림 8-27과 같이 주어진 경우 출력단 Q_0, Q_1, Q_2, Q_3의 파형을 각각 나타내어라. 단, 병렬 입력 데이터는 $D_0=1$, $D_1=0$, $D_2=0$, $D_3=0$로 가정한다.

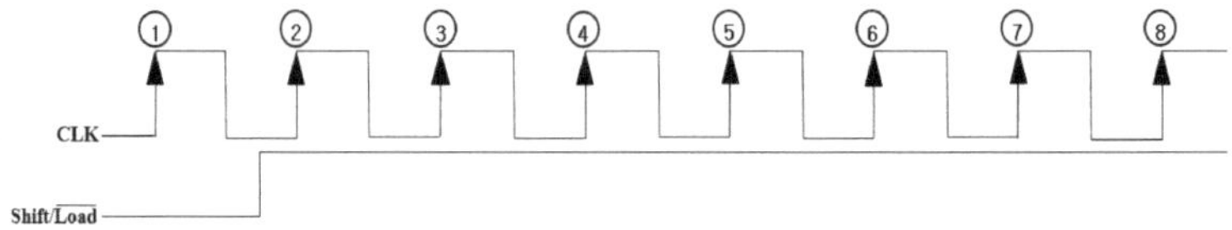

그림 8-27 4비트 PISO 레지스터 데이터 입력 파형

해답

$Shift/\overline{Load}$ 단자가 '0'인 영역에서 $D_0=1$, $D_1=0$, $D_2=0$, $D_3=0$가 동시에 회로에 병렬로 인가되고, 다음 클럭에서는 $Shift/\overline{Load}$ 단자가 '1'이므로 각각 4개의 플립플롭에 입력된 데이터를 출력단 (Q_0, Q_1, Q_2, Q_3)으로 동시에 출력된다. 따라서 CLK에 의한 PIPO 레지스터의 병렬출력 파형은 그림 8-28과 같다.

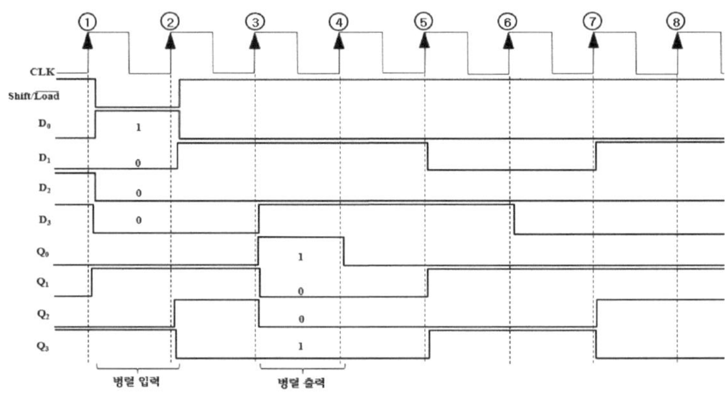

그림 8-28 4비트 PISO 레지스터 데이터 입력 파형

연습 문제

1. 본문에 있는 그림 8-13의 4비트 SISO 레지스터 입력 데이터와 클럭에 대하여 Q_0, Q_1, Q_2, Q_3의 파형 나타내어라. 단, SISO 레지스터의 초기 값은 모두 0으로 가정한다.

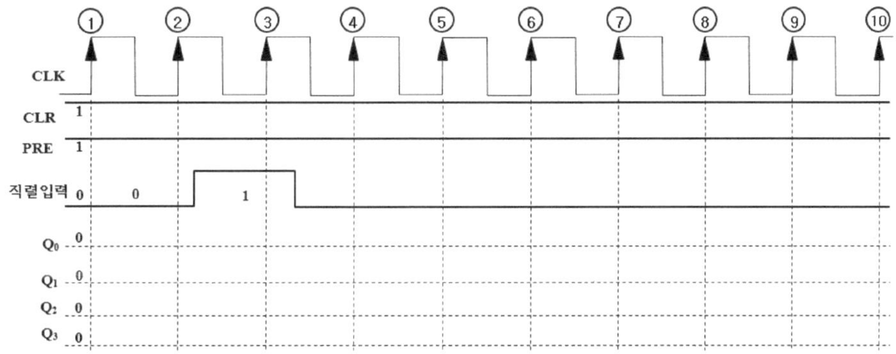

2. 본문에 있는 그림 8-17의 4비트 SIPO 레지스터 입력 데이터와 클럭에 대하여 출력 Q_0, Q_1, Q_2, Q_3의 파형을 나타내어라. 단, SIPO 레지스터의 초기 값은 모두 0으로 가정한다.

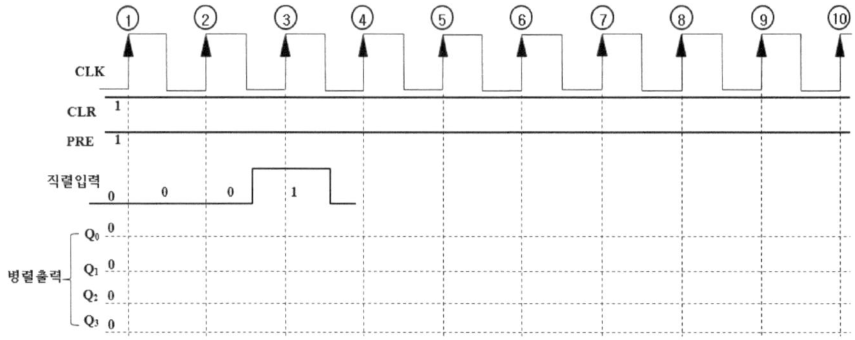

3. 본문에 있는 그림 8-21의 4비트 PISO 레지스터 병렬 입력 데이터와 클럭에 대하여 출력 Q_3의 파형을 나타내어라. 단, PISO 레지스터의 출력 Q_3의 초기 값은 0으로 가정한다.

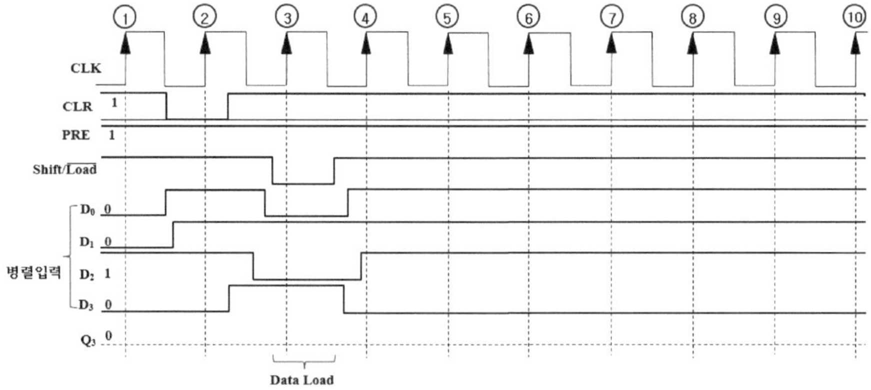

4. 본문에 있는 그림 8-25의 4비트 PIPO 레지스터 병렬 입력 데이터와 클럭에 대하여 출력 Q_0, Q_1, Q_2, Q_3의 파형을 나타내어라. 단, PIPO 레지스터의 초기 값은 0으로 가정한다.

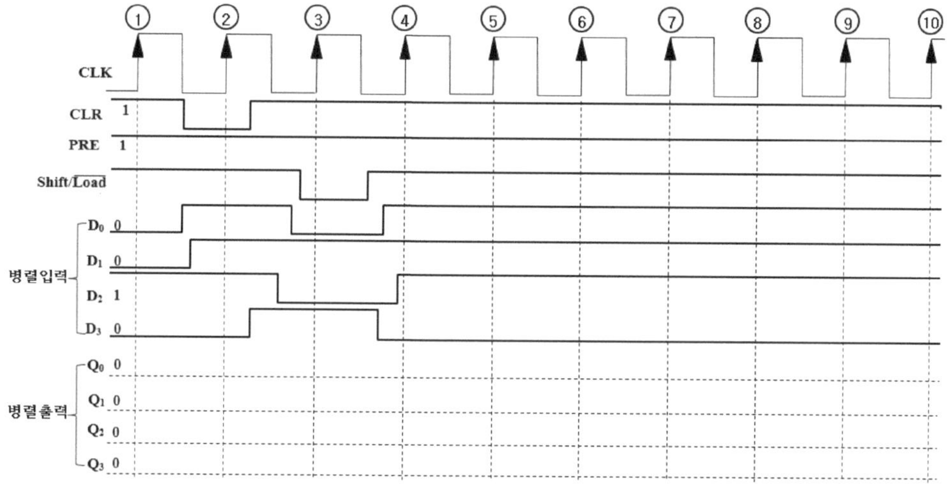

5. 5비트 SISO 레지스터를 설계하고 파형을 나타내시오. 5비트 직렬 입력은 "10110"이다.

6. 5비트 SISO 레지스터 2개를 그림 8-19와 같이 연결하고, 그림 8-20과 같이 클럭 제어신호에 의하여 5개의 클럭만 유효하게 설정하여 2개의 레지스터에 공급한다. 각 레지스터의 초기 값을 각각 "11001"과 "10010"으로 하였다. 그리고 레지스터 A의 출력(S_{OA})이 자신의 입력(S_{IA})으로 궤환되면서 동시에 레지스터 B로 시프트 되어 입력(S_{IB})되도록 하였다. 이때 각 CP값에 따른 각 레지스터의 내부 상태와 레지스터 B의 출력(S_{OB})을 표 1에 나타내시오.

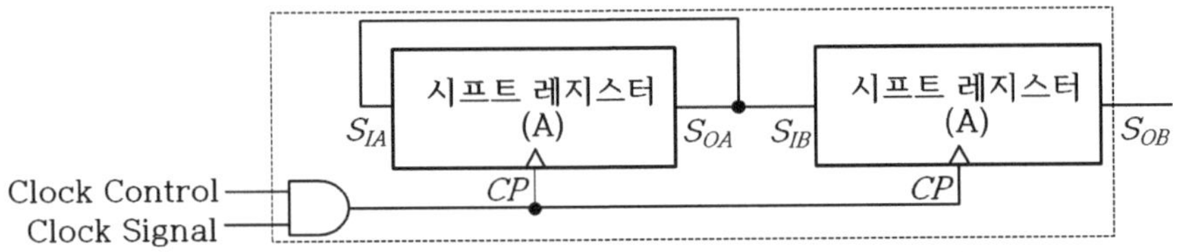

그림 8-19 두 개의 시프트 레지스터 구성

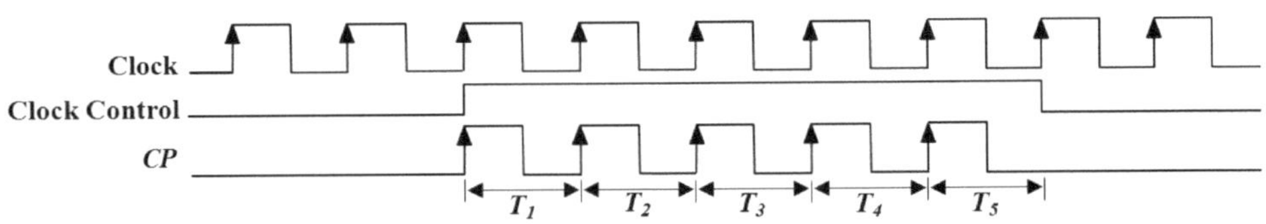

그림 8-20 클럭 펄스 구성

표 1 시프트 레지스터 상태 및 출력

CP	시프트레지스터 A	시프트레지스터 B	출력(S_{OB})
초기값	11001	10010	-
T_1			
T_2			
T_3			
T_4			
T_5			

7. 74HC164는 8비트 SIPO 시프트 레지스터이다. 그림 8-21에 74HC164 블록도가 주어져 있고, 표 2에 74HC164 진리표가 있다. 이를 이용하여 그림 8-22의 74HC164 타이밍도에서 입력 파형이 주어질 때 출력(Q_0, Q_1, Q_2, Q_3, Q_4, Q_5, Q_6, Q_7) 파형을 표현하시오.

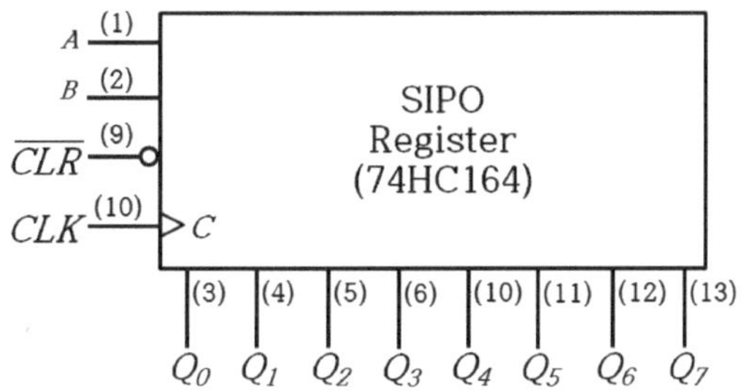

그림 8-21 74HC164 블럭도

표 2 74LS195A 진리표

INPUTS				OUTPUTS			
$\overline{CLEAR}$	CLOCK	SERIAL IN		Q_A	Q_B	....	Q_H
		A	B				
L	X	X	X	L	L	....	L
H	⌝_	X	X	NO CHANGE			
H	_⌐	L	X	L	QA_n	....	QG_n
H	_⌐	X	L	L	QA_n		QG_n
H	_⌐	H	H	H	QA_n		QG_n

$QA_n \sim QG_n$: 클럭의 가장 최근 변환 전에 $QA \sim QG$의 레벨

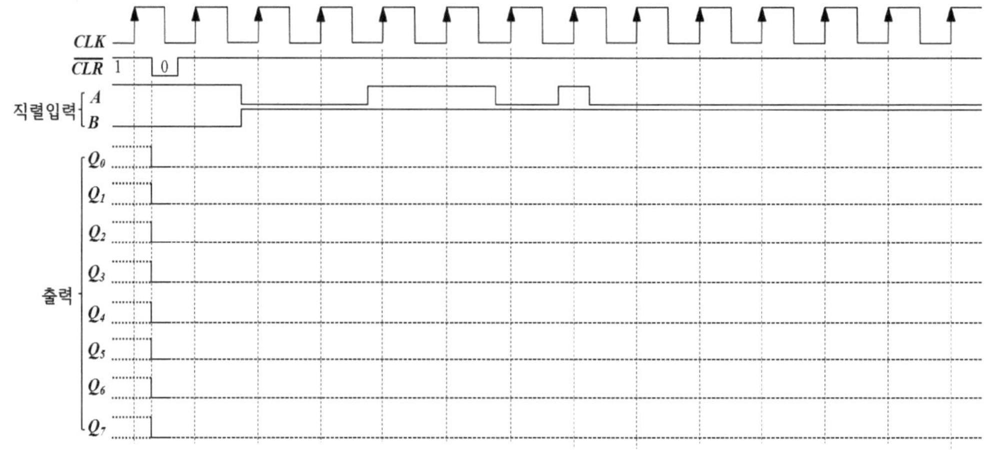

그림 8-22 74LS195A 타이밍도

8. 74HC165는 8비트 PISO 시프트 레지스터이다. 그림 8-23에 74HC165 블록도가 주어져 있고, 표 3에 74HC165 진리표가 있다. 이를 이용하여 그림 8-24의 74HC165 타이밍도에서와 같이 병렬 입력(D_0, D_1, D_2, D_3, D_4, D_5, D_6, D_7) 파형이 주어질 때 출력(Q_7) 파형을 표현하시오.

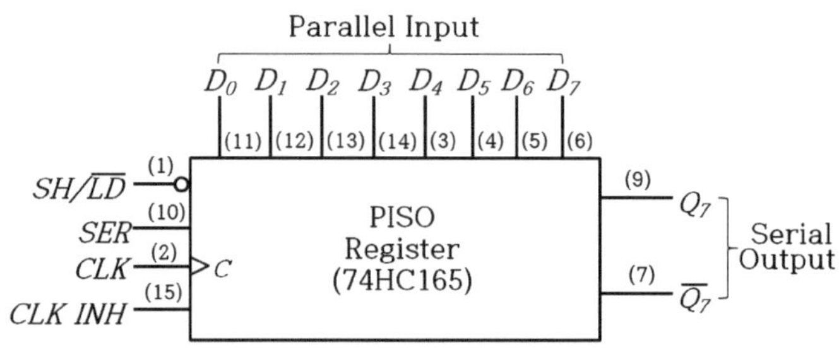

그림 8-23 74HC165 블럭도

표 3 74HC165 진리표

동작모드	Inputs					Registers		Outputs	
	$SH/\overline{LD}$	$CLKINH$	CLK	SER	$D_0 \sim D_7$	Q_0	$Q_1 \sim Q_6$	Q_7	$\overline{Q_7}$
Parallel Load	L	X	X	X	L	L	$L \sim L$	L	H
	L	X	X	X	H	H	$H \sim H$	H	L
Serial Shift	H	L	↑	L	X	L	$q_0 \sim q_5$	q_6	$\overline{q_6}$
	H	L	↑	H	X	H	$q_0 \sim q_5$	q_6	$\overline{q_6}$
Holding	H	H	X	X	X	q_0	$q_1 \sim q_6$	q_7	q_7

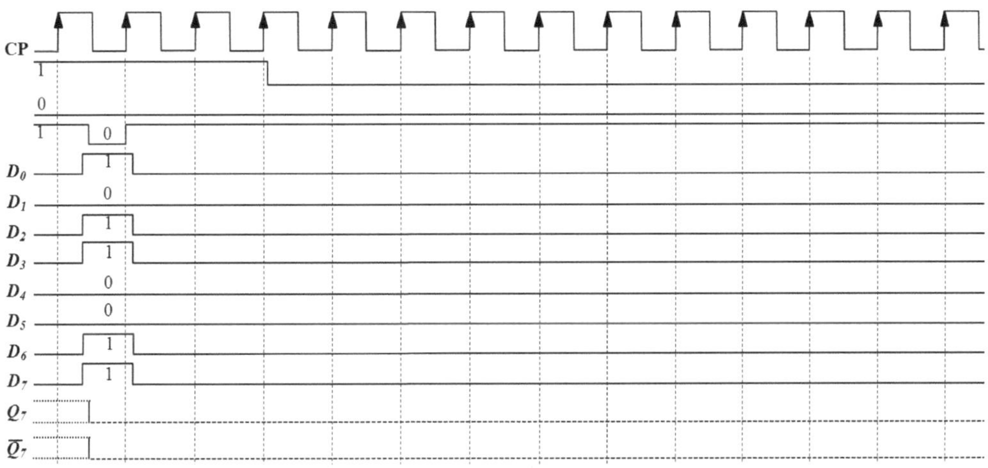

그림 8-24 74HC165 타이밍 도

9. 74HC195는 PIPO, SISO, 그리고 SIPO 모드로 동작할 수 있는 4비트 시프트 레지스터이다. PISO 모드로 사용될 때, Q_3이 출력으로 사용된다. 그림 8-25에 74HC195 블록도가 주어져 있고, 표 4에 74HC195 진리표가 있다. 이를 이용하여 그림 8-26의 74HC195 타이밍도에서와 같이 병렬 입력(D_0, D_1, D_2, D_3,) 파형이 주어질 때 출력(Q_0, Q_1, Q_2, Q_3) 파형을 표현하시오.

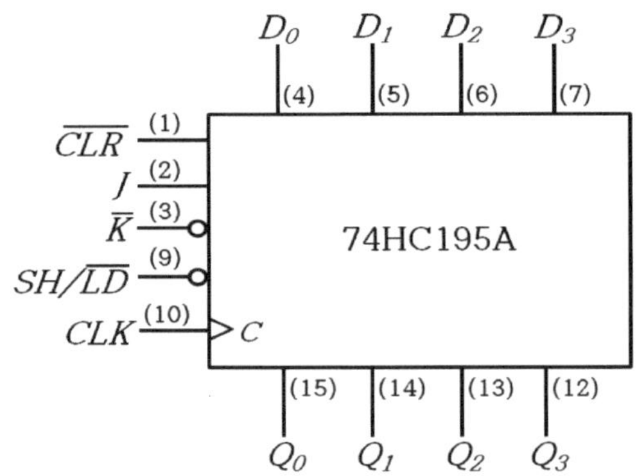

그림 8-25 74HC195 블럭도

표 4 74HC195 진리표

동작모드		Inputs						Outputs				
		$\overline{CLR}$	CP	$SH/\overline{LD}$	J	$\overline{K}$	$D_0 \sim D_3$	Q_0	Q_1	Q_2	Q_3	$\overline{Q_3}$
비동기 리셋		L	X	X	X	X	X	L	L	L	L	H
시프트	첫 단 세트	H	↑	h	h	h	X	H	q_0	q_1	q_2	$\overline{q_2}$
	첫 단 리셋	H	↑	h	l	l	X	L	q_0	q_1	q_2	$\overline{q_2}$
	첫 단 토글	H	↑	h	h	l	X	$\overline{q_0}$	q_0	q_1	q_2	$\overline{q_2}$
	첫 단 유지	H	↑	h	l	h	X	q_0	q_0	q_1	q_2	$\overline{q_2}$
병렬 로드		H	↑	X	X	X	$d_0 \sim d_3$	d_0	d_1	d_2	d_3	$\overline{q_2}$

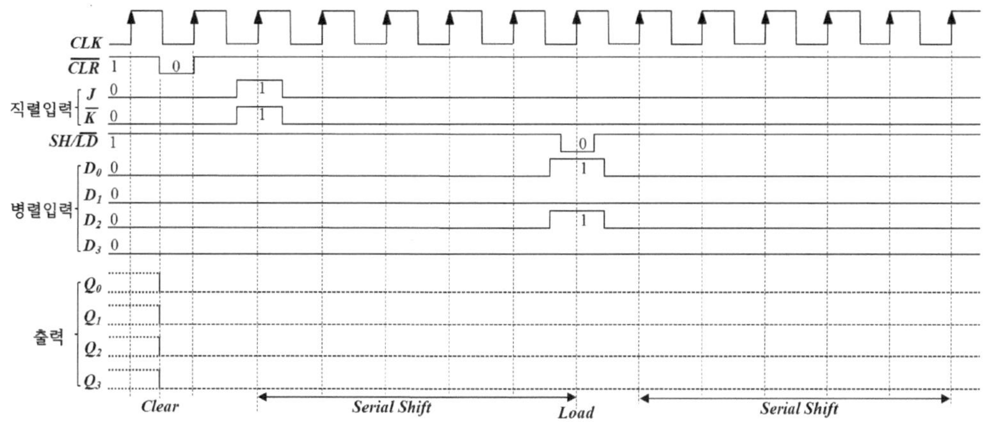

그림 8-26 74HC195 타이밍 도

10. 74HC/HCT194는 4비트 양방향 만능 시프트 레지스터이다. 그림 8-27에 74HC/HCT194 블록도가 주어져 있고, 표 5에 74HC/HCT194의 진리표가 있다. 이를 이용하여 그림 8-28의 74HC/HCT194 타이밍도에서와 같이 입력(D_0, D_1, D_2, D_3,) 파형이 주어질 때 출력(Q_0, Q_1, Q_2, Q_3) 파형을 표현하시오.

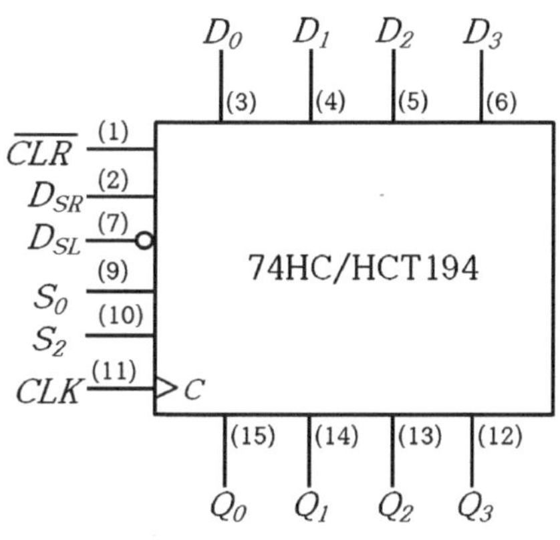

그림 8-27 74HC/HCT194 블록도

표 5 74HC/HCT194의 진리표

동작모드	INPUTS							OUTPUTS			
	CLK	$\overline{CLR}$	S_1	S_1	D_{SR}	D_{SL}	$D_0 \sim D_3$	Q_0	Q_1	Q_2	Q_3
Reset	X	L	X	X	X	X	$X \sim X$	L	L	L	L
Hold	X	H	l	l	X	X	$X \sim X$	q_0	q_1	q_2	q_3
Shift Left	↑ ↑	H H	h h	l l	X X	l h	$X \sim X$ $X \sim X$	q_1 q_1	q_2 q_2	q_3 q_3	L H
Shift Right	↑ ↑	H H	l l	h h	l h	X X	$X \sim X$ $X \sim X$	L H	q_0 q_0	q_1 q_1	q_2 q_2
Parallel Load	↑	H	h	h	X	X	$d_0 \sim d_3$	d_0	d_1	d_2	d_3

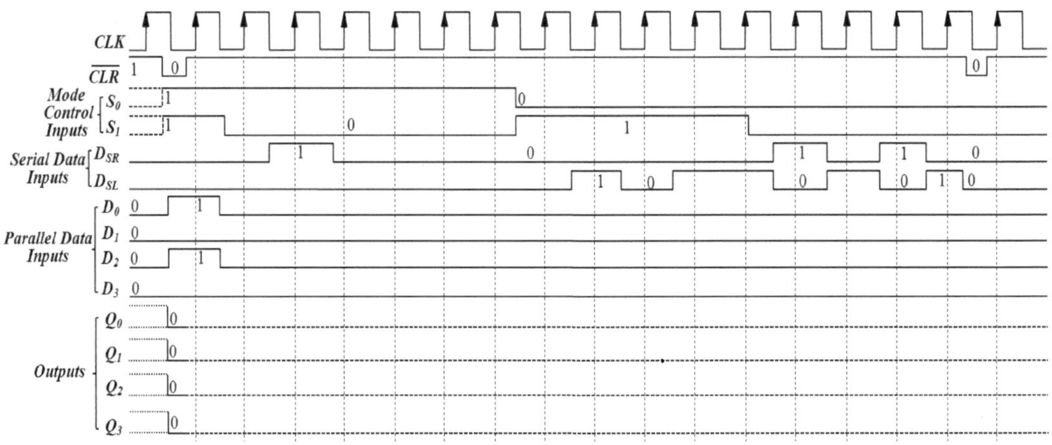

그림 8-28 74HC/HCT194 타이밍 도

제9장

카운터 회로

(Counter Circuit)

카운터(Counter)는 순차회로 응용 중에 가장 대표적인 회로로서 수를 세는 회로이다. 수를 세는 역할을 통하여 펄스 수를 세거나, 타이머 구동, 주파수 분할 등에 흔히 사용되는 회로이다. 카운터 회로는 입력 클럭이 카운터를 구성하는 플립플롭에 인가되는 방법에 따라 비동기식과 동기식으로 나누어지고, 카운터의 대상이 되는 진법에 따라 2진 카운터 또는 10진 카운터로 분류할 수 있으며, 또 카운터 값의 증감 여부에 따라 상승(up) 카운터와 하강(Down) 카운터로 나누어진다. 예를 들어 이 세 가지 방법을 조합하여 명명해보면 "동기식 2진 Up 카운터", "비동기식 10진 Down 카운터" 등과 같이 될 수 있다.

동기식 카운터와 비동기식 카운터는 카운터를 구성하는 플립플롭들이 입력 클럭을 공통으로 사용하는 지 여부에 따라 분류된다. 2진 카운터와 10진 카운터는 대상이 되는 진법(2진수 또는 10진수)에 따라 분류되며, N비트의 2진 카운터는 계수 범위가 0~(2N-1) 이며, 10진 카운터는 0~9의 계수 범위를 갖는다. 그리고 카운터 값이 증가되는 경우를 up 카운터, 감소되는 경우는 down 카운터라 한다. 또한 특정 용도에 따라 리셋 기능을 가진 카운터, 특정 값의 범위를 계속 순환하는 순환 카운터가 있다.

9.1 비동기식 카운터 (Asynchronous Counter)

비 동기식 카운터는 카운터를 구성하는 플립플롭의 입력 클럭을 공통으로 사용하지 않는 회로이다. 각 플립플롭의 클럭 입력이 전단의 플립플롭 출력에 연결된다. 전단의 플립플롭 출력이 다음 단의 플립플롭 입력으로 되어 동작하도록 구성된다. 따라서 비 동기식 카운터를 구성하는 플립플롭이 공통의 입력 클럭에 의하여 동시에 동작되지 않고 한 플립플롭의 출력이 다른 플립플롭의 입력 클럭으로 동작하기 때문에 지연 시간이 길어지고, 카운터를 구성하는 모든 플립플롭의 전이가 완료될 때까지 카운터 상태가 결정되지 않는다. 마치 호수 가운데 돌을 던지면 돌이 떨어진 곳을 중심으로 물결이 퍼져나가는 것과 같이 동작하기 때문에 리플 (Ripple) 카운터라 한다. 비동기식 카운터는 각 플립플롭을 통과할 때마다 지연시간이 누적되므로 고속 카운터, 높은 주파수, 많은 비트 수로 구성되는 카운터에는 부적합하지만, 비동기식 카운터는 조합 논리 회로가 필요 없을 정도로 간단하여 동기식 카운터보다 구현이 용이하다.

그림 9-1은 2비트 비동기식 2진 up 카운터를 보여주고 있다. 두 개의 JK 플립플롭(FF0, FF1)으로 구성되고, 두 플립플롭의 JK 입력은 모두 "1"이다. 외부 클럭 입력은 첫 단의 플립플롭 FF0의 Clock 입력으로 인가되고 첫 번째 단의 플립플롭(FF0)의 반전 출력($\overline{Q_0}$)이 다음 단 플립플롭(FF1)의 클럭 입력이 된다.

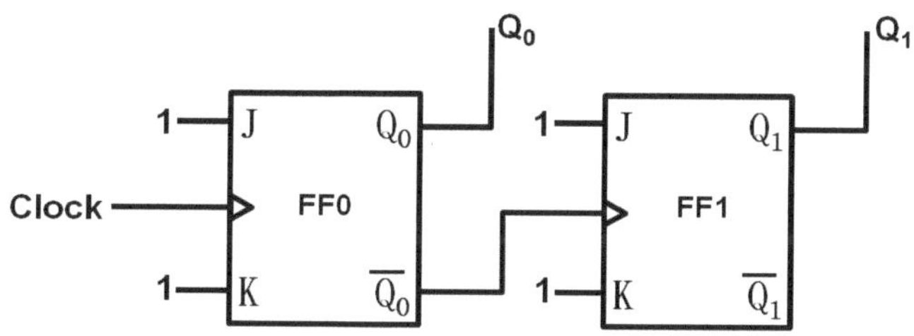

그림 9-1 2비트 비동기식 2진 up 카운터

그림 9-2는 2비트 비동기식 2진 up 카운터의 타이밍도를 보여주고 있다. 첫 번째 단의 플립플롭(FF0)은 입력 Clock에 따라 출력(Q_0)를 내 보낸다. 두 번째 단의 플립플롭(FF1) 입력 클럭은 첫 번째단 플립플롭(FF1)의 반전 출력($\overline{Q_0}$)이 되기 때문

에 두 번째 단의 플립플롭 출력(Q_1)은 첫 번째 단 플립플롭의 출력($\overline{Q_0}$)에 의존한다.

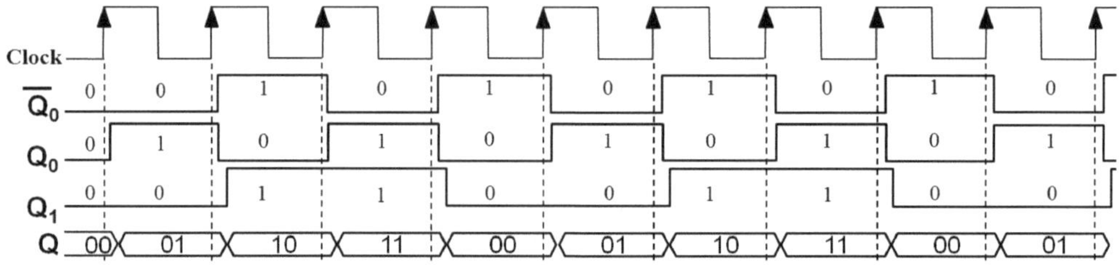

그림 9-2 2비트 비동기식 2진 up 카운터 타이밍도

따라서 이 카운터 출력($Q = Q_1Q_0$)은 그림 9-3과 같이 00→01→10→11→00 .... 과 같이 계속해서 천이된다.

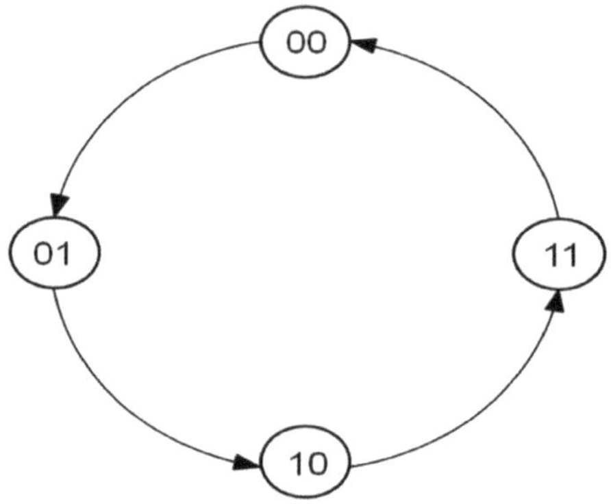

그림 9-3 2비트 비동기식 2진 up 카운터 상태 천이도

예제 9-1

3비트 비동기식 2진 Down 카운터를 T 플립플롭으로 설계 하고, 타이밍도를 그리시오.

해답

비 동기식은 카운터를 구성하는 모든 플립플롭이 공통의 클럭을 사용하지 않으며, 3비트의 2진 카운터는 계수 범위가 0~(2*3-1=7) 이며, Down 카운터는 카운터 값이 감소되는 경우를 말한다. 그림 9-4는 3비트 비동기식 2진 Down 카운터를 보여주고 있다. 세 개의 T 플립플롭(FF0, FF1, FF2)으로 구성되고, 모든 플립플롭의 T 입력은 모두 "1"이다. 외부 클럭 입력은 첫 단의 플립플롭 FF0의 Clock 입력으로 인가되고 첫 번째 단의 플립플롭(FF0)의 출력(Q_0)이 두 번째 단의 플립플롭(FF1)의 클럭 입력이 된다. 그리고 두 번째 단의 플립플롭(FF1)의 출력(Q_1)이 세 번째 단의 플립플롭(FF2)의 클럭 입력이 된다.

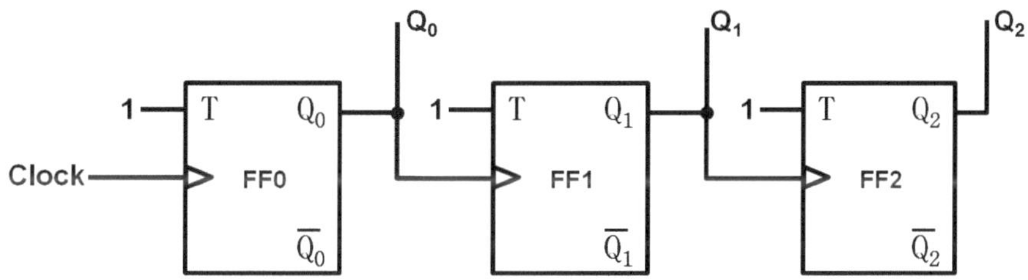

그림 9-4 3비트 비동기식 2진 Down 카운터

그림 9-5는 3비트 비동기식 2진 Down 카운터의 타이밍도를 보여주고 있다. 첫 번째 단의 플립플롭(FF0)은 입력 Clock에 따라 출력(Q_0)를 내 보낸다. 첫 번째단의 플립플롭 출력(Q_0)이 두 번째 단의 플립플롭(FF1) 입력 클럭이 되며, 두 번째단의 플립플롭 출력(Q_1)이 세 번째 단의 플립플롭(FF2) 입력 클럭이 된다. 이와 같은 구성을 통하여 타이밍도를 보면 첫 번째 단의 플립플롭(FF0) 출력(Q_0)은 외부에서 인

가된 Clock에 따라 결정되고, 두 번째 단의 플립플롭(FF1) 출력(Q_1)은 첫 번째 단의 플립플롭(FF0) 출력(Q_0)에 의하여 결정되고, 세 번째 단의 플립플롭(FF2) 출력(Q_2)은 두 번째 단의 플립플롭(FF1) 출력(Q_1)에 의하여 결정된다.

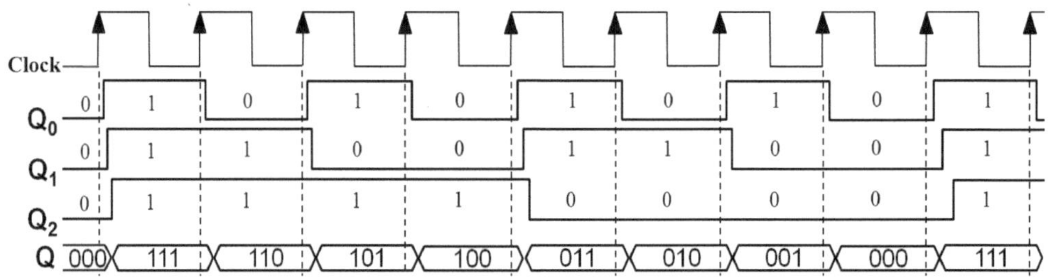

그림 9-5 3비트 비동기식 2진 Down 카운터 타이밍도

따라서 이 카운터 출력($Q = Q_2Q_1Q_0$)은 그림 9-6과 같이 111→110→101→100→011→010→ 001→000→111 ....과 같이 계속해서 천이된다.

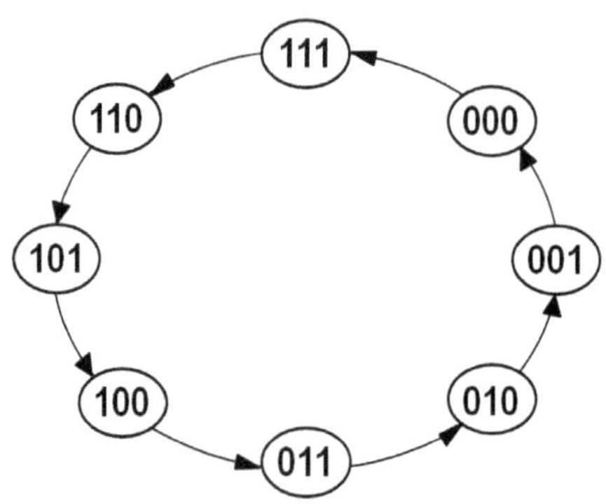

그림 9-6 3비트 비동기식 2진 Down 카운터 상태 천이도

예제 9-2

4비트 비동기식 2진 Down 카운터를 JK 플립플롭으로 사용하여 설계 하시오. 그리고 이 카운터 회로에서 입력 클럭에 대한 출력 Q_0, Q_1, Q_2, Q_3에 대한 파형으로 나타내고, 각각이 얼마의 주파수 분할이 발생했는지 서술하시오. 단 모든 출력 Q_0, Q_1, Q_2, Q_3의 초기 값은 '0'이다.

해답

4비트 비동기식 2진 Down 카운터는 그림 와 같이 JK 플립플롭을 이용하여 설계될 수 있다. 첫 번째단의 플립플롭 출력 Q_0는 두 번째 단의 플립플롭 입력에 연결되고, 두 번째 단의 플립플롭 출력 Q_1은 세 번째 단의 플립플롭 입력에 연결되고, 세 번째 단의 플립플롭 출력 Q_2는 네 번째 단의 플립플롭 입력에 연결된다. 그리고 모든 JK 플립플롭의 J와 K 입력은 모두 '1'로 모두 토글 모드로 동작한다.

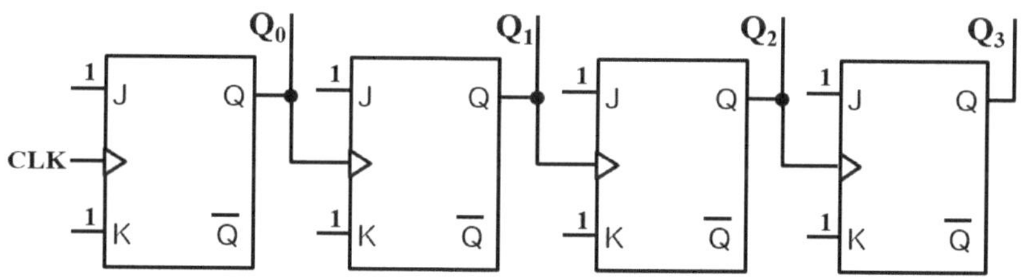

그림 9-7 4비트 비동기식 2진 Down 카운터 회로

그림 9-7의 비동기식 4비트 다운 카운터 회로의 상태 천이도는 그림 9-8과 같다. 이 회로는 1111 -> 1110 -> 1101 -> 1100 -> 1011 -> 1010 -> 1001 -> 1000 -> 0111 -> 0110 -> 0101 -> 0100 -> 0011 -> 0010 -> 0001 ->

0000 -> 1111 ... 과 같이 계속 순환하는 카운터 이다. 이 경우 CLK의 주파수를 8,000Hz 로 가정하면, 4개의 JK 플립플롭으로 구성된 회로에서 첫 번째 단의 JK 플립플롭 출력 Q_0는 CLK의 1/2인 4,000Hz, 두 번째 단의 JK 플립플롭 출력 Q_1은 CLK의 1/4인 2,000Hz, 세 번째 단의 JK 플립플롭 출력 Q_2는 CLK의 1/8 인 1,000Hz, 네 번째 단의 JK 플립플롭 출력 Q_3는 CLK의 1/16인 500Hz로 각각 주파수 분할된다.

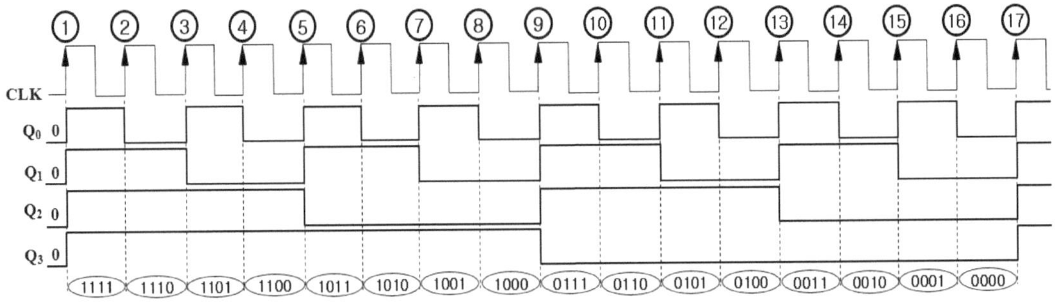

그림 9-8 4비트 비동기식 2진 Down 카운터 회로 상태 천이도

9.2 동기식 카운터 (Synchronous Counter)

동기식 카운터는 각 플립플롭의 클럭이 동시에 입력되는 것으로 각 플립플롭이 동시에 트리거 되는 카운터이다. 클럭이 카운터를 구성하는 모든 플립플롭에 공통으로 인가되기 때문에 비동기 카운터에 비해 전파지연시간이 짧다. 따라서 고속 카운터에 사용되며 사용될 플립플롭이 결정되면 결정된 플립플롭의 여기표에 의하여 간단하게 설계될 수 있다. 설계 절차는 다음과 같다.

(1) 카운터의 상태 천이도를 작성한다.

(2) 플립플롭 종류와 수를 결정한다.

(3) 결정된 플립플롭의 여기표를 이용하여 카운터의 여기표를 작성한다.

(4) 작성된 여기표에서 각 플립플롭의 입력값을 카르노 맵을 이용하여 구한다.

(5) 구하여진 플립플롭 입력 값에 따라 회로를 작성한다.

9.2.1 2비트 동기식 up 카운터 설계

그림 9-9은 설계하여야 할 2비트 동기식 Up 카운터의 상태 천이도를 나타낸다. 이 카운터 출력($Q = Q_1 Q_0$)은 00→01→10→11→00 ....과 같이 계속해서 천이된다.

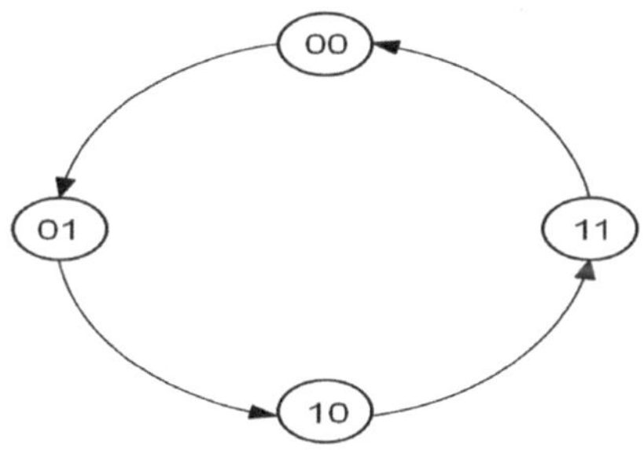

그림 9-9 2비트 동기식 2진 Up 카운터 상태도

위 상태도에 대하여 플립플롭의 종류와 수를 결정하고 상태 천이에 따른 플립플롭 여기표를 작성한다. 여기서 상태가 2비트로 표시되기 때문에 2개의 플립플롭이 필요하고, JK 플립플롭을 사용하여 설계하기로 한다.

표 9-1은 위 상태도에 따라 현재 상태와 다음 상태에 대한 JK 플립플롭의 여기표를 나타낸 것이다. 그림 9-10은 2비트 동기식 2진 Up 카운터 플립플롭 입력값을 나타낸다.

표 9-1 2비트 동기식 2진 Up 카운터 여기표

현재 상태		다음 상태		플립플롭 입력			
Q_A	Q_B	Q_{A+1}	Q_{B+1}	J_A	K_A	J_B	K_B
0	0	0	1	0	X	1	X
0	1	1	0	1	X	X	1
1	0	1	1	X	0	1	X
1	1	0	0	X	1	X	1

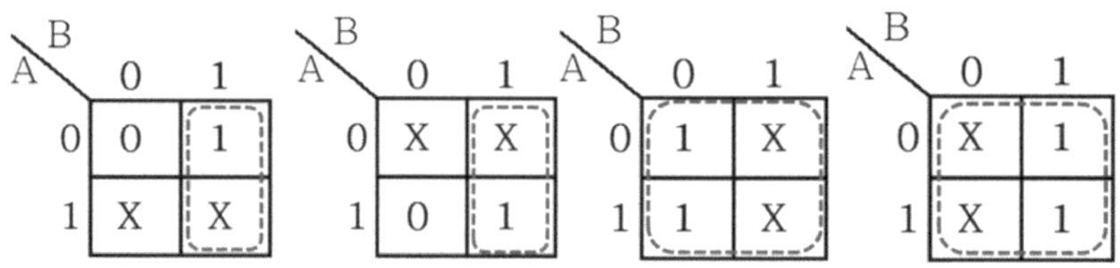

그림 9-10 2비트 동기식 2진 Up 카운터 플립플롭 입력값

그림 9-11는 2비트 동기식 2진 Up 카운터 회로도를 보여준다. 2개의 JK 플립플롭으로 구성되고 그림 9-10에서 구한 플립플롭 입력값으로 입력 회로를 구성하였다.

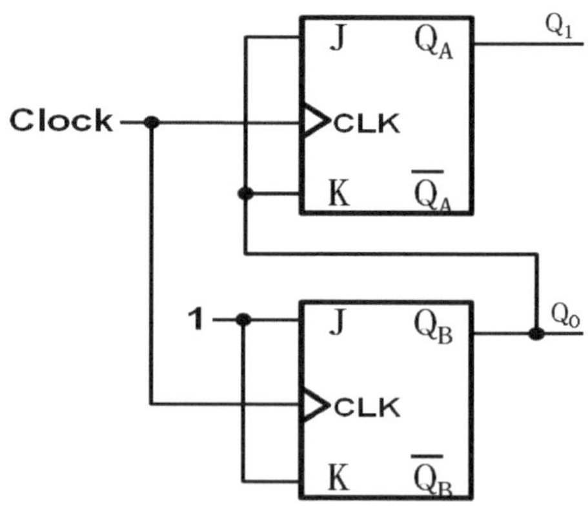

그림 9-11 동기식 Up 카운터 회로도

그림 9-12은 설계된 2비트 동기식 Up 카운터의 타이밍도를 나타낸다. 카운터의 상태($Q = Q_1 Q_0$)는 00→01→10→11→00 ....과 같이 계속해서 천이된다.

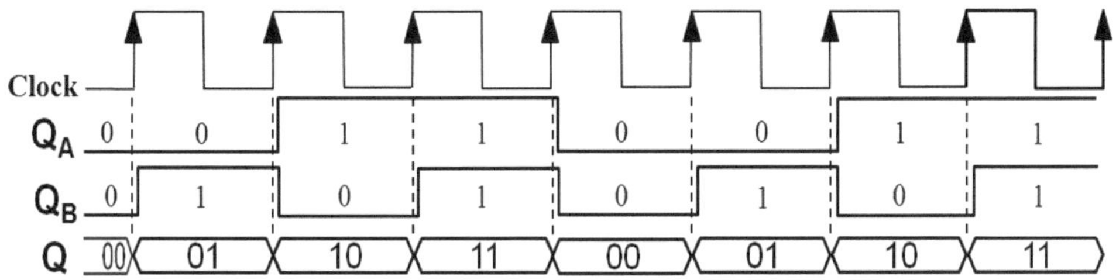

그림 9-12 2비트 동기식 2진 Up 카운터 타이밍도

9.2.2 3비트 동기식 down 카운터 설계

그림 9-13은 설계하여야 할 3비트 동기식 Down 카운터의 상태도를 나타낸다. 이 카운터 출력($Q = Q_2 Q_1 Q_0$)은 111 → 110 → 101 → 100 → 011 → 010 → 001 → 000 → 111 ....과 같이 계속해서 천이된다.

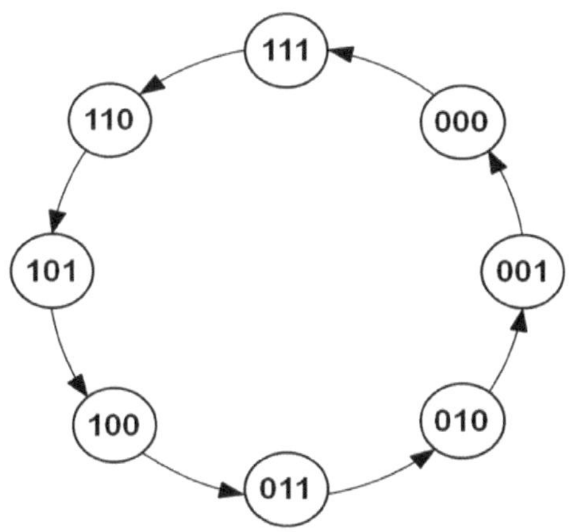

그림 9-13 3비트 동기식 2진 Down 카운터 상태도

위 상태도에 대하여 플립플롭의 종류와 수를 결정하고 상태 천이에 따른 플립플롭 여기표를 작성한다. 여기서 상태가 3비트로 표시되기 때문에 3개의 플립플롭이 필요하고, T 플립플롭을 사용하여 설계하기로 한다.

표 9-2는 그림 9-13의 상태도에 따라 현재 상태와 다음 상태에 대한 T 플립플롭의 여기표를 나타낸 것이다.

표 9-2 3비트 동기식 2진 Down 카운터 여기표

현재 상태			다음 상태			플립플롭 입력		
Q_A	Q_B	Q_C	Q_{A+1}	Q_{B+1}	Q_{C+1}	T_A	T_B	T_C
1	1	1	1	1	0	0	0	1
1	1	0	1	0	1	0	1	1
1	0	1	1	0	0	0	0	1
1	0	0	0	1	1	1	1	1
0	1	1	0	1	0	0	0	1
0	1	0	0	0	1	0	1	1
0	0	1	0	0	0	0	0	1
0	0	0	1	1	1	1	1	1

그림 9-14는 표 9-2의 T 플립플롭 여기표에 따라 구해진 T 플립플롭 입력값을 나타낸다.

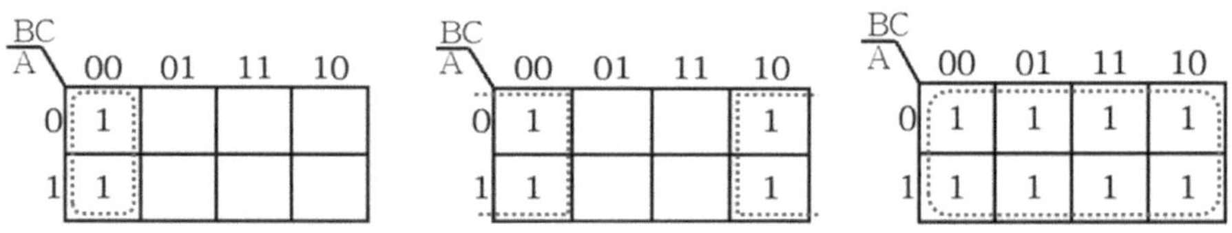

(a) $T_A = \overline{B}\overline{C}$　(b) $T_B = \overline{C}$　(c) $T_c = 1$

그림 9-14 3비트 동기식 2진 Down 카운터 플립플롭 입력값

그림 9-15은 3비트 동기식 2진 Down 카운터 회로도를 보여준다. 3개의 T 플립플롭으로 구성되고 그림 9-14의 플립플롭 입력값으로 입력 회로를 구성하였다.

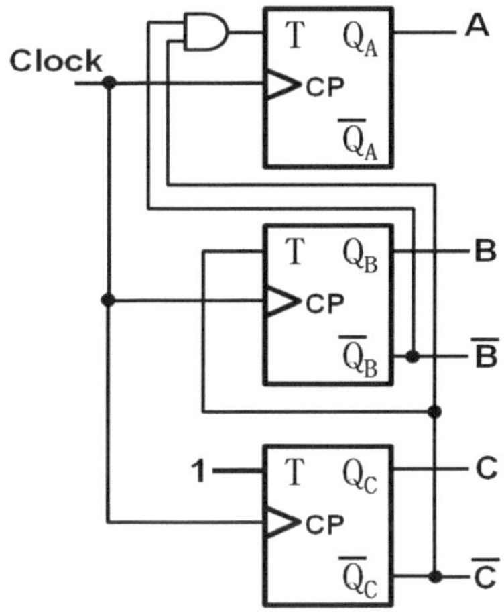

그림 9-15 동기식 이진 카운터

그림 9-16는 설계된 3비트 동기식 Down 카운터의 타이밍도를 나타낸다. 카운터의 상태($Q = ABC$)는 111→110→101→100→011→010→001→000→111 ....과 같이 계속해서 천이된다.

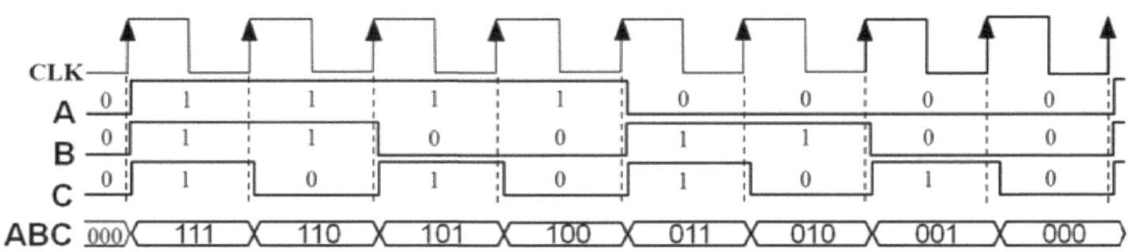

그림 9-16 3비트 동기식 2진 Down 카운터 타이밍도

예제 9-3

8421 BCD 코드를 3초과 (Excess-3) 코드로 변화시키는 코드 변환기를 4개의 T플립플롭을 사용하여 설계하시오.

해답

처음에 BCD 코드(0~9) 중의 하나가 플립플롭 내에 저장된다. 회로에 펄스가 가해지고 나면 대응하는 3초과 코드가 플립플롭에 나타난다. 표 7-8에 코드 변환기(converter)에 대한 상태표와 T 플립플롭의 입력이 주어진다. 이 표에서 BCD 코드를 현재 상태 3초과 코드를 다음 상태로 하였다.

표 9-3 코드 변환기에 대한 상태표 및 T플립플롭 입력

BCD 코드	3초과 코드	T 플립플롭 입력
$A\ B\ C\ D$	$W\ X\ Y\ Z$	$T_A\ T_B\ T_C\ T_D$
0 0 0 0	0 0 1 1	0 0 1 1
0 0 0 1	0 1 0 0	0 1 0 1
0 0 1 0	0 1 0 1	0 1 1 1
0 0 1 1	0 1 1 0	0 1 0 1
0 1 0 0	0 1 1 1	0 0 1 1
0 1 0 1	1 0 0 0	1 1 0 1
0 1 1 0	1 0 0 1	1 1 1 1
0 1 1 1	1 0 1 0	1 1 0 1
1 0 0 0	1 0 1 1	0 0 1 1
1 0 0 1	1 1 0 0	0 1 0 1

그림 9-17은 코드 변환기의 T 플립플롭 입력 값을 나타낸다. BCD 코드에서 사

용되지 않은 6개의 코드(1010, 1011, 1100, 1101, 1110, 1111)는 무의항 처리를 하였다.

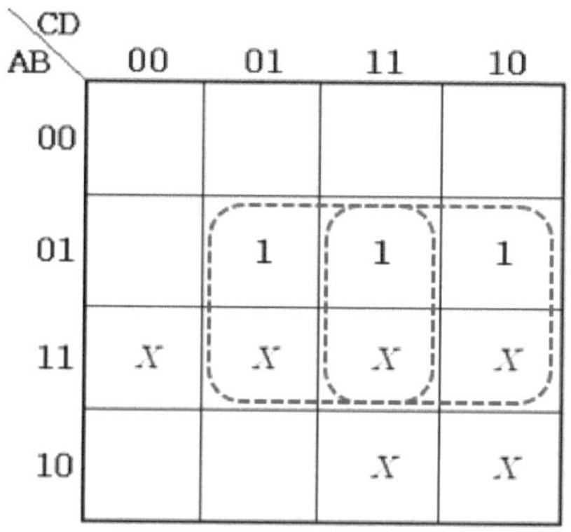

(a) $T_A = BC + BD = B(C+D)$

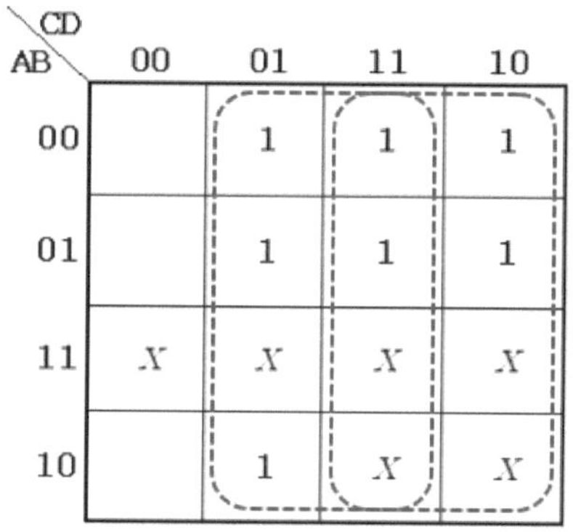

(b) $T_B = B + D$

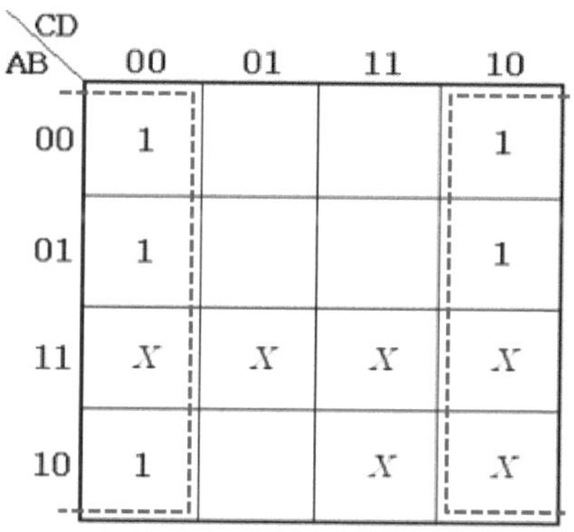

(c) $T_C = \overline{D}$

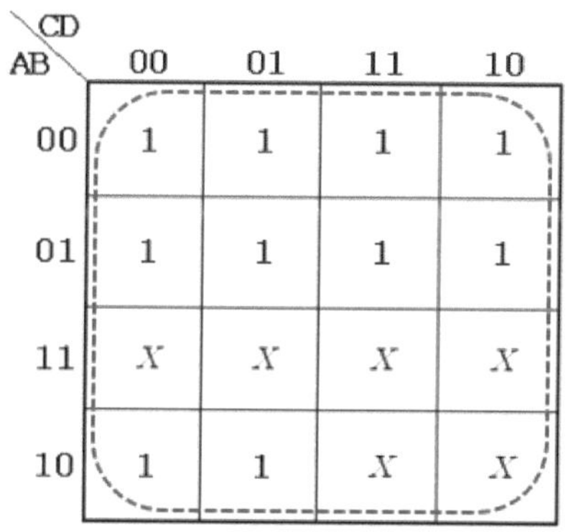

(b) $T_D = 1$

그림 9-17 코드변환기의 T 플립플롭 입력 값

그림 9-18은 T 플립플롭 구성된 코드 변환기의 회로도를 나타낸다.

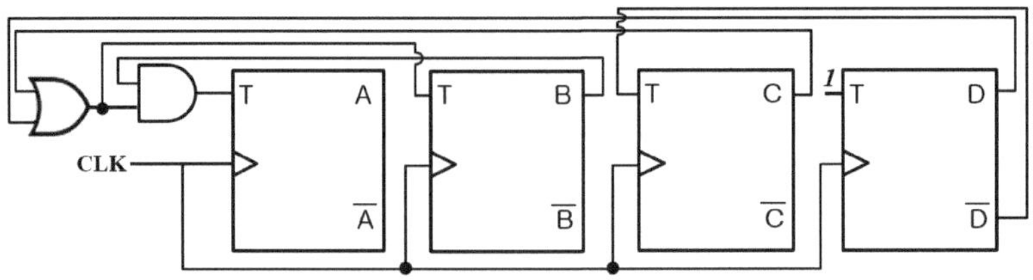

그림 9-18 코드변환기의 회로도

예제 9-4

어떤 디지털 시스템의 동작 상태표가 그림 9-19와 같을 때 JK 플립플롭을 이용하여 설계 하시오. 이때 상태 각각의 상태는 $A=001$, $B=011$, $C=101$, $D=110$, $E=111$로 가정한다.

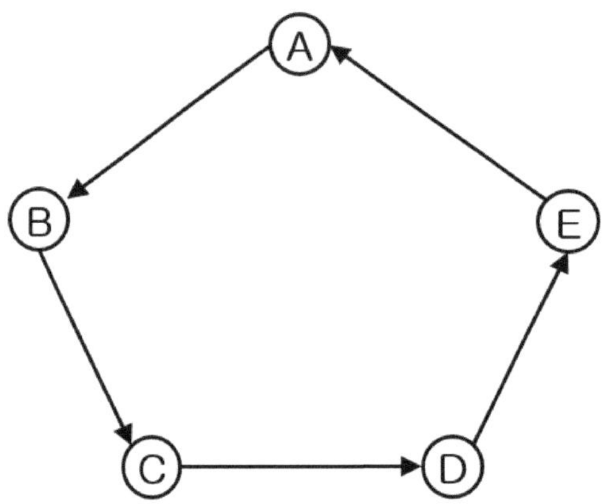

그림 9-19 5가지 상태를 가진 카운터 상태도

해답

상태 $A(001)$부터 시작하는 것으로 하면 다음 상태는 $B(011)$이 된다. 이와 같이 A -> B -> C -> D -> E -> A .....로 순환한다. 표 9-4는 그림 9-19 상태도

를 상태표와 JK 플립플롭의 입력을 나타낸 것이다.

표 9-4 상태표 및 JK 플립플롭 입력

상태	JK 플립플롭 입력
$A\ B\ C$	$J_A K_A J_B K_B J_C K_C$
0 0 1	0 x 1 x x 0
0 1 1	1 x x 1 x 0
1 0 1	x 0 1 x x 1
1 1 0	x 0 x 0 1 x
1 1 1	x 1 x 1 x 0

그림 9-20은 JK 플립플롭의 입력 식을 나타낸 것이다. 이 회로의 상태는 3개의 변수 구성되기 때문에 총 8개의 상태를 가질 수 있으나, 5개 상태를 가지고 있기 때문에 나머지 사용되지 않은 상태(000, 010, 100)는 무의항(don't care)으로 처리된다.

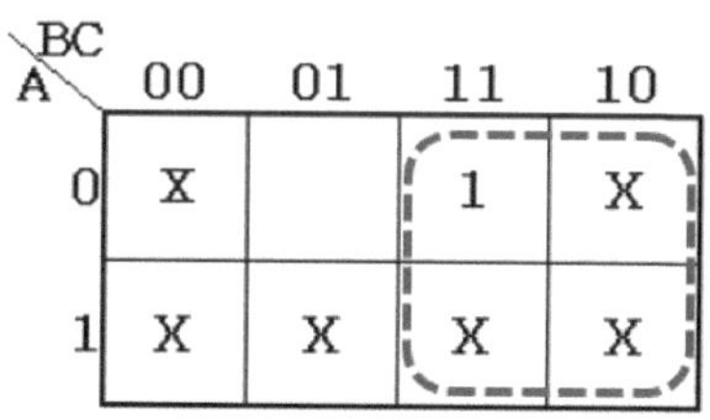

(a) $J_A = B$

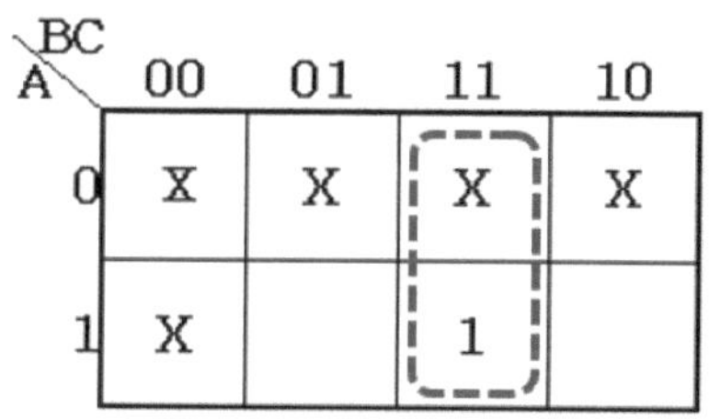

(b) $K_A = BC$

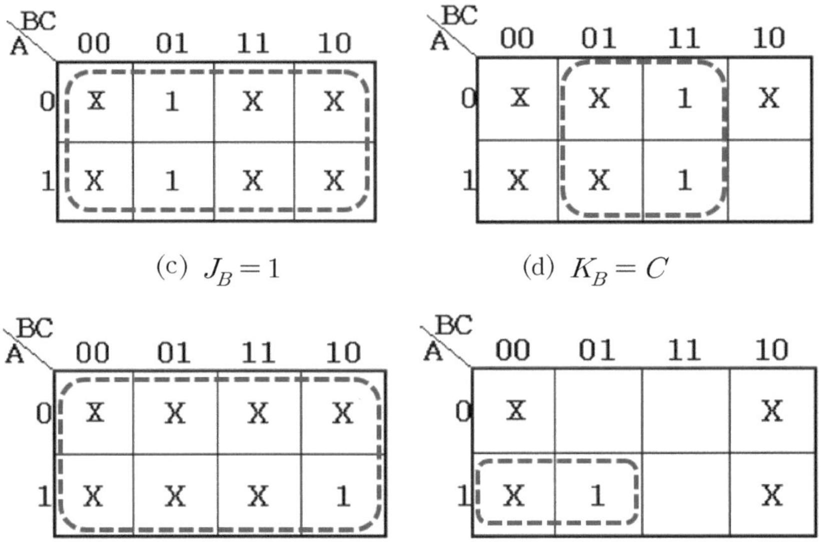

(c) $J_B = 1$ (d) $K_B = C$

(e) $J_C = 1$ (f) $K_C = A\overline{B}$

그림 9-20 JK 플립플롭 입력 값

그림 9-21은 그림 9-20의 JK 플립플롭의 입력 식을 회로로 나타낸 것이다. 3개의 JK 플립플롭을 통하여 5개의 상태를 나타낼 수 있다.

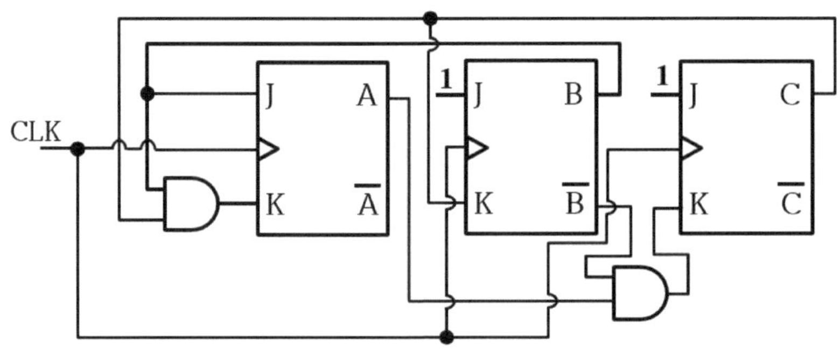

그림 9-21 JK 플립플롭을 이용한 시스템의 동작 회로도

9.3 링 카운터 (Ring Counter)

링 카운터는 첫 번째 단 플립플롭 출력이 두 번째 단 플립플롭의 입력으로, 두 번째 단 플립플롭의 출력이 세 번째 단 플립플롭의 입력으로 연결된다. 이와 같은 구성을 통하여 마지막 단의 플립플롭 출력은 첫 번째 단 플립플롭 입력으로 궤환된다. 이런 연결을 통하여 플립플롭들이 하나의 링 형태로 연결된다. 링 카운터의 각각 플립플롭의 클럭 입력은 공통으로 연결되며, 플립플롭 출력이 다음 단 플립플롭 입력으로 연결하여 값이 단계적으로 시프트 되어가는 형태를 취한다.

4개의 플립플롭으로 구성된 링 카운터를 고려하면, 첫 번째 단의 플립플롭 출력 Q_A가 1로 셋트되면, 이 값이 두 번째 단의 플립 플롭 입력 D로 입력 되도록 하고, 이와 같은 식으로 연결하여 마지막 단의 플립플롭 출력 Q_D을 첫 번째 단의 플립플롭 입력 D로 연결한다. 그리고 클럭 신호는 모든 플립플롭에 공통으로 연결한다.

표 9-5는 4개의 플립플롭으로 구성된 링 카운터의 진리표를 보여준다. 입력 Clock에 따라 상태가 0→1→2→3→ .... 과 같이 계속 순환한다. 이 때 각 상태에 따라 플립플롭 출력 ($Q_DQ_CQ_BQ_A$)은 그림 9-22에서와 같이 각각 0001 → 0010 → 0100 → 1000 → 0001 .... 형태로 계속 순환한다.

표 9-5 링 카운터 여기표

상태	Q_A	Q_B	Q_C	Q_D
0	1	0	0	0
1	0	1	0	0
2	0	0	1	0
3	0	0	0	1

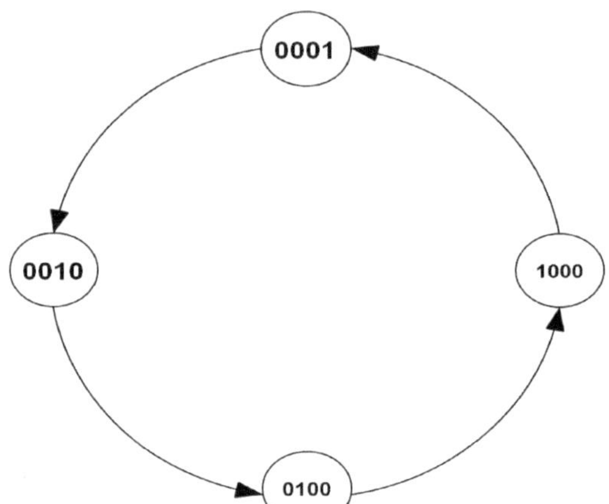

그림 9-22 링 카운터 상태도

그림 9-23은 4개의 D 플립플롭으로 구성된 링 카운터를 보여준다. 입력 클럭은 모든 플립플롭에 공통으로 입력되며, 첫 번째 단의 플립플롭(FF0) 출력이 두 번째 단 플립플롭(FF1) 입력이 되고, 두 번째 단의 플립플롭(FF1) 출력이 세 번째 단 플립플롭(FF2) 입력이 되고, 세 번째 단의 플립플롭(FF2) 출력이 네 번째 단 플립플롭(FF3) 입력이 되고, 네 번째 단의 플립플롭(FF3) 출력은 첫 번째 단 플립플롭(FF0) 입력으로 궤환된다.

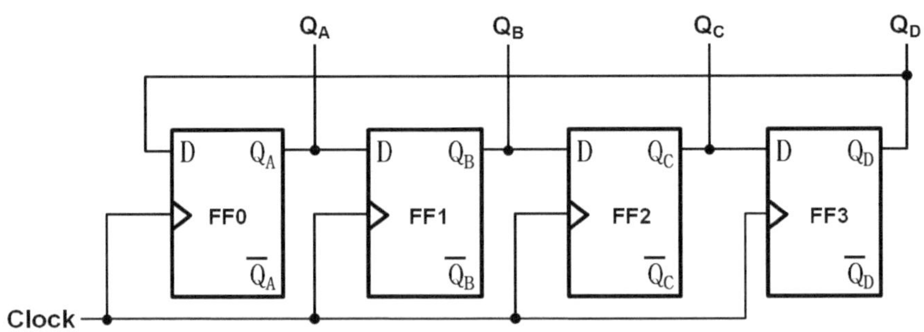

그림 9-23 링 카운터 회로도

그림 9-24은 링 카운터의 동작 타이밍도를 보여주고 있다. 첫 번째 단 플립플롭(FF0) 정상 출력 (Q_A) '1'이 두 번째 단 플립플롭(FF1) 입력이 되고, 두 번째 단 플립플롭(FF1) 출력 '1'이 세 번째 단 플립플롭(FF2) 입력이 되고, 세 번째 단 플립플롭(FF2) 출력 '1'이 네 번째 단 플립플롭(FF3) 입력이 되고, 네 번째 단 플립플롭(FF3) 출력 '1'이 첫 번째 단 플립플롭(FF0) 입력이 된다. 이와 같이 패턴으로 계속 순환한다.

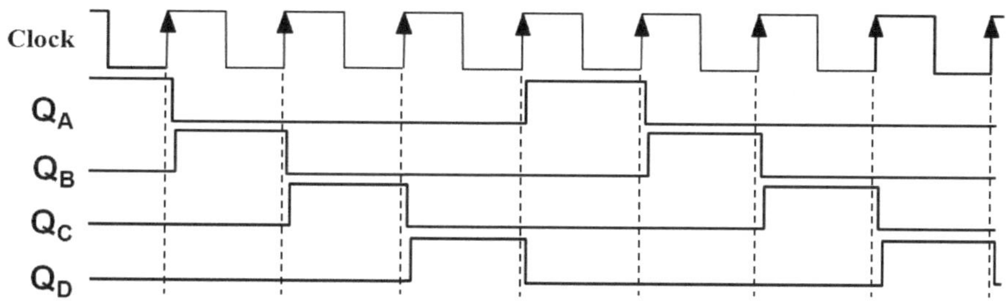

그림 9-24 링 카운터 타이밍도

링 카운터는 동기 순서 회로를 구현하기 위하여 효율적으로 사용될 수 있다. 순서 회로를 구현하는데 따른 주요 문제점은 회로 구현상 요구되는 회로의 복잡성을 줄이기 위하여 회로의 내부 상태에 이진 코드를 어떻게 할당하느냐에 있다. 하나의 플립플롭을 하나의 내부 상태에 할당함으로써 복잡한 순서회로를 구현하는데 요구되는 조합 논리를 간소화하는 것이 가능하다. 즉 회로가 하나의 특정 상태에 있을 때, 이 상태에 해당하는 플립플롭만 논리 '1'(High)이 되고 나머지 플립플롭은 모두 논리 '0'(Low)가 되도록 하는 것이다. 따라서 회로의 어떤 상태를 단순하게 표현할 수 있다.

9.4 존슨 카운터 (Jonson Counter)

9.4.1 4비트 존슨 카운터

존슨 카운터는 트위스트(Twisted) 링 카운터라 하며, 링 카운터는 마지막 단 플립플롭의 정상 출력(Q)만 첫 번째 단 플립플롭 입력으로 연결되지만, 존슨 카운터는 링 카운터에서 마지막 단 플립플롭의 반전 출력($\overline{Q}$)도 첫 번째 단의 플립플롭 입력으로 연결되는 부분이다. 이때 마지막 단 플립플롭의 정상(Q) 및 반전($\overline{Q}$) 출력이 첫 번째 단의 플립플롭에 엇갈리게 연결된다. 이와 같은 특성 때문에, 동일 개수의 플립플롭으로 구성된 링 카운터의 출력을 2배로 증가시켜 준다. 따라서 4개의 플립플롭으로 구성된 링 카운터는 4가지 상태를 나타낼 수 있지만, 존슨 카운터는 4개의 플립플롭으로 8가지 상태를 나타낼 수 있다.

표 9-6는 4개의 플립플롭으로 구성된 존슨 카운터의 진리표를 보여준다.

표 9-6 4비트 존슨 카운터 여기표

상태	Q_A	Q_B	Q_C	Q_D
0	0	0	0	0
1	1	0	0	0
2	1	1	0	0
3	1	1	1	0
4	1	1	1	1
5	0	1	1	1
6	0	0	1	1
7	0	0	0	0

입력 Clock에 따라 상태가 0→1→2→3→4→5→6→7→0 .....과 같이 진행하며

상태 7에서 상태 0로 순환한다. 이 때 각 상태에 따라 플립플롭 출력($Q_DQ_CQ_BQ_A$)은 그림 9-25과 같이 각각 0000 → 0001 → 0011 → 0111 → 1111 → 1110 → 1100 → 1000 → 0000 ..... 로 계속 순환한다.

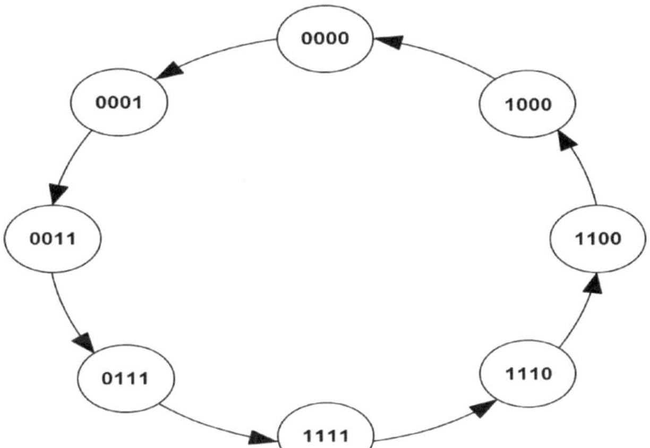

그림 9-25 4비트 존슨 카운터 상태도

그림 9-26는 4개의 JK 플립플롭으로 구성된 4비트 존슨 카운터를 보여준다. 입력 클럭은 모든 플립플롭에 공통으로 입력되며, 첫 번째 단의 플립플롭(FF0) 출력이 두 번째 단 플립플롭(FF1) 입력이 되고, 두 번째 단의 플립플롭(FF1) 출력이 세 번째 단 플립플롭(FF2) 입력이 되고, 세 번째 단의 플립플롭(FF2) 출력이 네 번째 단 플립플롭(FF3) 입력이 되고, 네 번째 단의 플립플롭(FF3) 정상 출력(Q)은 첫 번째 단 JK 플립플롭(FF0)의 K 입력으로 연결되고, 네 번째 단의 플립플롭(FF3) 반전 출력($\overline{Q}$)은 첫 번째 단 JK 플립플롭(FF0)의 J 입력으로 연결된다.

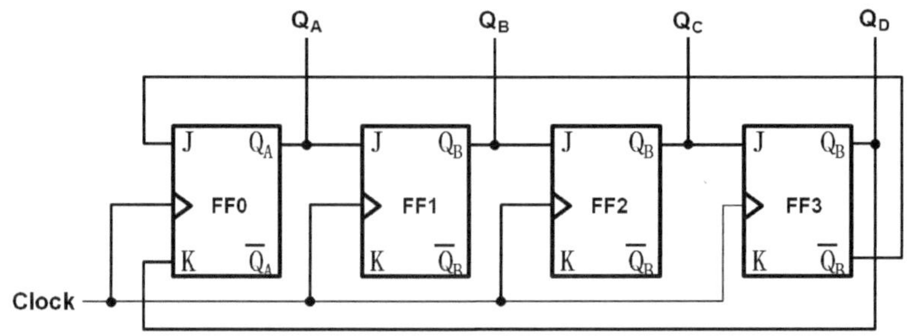

그림 9-26 4비트 존슨 카운터 회로도

그림 9-27은 존슨 카운터의 동작 타이밍도를 보여주고 있다. 처음에 존슨 카운터의 출력($Q_DQ_CQ_BQ_A$)이 "0000"이다. 다음 Clock에서 네 번째 단 플립플롭(FF3)의 정상 출력(Q_D) '0'이 첫 번째 단 플립플롭(FF0)의 입력 K로 입력되고, 네 번째 단 플립플롭(FF3)의 반전 출력($\overline{Q_D}$) '1'이 첫 번째 단 플립플롭(FF0)의 입력 J로 입력된다. 이 경우 첫 번째 단 플립플롭(FF0)이 Set 상태가 되어 출력(Q_A)이 '1'이 된다.

다음 클럭에서 첫 번째 단 플립플롭(FF0)의 출력(Q_A) 값 '1'이 두 번째 단 플립플롭(FF1)의 입력 J로 입력되고, 동시에 네 번째 단 플립플롭(FF3)의 정상 출력(Q_D) '0'가 첫 번째 단 플립플롭(FF0)의 입력 K로 입력되고, 네 번째 단 플립플롭(FF3)의 반전 출력($\overline{Q_D}$) '1'이 첫 번째 단 플립플롭(FF0)의 입력 J로 입력되어, 첫 번째 단 플립플롭(FF0)이 Set 상태가 되어 출력(Q_A)이 '1'이 된다.

다음 Clock에서 첫 번째 단 플립플롭(FF0)의 출력(Q_A) 값 '1'이 두 번째 단 플립플롭(FF1)의 입력 J로 입력되고, 동시에 두 번째 단 플립플롭(FF1)의 출력 '1'이 세 번째 단 플립플롭(FF2의 입력 J로 입력되고, 또한 동시에 네 번째 단 플립플롭(FF3)의 정상 출력(Q_D) '0'이 첫 번째 단 플립플롭(FF0)의 입력 K로 입력되고, 네 번째 단 플립플롭(FF3)의 반전 출력($\overline{Q_D}$) '1'이 첫 번째 단 플립플롭(FF0)의 입력 J로 입력되어, 첫 번째 단 플립플롭(FF0)이 Set 상태가 되어 출력(Q_A)이 '1'이 된다. 이와 같은 동작을 통하여 그림 9-25과 같이 계속 한다. 이와 같은 동작은 표 9-7와 같다.

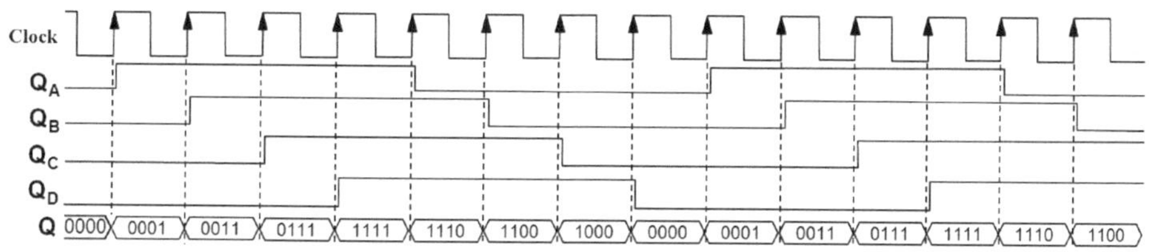

그림 9-27 4비트 존슨 카운터 타이밍도

표 9-7 4비트 존슨 카운터 동작

클럭	FF0		FF1		FF2		FF3	
	Q_A	$\overline{Q_A}$	Q_B	$\overline{Q_B}$	Q_C	$\overline{Q_C}$	Q_D	$\overline{Q_D}$
1	0	1	0	1	0	1	0	1
2	1	0	0	1	0	1	0	1
3	1	0	1	0	0	1	0	1
4	1	0	1	0	1	0	0	1
5	1	0	1	0	1	0	1	0
6	0	1	1	0	1	0	1	0
7	0	1	0	1	1	0	1	0
8	0	1	0	1	0	1	1	0

9.4.2 5비트 존슨 카운터

5비트 존슨 카운터 구성은 4비트 존슨 카운터와 같은 방식으로 구성된다. 따라서 5개의 플립플롭으로 구성된 링 카운터는 5가지 상태를 나타낼 수 있지만, 5비트 존슨 카운터는 5개의 플립플롭으로 10가지 상태를 나타낼 수 있다.

표 9-8은 5개의 플립플롭으로 구성된 존슨 카운터의 진리표를 보여준다. 입력 Clock에 따라 상태가 0→1→2→3→4→5→6→7→8→9→0 .....과 같이 진행하며 상태 9에서 상태 0로 순환한다. 이 때 각 상태에 따라 플립플롭 출력($Q_EQ_DQ_CQ_BQ_A$)은 그림 9-28과 같이 각각 00000→00001→-00011→ 00111→01111→11111→11110→11100→11000→10000→00000..... 로 계속 순환한다.

표 9-8 5비트 존슨 카운터 여기표

상태	Q_A	Q_B	Q_C	Q_D	Q_E
0	0	0	0	0	0
1	1	0	0	0	0
2	1	1	0	0	0
3	1	1	1	0	0
4	1	1	1	1	0
5	1	1	1	1	1
6	0	1	1	1	1
7	0	0	1	1	1
8	0	0	0	1	1
9	0	0	0	0	1

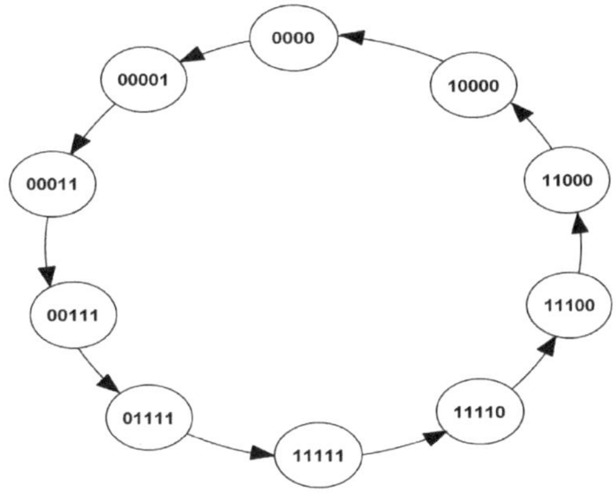

그림 9-28 존슨 카운터 상태 천이도

그림 9-29는 5개의 D 플립플롭으로 구성된 5비트 존슨 카운터를 보여준다. 입력 클럭은 모든 플립플롭에 공통으로 입력되며, 첫 번째 단의 플립플롭(FF0) 출력이 두 번째 단 플립플롭(FF1) 입력이 되고, 두 번째 단의 플립플롭(FF1) 출력이 세 번째 단 플립플롭(FF2) 입력이 되고, 세 번째 단의 플립플롭(FF2) 출력이 네 번째 단 플립플롭(FF3) 입력이 되고, 네 번째 단의 플립플롭(FF3) 출력이 다섯 번째 단 플립플롭(FF4) 입력이 되고, 다섯 번째 단의 플립플롭(FF4) 반전 출력($\overline{Q_E}$)은 첫 번째 단 D 플립플롭(FF0)의 D 입력으로 연결된다.

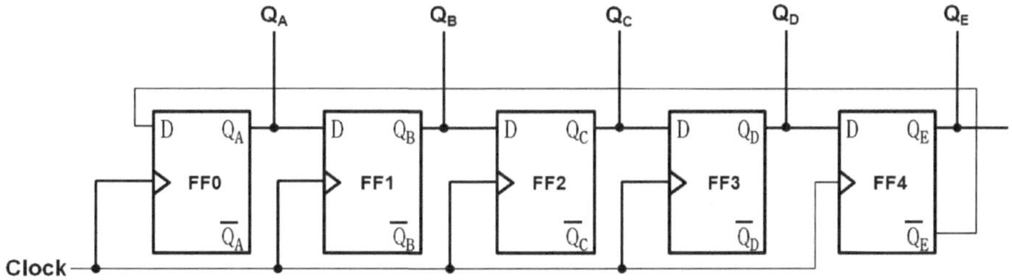

그림 9-29 5비트 존슨 카운터 회로도

그림 9-30은 5비트 존슨 카운터의 동작 타이밍도를 보여주고 있다. 처음에 5비트 존슨 카운터의 출력($Q_EQ_DQ_CQ_BQ_A$)이 "00000"이다. 다음 Clock에서 다섯 번째 단 플립플롭(FF4)의 반전 출력($\overline{Q_E}$) '1'이 첫 번째 단 플립플롭(FF0)의 입력 D로 입력되고, 이 경우 첫 번째 단 플립플롭(FF0)이 Set 상태가 되어 출력(Q_A)이 '1'이 된다.

다음 클럭에서 첫 번째 단 플립플롭(FF0)의 출력(Q_A)값 '1'이 두 번째 단 플립플롭(FF1)의 입력 D로 입력되면 두 번째 단 플립플롭(FF1)의 출력($\overline{Q_A}$)이 '1'로 세트되며, 동시에 다섯 번째 단 플립플롭(FF4)의 반전 출력($\overline{Q_E}$) 값 '1'이 첫 번째 단 플립플롭(FF0)의 입력 D로 입력되어, 첫 번째 단 플립플롭(FF0)이 세트 상태가 되어 출력(Q_A)이 '1'이 된다. 이와 같은 방법으로 계속 진행하여 표 9-9에서와 같이 순환한다.

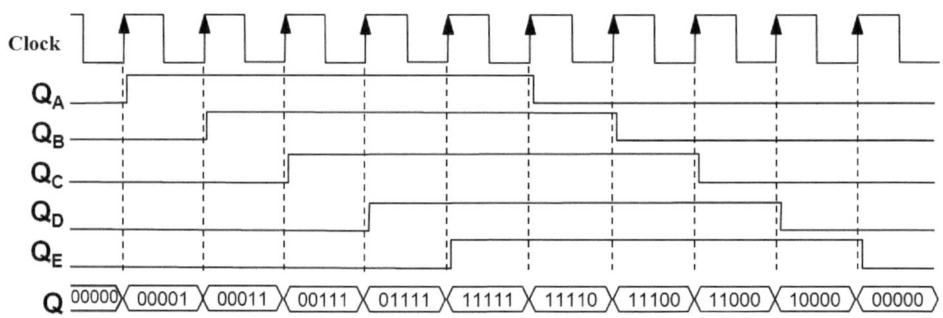

그림 9-30 5비트 존슨 카운터 타이밍도

표 9-9 5비트 존슨 카운터 동작

클럭	FF0		FF1		FF2		FF3		FF4	
	Q_A	$\overline{Q_A}$	Q_B	$\overline{Q_B}$	Q_C	$\overline{Q_C}$	Q_D	$\overline{Q_D}$	Q_E	$\overline{Q_E}$
1	0	1	0	1	0	1	0	1	0	1
2	1	0	0	1	0	1	0	1	0	1
3	1	0	1	0	0	1	0	1	0	1
4	1	0	1	0	1	0	0	1	0	1
5	1	0	1	0	1	0	1	0	0	1
6	1	0	1	0	1	0	1	0	1	0
7	0	1	1	0	1	0	1	0	1	0
8	0	1	0	1	1	0	1	0	1	0
9	0	1	0	1	0	1	1	0	1	0
10	0	1	0	1	0	1	0	1	1	0

9.5 동기식 modulo-N 카운터

일반적으로 카운터는 입력 Clock에 따라 미리 정해진 순서대로 상태가 순환되는 순차회로이며, modulo-N 카운터는 N개의 상태를 갖는 카운터를 말한다. 따라서 필요한 수 만큼 카운터를 설계하여 동작시킬 수 있다. 예를 들어 2비트 카운터는 MOD-4 카운터, 3비트 카운터는 MOD-8 카운터라 한다. 일반적으로 표현하면, N 비트 카운터는 MOD-N 카운터라 한다. 여기서 MOD 수는 2^n을 말한다. 모듈 형태 예를 들면 다음과 같다.

□ 2비트 up 또는 down (MOD-4)

□ 3비트 up 또는 down (MOD-8)

□ 4비트 up 또는 down (MOD-16)

예를 들어 MOD-6 동기식 카운터를 설계한다고 하면, 이 카운터의 상태는 6가지가 된다. 그림 9-31는 이 카운터의 상태도를 나타낸다.

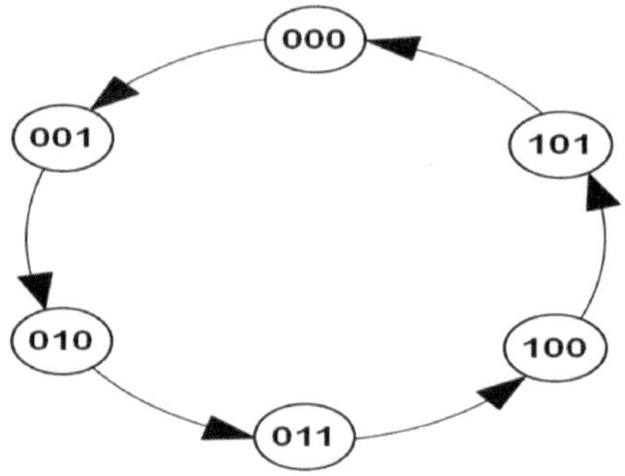

그림 9-31 MOD-6 카운터 상태도

표 9-10은 그림 9-31의 상태도에 따라 현재 상태와 다음 상태에 대한 T 플립플롭의 여기표를 나타낸 것이고, 그림 9-32는 MOD-6 카운터를 구성하는 각각의 T 플립플롭 입력이다.

표 9-10 MOD-6 카운터 여기표

현재 상태			다음 상태			플립플롭 입력		
A_n	B_n	C_n	A_{n+1}	B_{n+1}	C_{n+1}	T_A	T_B	T_C
0	0	0	0	0	1	0	0	1
0	0	1	0	1	0	0	1	1
0	1	0	0	1	1	0	0	1
0	1	1	1	0	0	1	1	1
1	0	0	1	0	1	0	0	1
1	0	1	0	0	0	1	0	1

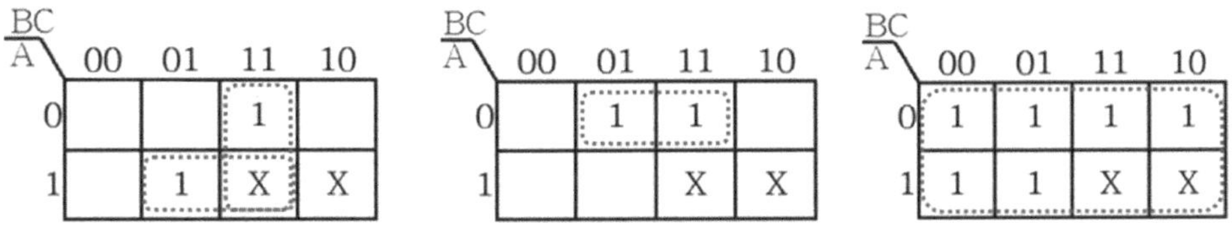

(a) $T_A = C(A+B)$ (b) $T_B = C$ (c) $T_c = 1$

그림 9-32 MOD-6 카운터 T 플립플롭 입력 값

그림 9-33은 MOD-6 카운터 회로도를 나타낸다. 3개의 T 플립플롭을 사용하였기 때문에 8개의 상태를 나타낼 수 있지만, MOD-6이기 때문에 000 → 001 → 010 → 011 → 100 → 101 → 000....의 6개 상태를 순환한다.

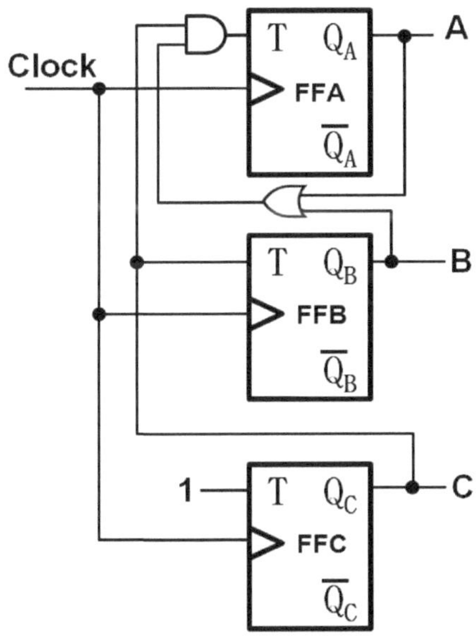

그림 9-33 MOD-6 카운터 회로도

그림 9-34은 MOD-6 카운터 타이밍 도를 나타낸다. 클럭 입력에 따라 6개의 상

태를 반복 순환한다.

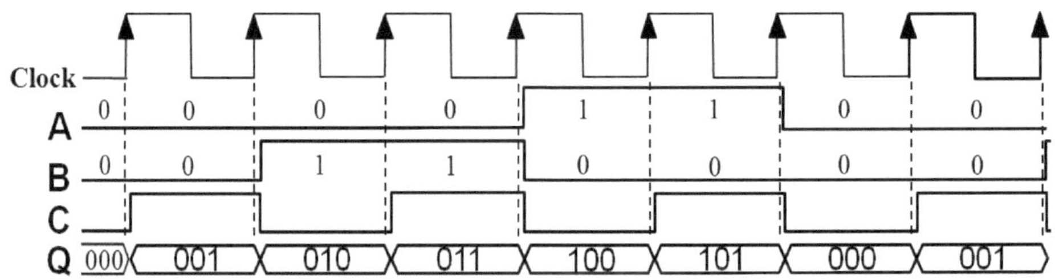

그림 9-34 MOD-6 카운터 타이밍 도

연습 문제

1. 다음 시컨스를 카운트하는 카운터 회로를 설계하여라. 0000 -> 1000 -> 1100 -> 1010 -> 1110 -> 0001 -> 1001 -> 1101 -> 1111 -> 0000 ......

(1) T 플립플롭과 AND와 OR 게이트를 사용하여라.

(2) SR 플립플롭과 AND와 OR 게이트를 사용하여라.

(3) 클럭형 JK 플립플롭과 AND 게이트를 사용하여라.

(4) 클럭형 D 플립플롭과 NOR 게이트를 사용하여라.

2. MN 플립플롭은 다음과 같이 동작한다.

만일 $MN=00$이면, 플립플롭의 다음 상태는 0이다.

만일 $MN=01$이면, 플립플롭의 다음 상태는 현 상태와 같다.

만일 $MN=10$이면, 플립플롭의 다음 상태는 현재 상태의 보수(complement)이다.

만일 $MN=11$이면, 플립플롭의 다음 상태는 1이다.

(1) 다음 표를 완성하여라(가능하면 무의항(don't care) 조건 사용)

현재 상태 Q_n	다음 상태 Q_{n+1}	M N
0	0	
0	1	
1	0	
1	1	

(2) 상기 표와 Karnaugh 맵을 사용하여 다음 순차대로 카운팅하는 카운터를 3개의 MN 플립플롭으로 구성하여라. 000 -> 001 -> 011 -> 101 -> 100 -> 000 -> .....

3. JK플립플롭으로 구성된 10비트 존슨카운터를 설계한 후 진리표를 작성하고 입력 클럭에 따른 출력 파형을 표현하시오.

4. 다음 시퀀스대로 카운트하는 십진 카운터(decade counter)를 다음 물음에 따라 설계하여라. 0000 -> 0001 -> 0011 -> 0101 -> 0110 -> 0111 -> 1000 -> 1001 -> 0000 -> .....

(1) 클럭형 JK 플립플롭을 사용하여라.

(2) SR 플립플롭을 사용하여라.

(3) T 플립플롭을 사용하여라.

(4) 카운터가 사용되지 않은 상태에서 시작할 경우 발생할 수 있는 부분을 고려하여 카운터의 상태도를 완성하여라.

5. 카운터의 상태도가 표 9-11와 같을 때 다음 플립플롭을 사용하여 설계하고 타이밍도를 나타내시오.

(1) JK 플립플롭

(2) T 플립플롭

(3) D 플립플롭

표 9-11 카운터 상태도

현재상태	다음상태	출력
$A\ B\ C\ D$	$A\ B\ C\ D$	Y
0 0 0 0	0 0 0 1	0
0 0 0 1	0 0 1 0	0
0 0 1 0	0 0 1 1	0
0 0 1 1	0 1 0 0	0
0 1 0 0	0 1 0 1	0
0 1 0 1	0 1 1 0	0
0 1 1 0	0 1 1 1	0
0 1 1 1	1 0 0 0	0
1 0 0 0	1 0 0 1	0
1 0 0 1	0 0 0 0	1

6. 그림 9-35은 4비트 2진 up/down 카운터 블록도이다. 이 카운터에 대한 상태도를 작성하고 다음 플립플롭을 이용하여 설계하시오.

(1) JK 플립플롭

(2) T 플립플롭

(3) D 플립플롭

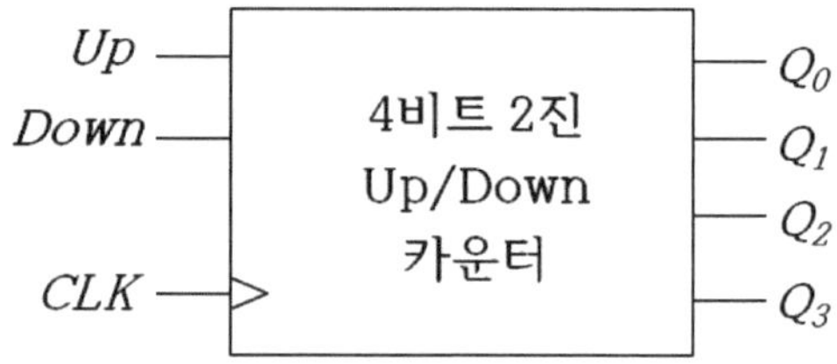

그림 9-35 4비트 2진 up/down 카운터

7. 동기식 Modulo 5 카운터에 대하여 상태표를 작성하고 SR 플립플롭을 이용하여 설계하시오. 이 카운터는 1, 3, 4, 6, 7을 카운트할 수 있다.

8. 비동기식 Modulo 7 카운터에 대하여 상태표를 작성하고 D 플립플롭을 이용하여 설계하시오. 이 카운터는 0, 3, 6, 8, 10, 12, 14를 카운트할 수 있다.

9. 다음 플립플롭을 사용하여 그림 9-36에 나타난 상태도에 따라 up/down 카운터를 설계하시오. 카운터 순서는 그레이 코드 순서를 따른다.

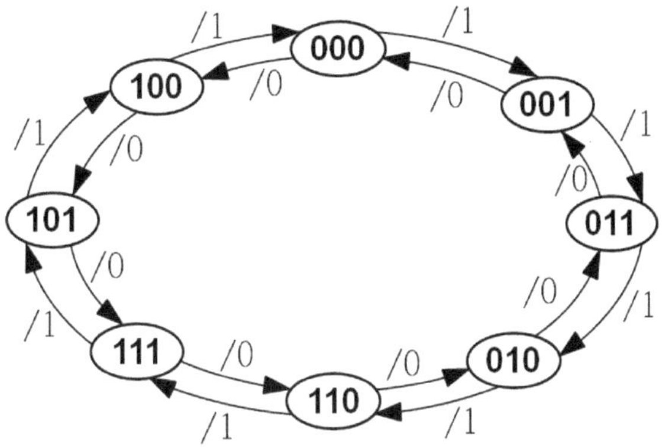

그림 9-36 3비트 2진 up/down 카운터 상태도

10. 비동기식 up Modulo 4 카운터와 Modulo 8 가운터를 T 플립플롭으로 각각 설계한 후, 두 개의 카운터를 그림 9-37와 같이 cascade로 연결하고 그림 9-38에 각 출력 파형을 나타내시오. (각 T 플립플롭의 보수형 출력($\overline{Q}$)가 다음단 T 플립플롭의 클럭 입력으로 연결됨)

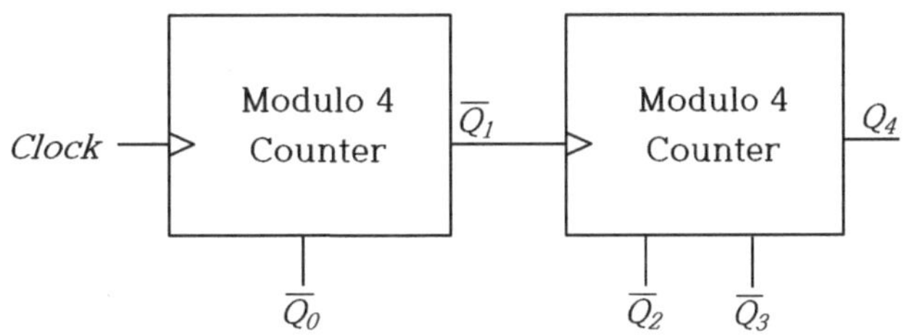

그림 9-37 cascade된 카운터

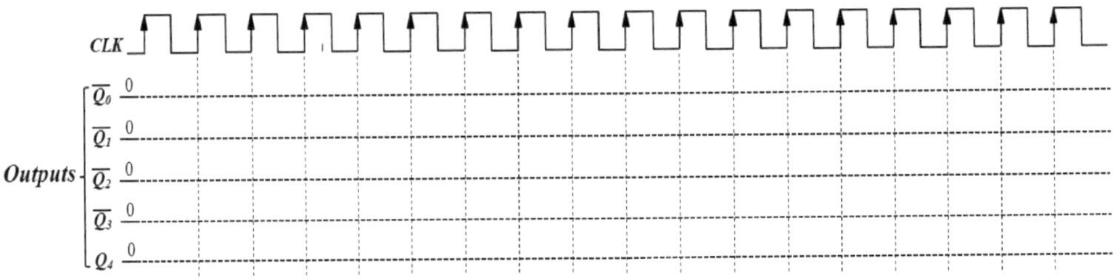

그림 9-38 cascade된 카운터 타이밍 도

찾아보기

ㄱ)

가산기 207
간략화 166
감산기(Subtracter) 211
결합법칙 153
공통애노드 265
공통캐소드 265
교환법칙 153
그레이 코드 79

ㄴ)

논리연산 18
논리연산자 112

ㄷ)

단안정 274
대수식 155
데이터버스 23
동기식 modulo-N 카운터 397
동기식 순서논리회로 276
동기식 카운터 (Synchronous Counter) 376
드모르강 130
드모르강 정리(De Morgan's Laws) 129
디멀티플렉서 261
디지털 컴퓨터 시스템 16, 24
디코더 244

ㄹ)

래치 277
레벨 트리거 287
레지스터 338
링 카운터 387

ㅁ)

만능 게이트 122
멀티바이브레이터 274
멀티플렉서 251, 253
멀티플렉서/디멀티플렉서 250
메모리 18, 20, 21

ㅂ)

바이트(Byte) 24
반가산기(Half Adder) 208
반감산기(Half Subtracter) 212
반전연산 (Invert Operation) 및 게이트 112, 114
버스 22
병렬 가산기(Parallel Adder) 216
병렬입력 353
보수 연산 51
부 논리 15
분배법칙 153
불 함수 159, 166
비동기식 SR 플립플롭 277, 282, 285
비동기식 카운터 (Asynchronous Counter) 370
비안정 274
비트(Bit) 24

ㅅ)

산술연산 18
선택선 251, 262
셀 170
소프트웨어 17
순서논리회로 275
순차논리회로 274
시프트 레지스터 340
쌍대관계(Duality) 132
쌍안정 274

ㅇ)

아날로그 신호와 디지털 신호 12
알파 뉴메릭 코드 (Alphanumeric Code) 102
양방향 시프트 레지스터 344
양방향 이동 341
어드레스버스 23
에지 트리거 287
여기표 316
우선순위 (Priority) 인코더 242
우측이동 341
우향 시프트 레지스터 343
워드 90
위상 14
이진-to-Gray 코드 변환기 228
인에이블 282
인코더(Encoder) 238
입력장치 20

ㅈ)

전가산기(Full Adder) 209
전감산기(Full Subtracter) 213
전기적 특성 134
전압 레벨 15
정 논리 15
제어버스 23
제어장치 17
조합 논리회로 206
존슨 카운터 (Jonson Counter) 390
좌측순환 341
좌측이동 341
좌향 시프트 레지스터 342
주파수 14
주항 190
직렬 입력 직렬 출력 레지스터 347
진법 32, 36
짝수(even) 87

ㅊ)

출력선 251

ㅋ)

카노맵(Karnaugh's map) 170
카르노 166, 170
카운터 370
크기 비교기(Magnitude Comparator) 222

ㅌ)

트리거 방식 287
특성 방정식 292

ㅍ)

패리티 87
패리티 비트 88
패리티 비트 검사기 235
패리티 비트 발생기 234
패리티 비트 발생기/검사기 234
패리티 워드 90
필수 주항 190
필수항 190

ㅎ)

하드웨어 16

해밍 코드 (Hamming Code) 93

홀수(odd) 87

영문)

A)

AND 113

ASCII 코드 102, 112, 113, 114, 115, 116, 117, 118, 119, 120, 122, 126, 153, 154, 159, 160, 163, 166, 173

B)

BCD 코드 68

BCD-to-3 초과 코드 변환기 225

BCD-to-7 Segment 디코더 265

BCD-to-Decimal 디코더 246

C)

Carry Look ahead Adder 218

CPU 17

E)

EBCDIC 코드 105

F)

F·A 209

G)

Gray-to-이진 코드 변환기 231

J)

JK 플립플롭 296

L)

load 353

M)

MUX 253

N)

NOT 114

O)

OR 113, 115, 116

P)

PIPO (Parallel Input Parallel Output) 356
PISO (Parallel Input Serial Output) 353

R)

Ripple Carry Adder 218

S)

shift 353
SIPO (Serial Input Parallel Output) 350
SISO (Serial Input Serial Output) 347

T)

T 플립플롭 302, 306, 309

숫자)

10진-BCD 인코더 241
3x8 디코더 245
4x2 인코더 239
8x3 인코더 240

■ 저자소개

박천관

1987년2월 건국대학교 전자공학과졸업(공학士)
1991년8월 충남대학교 대학원 전자공학과졸업(공학석사)
1996년8월 건국대학교 대학원 전자공학과졸업(공학박사)
1997년3월 국립목포해양대학교 해양전자통신공학부 전임강사
2014년12월 현재 국립목포해양대학교 해양정보통신공학과 정교수

김희도

1985년 서울과학기술대학교 전자공학과 졸업(공학士)
1988년 한양대학교 전자공학과 졸업(공학석사)
2007년 성균관대학교 전기전자 및 컴퓨터공학과 졸업(공학박사)
1994년 강릉영동대학교 군사학과(해군 전자통신) 전임강사
2018년 현재 강릉영동대학교 군사학과(해군 전자통신) 교수

디지털 논리회로

인　　쇄 : 2019년 3월 5일
발　　행 : 2019년 3월 10일
저　　자 : 박천관 • 김희도
발 행 처 : 도서출판 한산
서울시 서대문구 수색로6길 43번지 105-602호
TEL : (02)304-3504 FAX : (02)304-3505
발 행 인 : 김 기 영
등록번호 : 제 10-1745 호
I S B N : 979-11-87555-17-9 93560

정가. 25,000원